U0180068

国 家 出 版 基 金 资 助 项 目

"十三五"国家重点图书出版规划项目

智能制造与机器人理论及技术研究丛书

总主编　丁　汉　孙容磊

国家出版基金项目
NATIONAL PUBLICATION FOUNDATION

全天候机器人视觉

田建东◎著

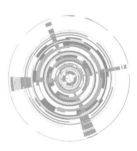

QUANTIANHOU JIQIREN SHIJUE

华中科技大学出版社

http://www.hustp.com

中国·武汉

内 容 简 介

本书依托国家自然科学基金"共融机器人基础理论与关键技术研究"重大研究计划项目——面向室外复杂光照与气象条件的共融机器人多模感知系统(项目编号:91648118),以及国家自然科学基金面上项目——计算机视觉中自然光照建模及其恒常性计算(项目编号:61473280)等的研究成果,结合作者多年的科研及工程实践经验,针对复杂的光照环境与气象条件会明显降低机器人视觉鲁棒性的问题,主要从大气物理与光学成像的新角度出发去详细、系统地论述复杂光照(如阴影、反光)与恶劣天气(如雨雪雾)环境下机器人视觉系统的环境感知、建模与图像预处理技术。这些技术对提高机器人的自主环境感知能力具有一定的意义,使其具有全天候作业能力。本书主要内容包括光照建模与反射计算,成像建模与光照变换,阴影和反光的建模、检测与去除,本征图像获取与光照分解,雨雪雾的建模与去除,水下散射的建模与去除等,给出了一些机器人视觉应用实例,并进行了研究展望。

图书在版编目(CIP)数据

全天候机器人视觉/田建东著. —武汉:华中科技大学出版社,2020.7
(智能制造与机器人理论及技术研究丛书)
ISBN 978-7-5680-6131-5

Ⅰ.①全… Ⅱ.①田… Ⅲ.①机器人视觉-研究 Ⅳ.①TP242.6

中国版本图书馆 CIP 数据核字(2020)第 116997 号

全天候机器人视觉 田建东 著
QUANTIANHOU JIQIREN SHIJUE

策划编辑:俞道凯
责任编辑:罗 雪
封面设计:原色设计
责任监印:周治超
出版发行:华中科技大学出版社(中国·武汉) 电话:(027)81321913
          武汉市东湖新技术开发区华工科技园 邮编:430223
录 排:武汉三月禾文化传播有限公司
印 刷:湖北新华印务有限公司
开 本:710mm×1000mm 1/16
印 张:17.25
字 数:302 千字
版 次:2020 年 7 月第 1 版第 1 次印刷
定 价:136.00 元

智能制造与机器人理论及技术研究丛书

作者简介

▶ **田建东** 中国科学院沈阳自动化研究所机器人学国家重点实验室研究员、博士生导师，主要从事机器人视觉、图像处理和模式识别等方面的研究，尤其关注视觉系统在复杂光照、恶劣天气等条件下的稳定性等瓶颈问题。以第一作者或通讯作者在 *IEEE Transactions on Image Processing*、*IEEE Transactions on Multimedia*、*Optics Express*、IEEE CVPR 等国际知名期刊和会议上发表论文 40 余篇。作为负责人先后主持了国家自然科学基金青年科学基金项目、面上项目、"共融机器人基础理论与关键技术研究"重大研究计划项目，以及科技部国家重点研发计划项目等。研究成果获中国自动化学会自然科学奖一等奖、辽宁省自然科学学术成果奖一等奖（两次）及辽宁省科技进步奖二等奖。IEEE Senior Member，中国光学工程学会委员，中国科学院青年创新促进会优秀会员，入选辽宁省"百千万人才工程"等。

 **总序**

近年来,"智能制造+共融机器人"特别引人瞩目,呈现出"万物感知、万物互联、万物智能"的时代特征。智能制造与共融机器人产业将成为优先发展的战略性新兴产业,也是中国制造 2049 创新驱动发展的巨大引擎。值得注意的是,智能汽车与无人机、水下机器人等一起所形成的规模宏大的共融机器人产业,将是今后 30 年各国争夺的战略高地,并将对世界经济发展、社会进步、战争形态产生重大影响。与之相关的制造科学和机器人学属于综合性学科,是联系和涵盖物质科学、信息科学、生命科学的大科学。与其他工程科学、技术科学一样,制造科学、机器人学也是将认识世界和改造世界融合为一体的大科学。20世纪中叶,*Cybernetics* 与 *Engineering Cybernetics* 等专著的发表开创了工程科学的新纪元。21 世纪以来,制造科学、机器人学和人工智能等异常活跃,影响深远,是"智能制造+共融机器人"原始创新的源泉。

华中科技大学出版社紧跟时代潮流,瞄准智能制造和机器人的科技前沿,组织策划了本套"智能制造与机器人理论及技术研究丛书"。丛书涉及的内容十分广泛。热烈欢迎各位专家从不同的视野、不同的角度、不同的领域著书立说。选题要点包括但不限于:智能制造的各个环节,如研究、开发、设计、加工、成形和装配等;智能制造的各个学科领域,如智能控制、智能感知、智能装备、智能系统、智能物流和智能自动化等;各类机器人,如工业机器人、服务机器人、极端机器人、海陆空机器人、仿生/类生/拟人机器人、软体机器人和微纳机器人等的发展和应用;与机器人学有关的机构学与力学、机动性与操作性、运动规划与运动控制、智能驾驶与智能网联、人机交互与人机共融等;人工智能、认知科学、大数据、云制造、物联网和互联网等。

本套丛书将成为有关领域专家、学者学术交流与合作的平台,青年科学家茁壮成长的园地,科学家展示研究成果的国际舞台。华中科技大学出版社将与施普林格(Springer)出版集团等国际学术出版机构一起,针对本套丛书进行全球联合出版发行,同时该社也与有关国际学术会议、国际学术期刊建立了密切联系,为提升本套丛书的学术水平和实用价值,扩大丛书的国际影响营造了良好的学术生态环境。

近年来,高校师生、各领域专家和科技工作者等各界人士对智能制造和机器人的热情与日俱增。这套丛书将成为有关领域专家学者、高校师生与工程技术人员之间的纽带,增强作者与读者之间的联系,加快发现知识、传授知识、增长知识和更新知识的进程,为经济建设、社会进步、科技发展做出贡献。

最后,衷心感谢为本套丛书做出贡献的作者和读者,感谢他们为创新驱动发展增添正能量、聚集正能量、发挥正能量。感谢华中科技大学出版社相关人员在组织、策划过程中的辛勤劳动。

华中科技大学教授

中国科学院院士

熊有伦

2017 年 9 月

 前言

　　研究表明,人类有超过70％的信息是依靠视觉而感知到的。与之相似,视觉系统对机器人来说也至关重要,它是机器人理解环境、执行任务的基础,也是实现机器人智能的重要入口。近年来,随着深度学习技术的飞速发展,视觉中面向具体任务的研究(如视觉伺服、目标识别、跟踪和图像理解等研究)已经取得了显著进展。然而,需要注意的是,这些视觉算法都是针对质量好、光照条件稳定的图像开发的。实际上,机器人经常需要工作在复杂、动态、非结构化的环境中,此时视觉算法往往缺乏对环境的自适应能力及鲁棒性。这个问题一直是机器人视觉及相关学科的重要研究内容,但一直未得到较好的解决。

　　不同于仅对图像数据做数学处理或机器学习的方法,本书将阐述从研究物理成像机理的角度出发对图像中的光照和天气现象进行建模与分析的方法。本书以笔者已发表的学术成果为基础,详细系统地论述复杂光照与恶劣天气条件下机器人视觉系统的环境感知、建模及图像预处理技术,对于提高机器人的环境感知和环境共融能力具有一定的科学意义。同时,这些内容对于其他户外视觉系统,如自动驾驶视觉系统、城市监控视觉系统、遥感视觉系统、水下视觉系统,以及一些军事应用中的视觉系统等的研发,也有一定的借鉴意义和应用价值。

　　本书的内容主要涉及室外光谱辐照度计算、相机成像建模、反射光谱计算及光照变换、阴影和反光的建模与处理、雨雪雾的建模与处理,以及水下散射的建模与处理,具体如下:第1章为绪论,主要阐述颜色匹配和场景复现的基本原理,并总结全天候机器人视觉的关键技术;第2章主要阐述室外光源光谱辐照度的分析与计算,以及基于图像的反射比重建;第3章主要阐述数字相机成像建模、相机响应函数估计及图像光照变换;第4章主要阐述阴影的建模、检测及特征评估;第5章主要阐述本征图像获取与光照分解;第6章主要阐述阴影及

反光去除算法;第 7 章主要阐述雨雪建模与处理方法;第 8 章主要阐述图像去雾算法;第 9 章主要阐述水下散射的建模与处理方法;第 10 章展示了全天候机器人视觉的应用实例并进行了简单的研究展望。

本书是在我们团队已发表论文的基础上凝练而成的。在此,向已发表论文的主要合作者唐延东研究员、韩志研究员、屈靓琼博士、任卫红博士、崔童博士、吴登禄博士、李鹏越博士生、王国霖硕士生等表示诚挚的谢意。

感谢国家自然科学基金"共融机器人基础理论与关键技术研究"重大研究计划项目(91648118)、创新研究群体项目(61821005)、面上项目(61473280)、青年科学基金项目(61102116),以及中国科学院青年创新促进会人才专项基金项目(Y201833)、"兴辽英才计划"人才专项基金项目(XLYC1907039)等的资助。

本书涉及大气物理、成像光学及图像处理等多学科的知识,笔者自认才疏学浅,书中难免有疏漏与不足之处,万望读者朋友不吝指教。

田建东

2018 年 8 月

于中科院沈阳自动化研究所

目录

第1章
绪论

1.1 机器人视觉简述

机器人视觉系统指为机器人提供视觉感知的系统,它广泛应用于海陆空天各种机器人,如图1-1所示。机器人视觉系统通常以相机为工具,以图像为媒介,兼备视觉信息输入和对输入的视觉信息进行处理的功能,能够提取出有用的信息提供给机器人,使之实现定位导航、路径规划、避障、理解环境与检测目标等功能,进而具有自主适应环境和作业的能力。就像眼睛对于人的意义一样,机器人视觉系统在机器人系统组成中占有非常重要的地位。

图 1-1 机器人视觉系统应用领域示例

机器人视觉技术经过几十年的发展已经取得了卓越的成果,但其所面临的问题也是不容忽视的,其中一个重要的问题就是如何在复杂的光照和气象条件下提高机器人视觉系统的稳定性及可靠性。

在室外复杂的自然光照与气象条件下,图像质量不稳定。光照和天气的变化将改变图像的像素值分布,影响机器人视觉算法的根基,进而影响机器人的一些基本能力,如 VSLAM(视觉即时定位与地图构建)、自主导航、环境理解及作业能力。机器人视觉系统往往不能人工控制光照环境,通过好的照明条件获取清晰的图像,并克服阴影和反光等问题,而需要面对动态非结构化的自然环境,面对各种复杂的自然光照和天气状况。这些也是本书主要关注的内容。

1.2 复杂光照及恶劣天气对机器人视觉的影响

光是地球上万物生长之源,光的存在给人类带来了丰富多彩的世界和五彩斑斓的图像。不同天气不同时刻下光照将会呈现不同颜色,如光在晴天中午的时候接近白色,而在日出或者日落的时候呈现金黄色。这些光源或光照的变化给人类世界带来了形态各异的图像,如图 1-2 所示。一些光照现象,如阴影和高光等,也是由不同的光照条件或光源所引起的。这些复杂的光照变化会极大影响场景中物体的外观,给计算机视觉的研究与应用带来许多负面影响。以人脸为例,Adini 等人(1997)曾用实验证明,不同光照下同一人脸的差异有时比同一光照下不同人脸的差异还大。图 1-3 所示为同一场景在不同光照和气象条件下的拍摄图像示例。可以看出,同一场景在不同光照和气象条件下的拍摄图像差异也非常大。

图 1-2　不同光照下拍摄的一系列图像

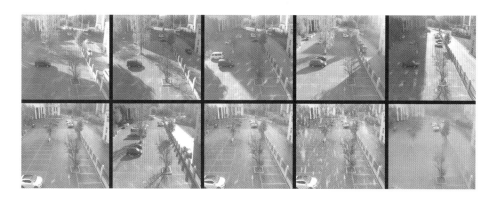

图 1-3　同一场景在不同光照和气象条件下的拍摄图像示例

光照和天气变化会影响图像质量,改变图像的像素值,进而影响后续的特征提取、目标分割与识别、场景理解等算法的鲁棒性和环境自适应能力,将会极大影响基于图像特征的目标识别、跟踪等算法的鲁棒性(Cucchiara et al.,2003;Nadimi et al.,2004)。目前,虽然图像处理和机器人视觉的研究在面向具体任务(如识别和导航等)的上层算法方面取得了长足进步,但是在光照、天气变化等条件下及特殊环境下的作业问题仍然没有得到很好的解决。比如,在目标表面存在阴影、反光,光照变化及恶劣天气等条件下,现有的方法仍缺乏鲁棒性和自适应性。目前,尚没有一种通用的视觉算法能够适用于所有场景光照条件,这使得视觉任务的可靠性难以满足复杂多变的光照变化。因此,不同光照和天气条件下的图像变化的建模与处理仍是计算机视觉领域亟需解决的关键问题。该问题的解决将会促进计算机视觉和相关学科的发展,使之具有广阔的应用前景。

根据作用范围的不同,图像上的光照变化可以分为全局光照变化和局部光照变化。全局光照变化处理方法主要包括颜色恒常和本征图像分解。局部光照变化的处理对象主要是阴影和反光。在实际应用中,尤其是室外环境作业中,因场景中光照稳定(如室外日光),故图像中较少出现偏色等现象。与全局光照变化相比,现实应用中更为常见和棘手的是图像上的局部光照变化(如阴影和反光等)。这就有必要对室外光源(日光和天空光)进行建模与计算,以分析它们的光谱分布特性。除了光源变化,图像中的光照现象还与反射光谱及相机响应特性有关。本书对光照处理的研究从室外光照建模、反射光谱计算和相机响应特性三个方面入手,提出了新的室外光源光谱计算方法及图像光照处理算法。

　　对于机器人视觉系统,人们还要求其在坏天气下也能正常工作。坏天气一般分为两类:静态坏天气(雾霾天气)和动态坏天气(雨雪天气)。静态坏天气通常由飘浮于空中的小颗粒造成,它们主要会降低图像的清晰度,如图 1-4(a)所示。动态坏天气下图像清晰度的降低通常由运动的大颗粒造成,它们使图像部分被遮挡,如图 1-4(b)所示。所以静态坏天气条件下图像的复原工作主要是提高图像的清晰度,而动态坏天气条件下图像的复原工作主要是补全被颗粒遮挡的部分。

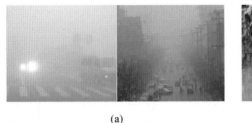

(a) (b)

图 1-4　坏天气降低了图像质量

(a)雾霾天气;(b)雨雪天气

　　室外场景图像的分析与处理一直是机器人视觉及其相关领域(如图像分割、特征提取、目标识别、目标跟踪、场景理解等领域)的研究重点之一。图像是视觉算法的基础,图像的颜色和亮度等像素信息,以及在此基础上衍生的各种图像特征(如角点、边缘、梯度、纹理等)是机器人视觉领域处理问题的根本。光照和天气的变化将改变图像的像素值分布(见图 1-5(b)和 1-5(c)对比),从而影响机器人视觉算法的根基。因此,如何提高复杂光照和恶劣天气下的机器人视觉能力是一个亟待解决的科学问题,也是实际应用中的一个瓶颈问题,许多视觉算法都要涉及对光照和天气的分析与处理。对此,学术界和工业界已有共识,如著名机器人专家 Henrik I. Christensen 教授及其团队 2015 年发表在机器人领域著名刊物 *IEEE Robotics and Automation Magazine* 上的关于机器人视觉的评述性文章 *Where are we after five editions?:Robot Vision Challenge,a Competition that Evaluates for the Visual Place Classification Problem* 多次强调,光照和天气条件是机器人视觉中的挑战性问题。

　　近年来,随着深度学习技术的飞速发展,视觉中面向具体任务(如视觉伺服、目标识别、跟踪、图像理解等)的研究已经取得了显著进展。然而,需要注意的是这些视觉算法都是针对质量好、光照条件稳定的图像(见图 1-5(c))开发的。实际上,机器人经常需要工作在复杂、动态、非结构化的环境中,在室外复杂的自然光照与气象条件下,图像质量不稳定(见图 1-5(b))。在这种情况下,机器人视觉系统的表现往往难以尽如人意,缺乏对环境的自适应能力及鲁棒性。因此针对该问题的图像预处理(如图 1-5(b)经预处理得到图 1-5(c))对机器人视觉具有重要意义。

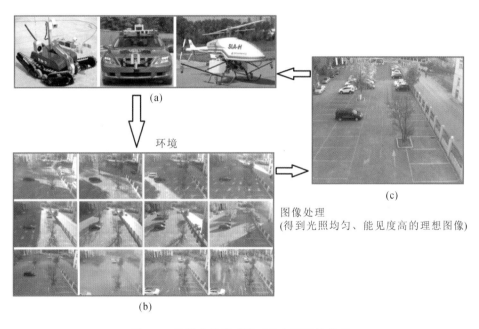

图 1-5 机器人视觉系统对复杂图像的处理

(a)机器人;(b)复杂光照与恶劣天气下的场景图像;(c)理想的机器人视觉输入图像

笔者认为,光照及气象条件作为一种自然条件,其成因和特性与光源、反射、传输、成像等物理因素有关。如果仅从图像数据的角度去考虑问题,则不易抓住问题的本质,因此本书从大气物理与光学成像的角度去研究和解决机器人视觉中的光照和气象问题。本书中的主要模型与算法均建立在物理光学理论基础之上,有着明确的物理解释,并且图像特征也将具有物理意义,这是本书的主要特色。

1.3　颜色匹配函数与场景复现基础

本书从大气物理与光学成像的角度分析复杂光照和天气变化如何影响图像,并在此基础上开发相应的图像处理算法,这些算法涉及场景复现计算和成像要素分析。本节首先对颜色匹配函数和场景复现的基本原理进行简要说明。

颜色是人脑对进入人眼的光线形成的知觉,它不是物理量,涉及视觉生理学与视觉心理学,较为复杂。为了能够对颜色进行度量与计算,科研人员做了大量的工作。在颜色科学中,最为著名的是格拉斯曼(Grassmann)颜色相加定律与国际照明委员会(Commission Internationale de l'Eclairage,CIE)颜色匹配实验。它们为近代颜色科学提供了理论基础,奠定了以三刺激值为基础的颜色科学体系。格拉斯曼颜色相加定律可表述为:若(A)≡(B)及(A$_1$)≡(B$_1$),那么(A)+(A$_1$)≡(B)+(B$_1$)。其中"≡"表示视觉效果相等。

颜色匹配实验是利用三原色光的混合达到与被匹配光的颜色视觉感知相同的实验。如图 1-6 所示,最左面是一块白色屏幕,红、绿、蓝三原色光(波长分别为 700 nm、546.1 nm、435.8 nm)照射在白色屏幕的上半部分,待匹配色光源照射在白色屏幕的下半部分,人眼视场角约为 2°。若用(R)、(G)、(B)代表产生混合色光的红、绿、蓝三原色光的单位量,R、G、B 代表匹配出待匹配色光所需要的红、绿、蓝三原色光的单位数(又称为三刺激值),当混合色光与 C 个单位的待匹配色光(C)颜色感知相同时,则有下式成立:

$$C(C) \equiv R(R) + G(G) + B(B) \tag{1-1}$$

颜色匹配实验的结果就是得到颜色匹配函数(color matching function,CMF),如图 1-7 所示,图中"1931"表示对应的颜色空间建立于 1931 年。颜色匹配函数代表匹配出水平刻度标示的波长的单色光的颜色所需要的三原色光单位数。匹配函数出现负值表示在被匹配颜色色度饱和的情况下,用三原色无法实现匹配,需要在被匹配颜色处加色。

需要指出的是,颜色匹配实验和颜色匹配函数依赖于三原色的选取。三原色的选取原则除了每种原色不能由其他两种原色混合产生之外并无其他。原色的不同会造成匹配函数的不同,进而产生不同的颜色系统。仅RGB 颜色系统就有多种,比如 CIE RGB、Adobe RGB、sRGB、Apple RGB 等。

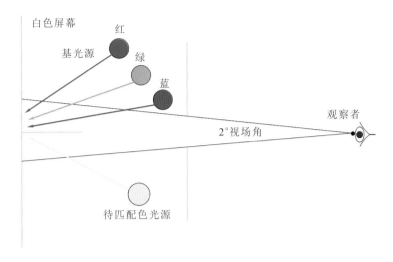

图 1-6　颜色匹配实验

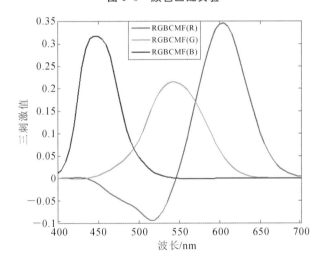

图 1-7　CIE 1931 RGB 颜色匹配函数

更为重要的是,因 RGB 颜色匹配函数带有负值而无法物理实现,亦不利于理论分析与计算,故 CIE 从理论上推导了 XYZ 颜色系统,其中 X 代表红原色,Y 代表绿原色,Z 代表蓝原色。图 1-8 给出了 XYZ 颜色系统的颜色匹配函数,它全部为正值。CIE 1931 XYZ 颜色系统对色彩相关学科的发展具有里程碑式的意义,应用十分广泛,是各种表色系统和各种颜色管理系统相互转换的枢纽,也是相机、扫描仪、电视机、彩色打印机、投影仪等颜色复现设备设计的基础。

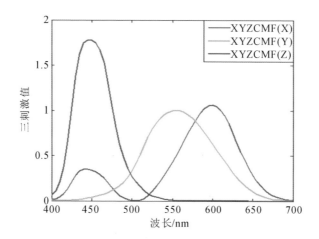

图 1-8　CIE 1931 XYZ 颜色匹配函数

任一波长的光,可以由不同单位数的三原色光匹配得到,如图 1-9 所示。比如波长为 600 nm 的光,看起来的感觉与大约 1.1 单位的红光和 0.6 单位的绿光综合匹配的效果是一样的。

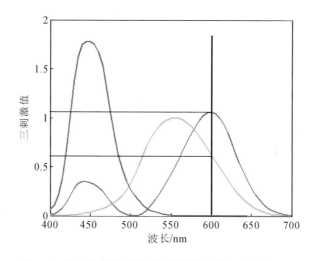

图 1-9　任一波长的光可由不同单位数的三原色光匹配

那么任给一光源的光谱,如图 1-10 中所示的 $E(\lambda)$,该光源看起来是什么样子的呢? 或者说它看起来和分别多少单位的 X、Y、Z 三原色光混合起来视觉效果一样呢?

若两种色光(C_1)和(C_2)的三刺激值分别为 $[\begin{matrix}X_1 & Y_1 & Z_1\end{matrix}]$ 及 $[\begin{matrix}X_2 & Y_2 & Z_2\end{matrix}]$,相混合产生的混合色光(C)满足(C)$\equiv$($C_1$)$+$($C_2$),由格拉斯曼颜色相加定律,有

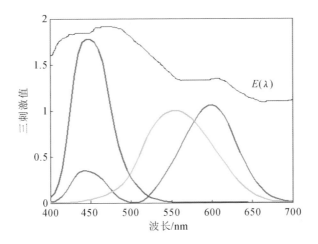

图 1-10 可见光波段的三刺激值

$$(C) \equiv (C_1) + (C_2) \equiv [X_1(X) + Y_1(Y) + Z_1(Z)] + [X_2(X) + Y_2(Y) + Z_2(Z)]$$

$$\equiv (X_1 + X_2)(X) + (Y_1 + Y_2)(Y) + (Z_1 + Z_2)(Z) \qquad (1-2)$$

即色光(C)的三刺激值为 $X = X_1 + X_2, Y = Y_1 + Y_2, Z = Z_1 + Z_2$。混合色光的三刺激值为各组成色光相应的三刺激值之和。显然,上述原理可推广到多颜色光的混合,即对于 n 种颜色光混合,混合色光的三刺激值为

$$\begin{cases} X = \sum_{i=1}^{n} X_i \\[2mm] Y = \sum_{i=1}^{n} Y_i \\[2mm] Z = \sum_{i=1}^{n} Z_i \end{cases} \qquad (1-3)$$

故对于任一光源的光谱 $E(\lambda)$,有

$$\begin{cases} X = \int_{400}^{700} E(\lambda)\overline{x}(\lambda)\mathrm{d}\lambda \\[2mm] Y = \int_{400}^{700} E(\lambda)\overline{y}(\lambda)\mathrm{d}\lambda \\[2mm] Z = \int_{400}^{700} E(\lambda)\overline{z}(\lambda)\mathrm{d}\lambda \end{cases} \qquad (1-4)$$

式中：$\bar{x}(\lambda)$，$\bar{y}(\lambda)$，$\bar{z}(\lambda)$ 表示 CIE XYZ 颜色匹配函数。这样我们就有了 $E(\lambda)\equiv X(X)+Y(Y)+Z(Z)$，也就是说，色光 $E(\lambda)$ 可由 X 单位的 X 原色光、Y 单位的 Y 原色光、Z 单位的 Z 原色光所重现。式(1-4)也是相机设计的基础，CCD(电荷耦合器件)的光电转换功能就是将式(1-4)所示的光谱 $E(\lambda)$ 转换成三刺激值。如果显示器的电子枪能够准确地打出 X 单位的 X 原色光、Y 单位的 Y 原色光、Z 单位的 Z 原色光，那么我们在显示器上看到的混合光的颜色和直接看色光 $E(\lambda)$ 的效果是一样的。其实，彩色扫描仪、电视机、投影仪等颜色复现设备也是基于这个原理制成的。

图 1-11 所示为场景复现的整体框图。所谓场景复现，就是利用相机等感光设备记录场景光强(即形成图像)，然后通过显示设备将图像数据重新生成光信号。其最终目的就是要使在显示器上观看的场景和直接在物理世界中观看的场景一致。

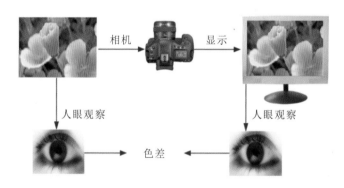

图 1-11　场景复现整体框图

CIE 1931 XYZ 颜色空间是描述人类颜色特性所普遍采用的空间。如果相机的光谱响应函数(spectral response function，SRF)和 XYZ 颜色匹配函数一致，显示器的三原色和 XYZ 三原色一致，且显示器与 XYZ 空间白场一致，那么就可以得到无误差颜色复现系统。然而，遗憾的是，XYZ 系统的三原色是由理论推导得出而无法物理实现的，因此不能作为显示器的电子枪原色。目前，sRGB 颜色空间是显示器制造界所普遍接受的标准(standard)颜色空间。sRGB 颜色空间是惠普与微软共同开发的用于显示器、打印机及因特网的一种 RGB 颜色空间。

sRGB 颜色空间得到了业界厂商的普遍支持。在现实系统中需要将 XYZ

转换为 sRGB,具体过程见公式(1-5)。

$$\begin{bmatrix} R_{sRGB} \\ G_{sRGB} \\ B_{sRGB} \end{bmatrix} = \begin{bmatrix} 3.2406 & -1.5372 & -0.4986 \\ -0.9689 & 1.8758 & 0.0415 \\ 0.0557 & -0.2040 & 1.5070 \end{bmatrix} \begin{bmatrix} X \\ Y \\ Z \end{bmatrix} \quad (1-5)$$

通过公式(1-5)即可获得 sRGB 颜色匹配函数。对于任意光线,如果相机的光谱响应函数与 sRGB 颜色匹配函数严格一致,那么该颜色系统(包括相机和显示器)可以完美地复现场景的颜色。对于场景的亮度,由于显示器和人眼响应的非线性特性,显示器硬件和图像编码需要分别做伽马校正,sRGB 空间已经内嵌图像的伽马校正功能。

室外图像的物理成像过程是:物体反射进入相机的光线经相机响应曲线加权,再经 CCD 积分完成光电转换,随后相机对电信号进行伽马校正和 sRGB 空间转换,最终形成图像。这里值得注意的是,绝大多数相机的响应曲线(拜耳(Bayer)滤波片和相机色彩校正矩阵的综合作用结果)和 sRGB 颜色匹配函数是一致的(Engelhardt et al.,1993;Haneishi et al,1995)。由于制造原因,相机的光谱响应函数有可能和颜色匹配函数相差较大,因此相机厂商一般会通过在相机电路中嵌入校正矩阵来修正相机光谱响应函数与颜色匹配函数不一致带来的误差。这里值得指出的是,相机理想光谱响应函数是在分析 CIE 颜色匹配实验的基础上得出的,也就是说要求原色光与测试光的白场一致,反映到成像系统里就是相机拍摄时光照的白场要和图像显示时显示器的背景光白场(一般为 CIE D65 白场)一致。但实际情况中由于光源的多变性,显然达不到这样的理想状况。这也是图像存在偏色的根本原因。在相机中一般通过白平衡来解决这个问题。在计算机视觉中,该问题被称为颜色恒常问题,得到了广泛研究。

如图 1-12 所示,光线照在物体上,经过反射进入人眼形成三刺激值,大脑经过感知获得场景信息。同样的光线进入相机,相机感光完成光电转换而生成场景图像,利用该图像像素的三通道值分别控制显示器电子枪三原色光的强度,混合生成的光线进入人眼形成三刺激值,大脑经过感知获得场景信息。这就是颜色复现的整个过程。当然,场景光和显示器生成的光线不可能完全相同,但是由于异谱同色现象的存在,人眼看起来并没有什么差别(实际上,颜色匹配实验本质上就是利用异谱同色现象完成的)。

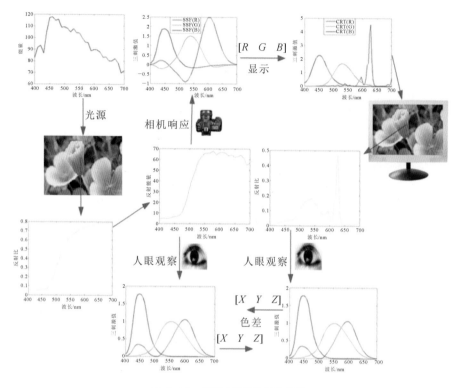

图 1-12　场景复现原理示意图

1.4　全天候机器人视觉关键技术概述

1.4.1　成像要素

图 1-13 所示描述了室外场景的成像要素。光源发出的光,经过介质传输,照射到物体的表面时,一部分光被反射,这部分反射光经过介质传输进入成像系统,通过相机的光电转换和处理(观察者的处理),最终形成图像。从上述过程可以看出,成像光源、物体表面反射、介质传输特性与相机是影响目标成像的关键因素。同时,复杂光照和恶劣天气与成像要素密切相关。光线在大气层中的散射产生了天空光,形成了地面阴影;光线在空气中的散射形成雾霾,在水体中散射形成浑浊;光线在物体表面的非朗伯反射形成反光。因此,相机成像建模除了相机光谱响应特性外,还需要考虑环境光照、物体表面反射及介质传输特性。

图 1-13 室外场景的成像要素

1. 光源

光源在目标成像过程中具有非常重要的作用。在物理学上,光是一种电磁波,包括可见光和不可见光(紫外线、红外线、X 光线等)。在通常情况下,人眼所能感受到的光的波长范围为 390~720 nm。因此,机器人视觉和颜色科学中的主要研究集中在可见光范围内。许多机器人视觉算法都会受益于光源的光谱辐照度这一先验知识,比如物体反射光谱曲线恢复(Yoon et al.,2010)、颜色恒常(Gijsenij et al.,2011)、图像渲染(Gierlinger et al.,2010)、增强现实(Wither et al.,2009),以及高动态范围成像(Akyuz et al.,2006)。

在实际生活中,光源的种类很多。如在室外场景中,太阳是主要的光源,除此之外天空光也是室外一个很重要的光源。在室内场景中,主要光源是各种人造光源,如人们常用的荧光灯、卤钨灯及 LED(发光二极管)光源。为了方便研究和计算,CIE 规定了一组标准的照明体,以此来代表实际应用中的不同光源。室外场景中的照明体包括 A、B、C 和 D 四类照明体,其中 A、B 和 C 为三种标准照明体。标准照明体 A 发出的光是绝对黑体加热到 2856 K 时所辐射的光,标准照明体 A 的代表是卤钨灯。标准照明体 B 发出的光是色温达到 4874 K 时的直线阳光,标准照明体 B 的代表是中午直射日光。标准照明体 C 发出的光是色温达到 6774 K 时的光,标准照明体 C 的代表是平均日光。标准照明体 D 代表其他日光源,如 D50 代表水平日光。而对于室内光源,CIE 用 F2、F7 和 F11 来代表荧光灯。上述几种标准照明体的色温及其代表光源如表 1-1 所示,其光谱能量分布如图 1-14 和图 1-15 所示。

表 1-1 CIE 标准照明体

标准照明体	色温/K	代表光源
A	2856	钨丝灯
B	4874	中午直射日光源
C	6774	平均日光源
D50	6500	水平日光源
D65	6504	正午日光源
D75	7500	阴天日光源
F2	4100	宽带荧光灯
F7	6500	宽带荧光灯
F11	4000	窄带荧光灯

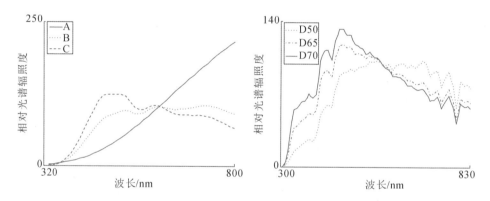

图 1-14 室外场景光源的光谱能量分布

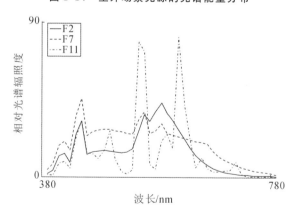

图 1-15 室内场景光源的光谱能量分布

F 系列标准照明体在整个波段中的某几个波段上光谱辐射较强，而在其他波段光谱辐射则很弱，其光谱能量分布呈线状，因此其显色指数较低。

　　室外光源常常随着时间和天气的变化（如晴朗的天空、多云天气和阴天等）而变化，而目标的图像也随着光源的变化而不断变化。同一物体在不同光源照射下会呈现出不同的颜色，如图 1-16 所示。由于光源的变化对成像的影响很大，因此近年来对光源光谱能量分布（spectral power distribution，SPD）的计算也成为计算机视觉中的研究热点。在人们日常生活的环境中，室外光源是主要的光源。因此，计算室外光源的 SPD 对计算机视觉研究具有重要意义。目前，在计算机视觉的计算中，常常用黑体辐射理论近似计算或者直接应用 CIE D65 光谱辐照度计算替代室外光源计算。这和实际光源的 SPD 差别很大。在室外环境中，太阳是主要的光源，因此对太阳直射光和散射光的 SPD 计算就变成了研究的热点。

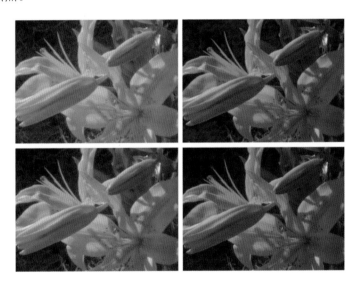

图 1-16　同一物体在不同光源照射下的图像

　　太阳发出的光线经过地球的大气层时会受到大气吸收、反射和散射等影响，导致到达地面的光谱辐照度会随着时间（天顶角）和大气因素变化而变化，进而导致室外场景图像的复杂性和多样性。在本书的第 2 章，我们介绍了一种非常简单有效的方法来计算可见光波段的直射光和散射光的 SPD。该方法特别考虑了其对于颜色匹配函数峰值附近波段可见光的计算精度，目的是减小使用我们的计算方法来代替用真实光照进行成像计算时的误差。从我们查阅到的文献来看，该方法是第一个针对机器人视觉和成像计算的，基于光线在大气中传输过程的物理计算方法。

2. 散射传输

可见光散射是指由传播介质的不均匀性所造成的部分可见光偏离初始方向传播的现象。偏离原方向的光称为散射光。散射粒子的半径 r 和入射光的辐射波长 λ 的比值决定了散射的程度 α：

$$\alpha = 2\pi r/\lambda \tag{1-6}$$

从式(1-6)可以得出，散射程度因散射粒子尺寸的不同而差异较大，因此研究者常引用 α 作为散射程度的判别及分类标准。α 远小于 1 时的散射属于瑞利散射(Rayleigh scattering)；$1<\alpha<50$ 时的散射属于米氏散射(Mie scattering)；$\alpha>50$ 时的散射属于几何光学散射。本书中涉及的散射为瑞利散射和米氏散射，室外图像中的阴影主要是由瑞利散射引起的，图像中的雾和水下浑浊是由米氏散射引起的。

瑞利散射由英国物理学家瑞利勋爵于 1871 年提出，这种散射主要是由大气中的原子和分子，如氮、二氧化碳、臭氧和氧分子等引起的，散射粒子各方向上的散射光强度是不一样的。瑞利散射的程度在光线前进方向和反方向上是相同的，而在与入射光线垂直的方向上程度最低，如图 1-17 所示。米氏散射是指当大气中粒子的直径与辐射的波长相当时发生的散射。这种散射主要由大气中的微粒，如烟、尘埃、小水滴及气溶胶等引起。米氏散射的散射强度与波长的二次方成反比，并且散射在光线前进方向上比在反方向上更强，方向性比较明显。r 较大时，散射光强与波长的关系不再明显；粒子尺寸接近或大于入射光波长时，其散射的光强在各方向是不对称的，如图 1-17 所示，其中大部分入射光线沿着前进方向散射。

在晴朗的天气下，空中粗微粒比较少，散射以瑞利散射为主，波长较短的蓝光被散射后弥漫天空，天空会呈现出高饱和度的蓝色，此时地面阴影明显且边缘清晰。在多云或阴天情况下，空中粗微粒增多，此时天空光和太阳直射光强度对比减弱，地面阴影也随之变淡乃至消失。在雾霾天气下，空气中悬浮着尺寸相对较大的水汽和气溶胶颗粒，主要发生米氏散射，一定波长范围的可见光几乎被同等程度地散射，使天空呈现白色或灰色。大气散射模型就是在米氏散射理论的基础上提出的，用于描述光在雾霾天气条件下传输的物理特性，是了解雾霾天气条件下图像退化机理、还原场景清晰图像的主要依据。在清洁水

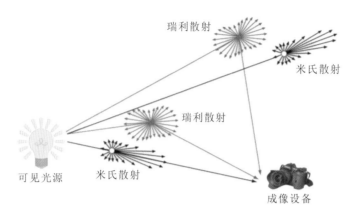

图 1-17 瑞利散射和米氏散射光能量空间分布

域,仅存在少量半径极小的悬浮颗粒,此时以分子散射为主的瑞利散射起主要作用,水环境呈深蓝色。图 1-18 所示为瑞利散射主导的晴朗天空和洁净水域的图像。近海等浑浊水域存在较多的无机和有机悬浮物质,其粒径远大于光波的波长,此时米氏散射起主导作用。图 1-19 所示为米氏散射主导的浓雾天气和浑浊水域的图像。

(a)   (b)

图 1-18 瑞利散射主导的晴朗天空和洁净水域的图像

(a)晴朗天空;(b)洁净水域

3. 物体表面的反射

当光源发出的光照射到物体表面时,光线与物体的微粒相互作用。由于物体对光的吸收具有选择性,因此一部分波段的光被吸收,而另一部分被反射了回来。物体之所以具有不同的颜色,是因为物体选择性地吸收了照射到其表面的光中某些特定波长的光。例如:花之所以表现出红色,是因为当白光照射到其表面时,花选择性地吸收了白光中的蓝色光和绿色光,而反射了特定波长的

(a)   (b)

图 1-19　米氏散射主导的浓雾天气和浑浊水域的图像

(a)浓雾天气;(b)浑浊水域

红色光,当反射光进入人眼时,人就看到了红色的花。另外一个例子是,当绿色的光照射到红色表面时,绿色光全部被红色表面吸收,而使得没有光反射到人眼,故人眼在这种情况下所看到的物体表面呈现出黑色。因此,用不同光谱的光照射相同的物体表面,人所看到的物体表面的颜色是不同的。

　　由上述过程可以看出,人们所看到的物体颜色的形成过程是:当照射光到达物体表面时,物体表面只吸收其中一部分特定波长的光,而剩余的没有被吸收的光所呈现的颜色就是人们所看到的色彩,也就是物体的颜色。不透明物体的颜色特性主要通过其光谱反射比来表示。物体的光谱反射比通常用反射光(或散射光)的光谱辐照度与入射光的光谱辐照度的比值来表示,即

$$S(\lambda) = \frac{E_\mathrm{r}(\lambda)}{E_\mathrm{i}(\lambda)} \tag{1-7}$$

式中:$S(\lambda)$代表光谱反射比;$E_\mathrm{i}(\lambda)$表示入射光的光谱辐照度;$E_\mathrm{r}(\lambda)$表示反射光的光谱辐照度;λ 表示波长。由公式(1-7)可以看出,物体的光谱反射比可以表示为关于波长的函数。物体的光谱反射比除了受波长的影响之外,也受到入射角度和反射角度的影响。一个比较明显例子就是物体表面的反光现象。反光现象的出现是因为光谱反射角度比较大,达到了镜面反射角度。因此,入射角度和反射角度对光谱反射比也有重要的影响。对于反光的反射特性,一般需要用双向反射函数来刻画,在本书第6章的反光去除算法中会有详细的介绍。

　　反射光谱反映了物体表面材料特性的本质属性,不受光照变化影响,因此被称为物体的"指纹"。不同的物体会吸收和反射不同波段的光波,当这些光波被反射进入成像设备时,相机成像时会使物体呈现出不同的颜色。因此对物体表面光谱反射

比的研究,有助于目标物体在相机中的成像特性分析。本书第 2 章描述了一种波长响应函数控制的单幅彩色图像反射光谱恢复方法,该方法能够在相机响应高的波段获得较好的反射计算精度,因此也能获得更好的成像计算或场景复现结果。

4. 数字相机成像建模

图 1-20 所示为相机成像过程的示意图。光线经过物体反射,通过镜头进入相机。由于 CCD(电荷耦合器件)/CMOS(互补金属氧化物半导体)只是光电转换设备,不具备颜色分辨能力,因此 CCD/CMOS 前部一般要覆盖色彩滤镜矩阵(color filter array,CFA)装置以透过不同颜色的光,最常用的色彩滤镜矩阵装置是拜耳滤波片。CCD 感光后生成的数据称为原始数据(RAW 数据)。目前,在相机建模方面,成像公式(1-8)被广泛采用(Gijsenij et al.,2011;Nieves et al.,2005)。

$$F_H^{RAW} = \int_{400}^{700} E(\lambda)S(\lambda)Q_H(\lambda)\mathrm{d}\lambda \tag{1-8}$$

式中:F 表示图像像素值;H 表示 R、G、B 三颜色通道之一;$E(\lambda)$ 表示光源光谱辐照度;$S(\lambda)$ 表示物体光谱反射比;$Q_H(\lambda)$ 表示相机的传感器响应函数。

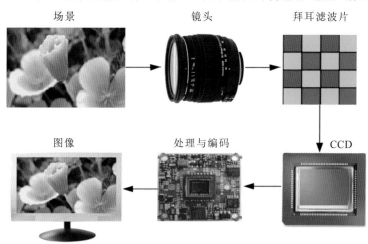

图 1-20　相机成像过程示意图

公式(1-8)仅考虑了相机的传感器响应函数 $Q_H(\lambda)$,比较适合 RAW 数据的建模。相机的传感器响应函数由 CCD、CFA 装置、红外截止滤波片的光谱响应函数综合决定。许多专业级的工业相机在说明书中一般都给出了传感器光谱响应函数;对于民用相机,可以利用文献(Barnard et al.,2002;Vrhel et al.,1999)中的方法来标定相机的传感器响应函数。相机在完成光电转换后,要在数字信号处理(DSP)器件内对原始数据进行处理,包括白平衡、伽马校正、相机特性化、颜色校正等。相关细节将在本书第 3 章中进行阐述。

1.4.2　图像复杂光照处理

场景的图像往往会随着光照的变化而变化,而且室外光照会随着时间的变化而变化。光照处理分为全局光照处理和局部光照处理。其中全局光照处理主要针对颜色恒常问题,局部光照处理主要针对反光和阴影问题。目前,在光照处理的相关研究中,单一光源下的颜色恒常计算已经得到了较好的解决。所谓颜色恒常计算,是指处理物体在不同的光照下出现的偏色问题,比如白纸在红光照射下偏红色,在蓝光照射下则偏蓝色。目前相机已经可以通过"白平衡"在一定程度上实现对整体光照变化的自适应,然而对于局部光照变化(阴影和反光),相机本身则无能为力。局部光照变化对机器人视觉算法的鲁棒性影响很大,目前仍是该领域的研究热点和难点之一。阴影的出现相当于场景中多了一个光源,如图 1-21 所示。阴影包含全影和半影。全影部分的光源是天空散射光,半影部分的光源是天空散射光及很少的太阳直射光。非阴影区域的光源是天空散射光加上太阳直射光。这就有必要对室外光源(日光和天空光)进行建模与计算,以分析它们的光谱能量分布特性。结合天空光和日光的光谱能量分布特性及图像的物理形成过程,我们可以分析阴影的物理成像特性,比如阴影区域内外的关系、阴影区域颜色通道之间的关系等,这些特性将成为建立阴影检测、判定和去除算法的依据。室外光源光谱特性的计算将为我们分析室外场景的光照变化情况带来很大便利。但图像中的光照现象还与反射光谱及相机响应特性有关。在计算机视觉的光照处理研究方面,人们往往忽略了对反射光谱和相机响应特性的研究。这就导致了目前已有的光照处理算法和实际场景的光照变化脱节,缺乏合理的物理解释。本书从室外光照建模、反射光谱计算和相机响应特性三个方面入手,阐述了新的室外光源光谱计算方法及图像光照处理算法。这些算法主要包括阴影检测和去除及光照分离和重光照。

光照处理的目标是通过提出适用于计算机视觉处理的可计算光照模型、成像建模方法、本征图像分解和重光照算法,最终实现图像光照恒常计算,期望提出的模型对局部阴影及图像整体光照变化均具有光照恒常性。不同光照条件下期望达到的光照恒常性结果如图 1-22 所示。

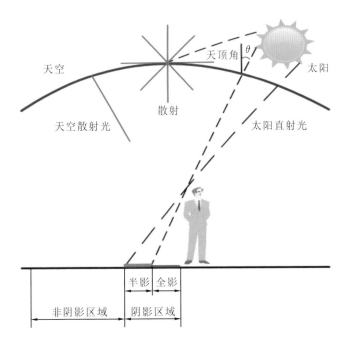

图 1-21　阴影形成的物理解释

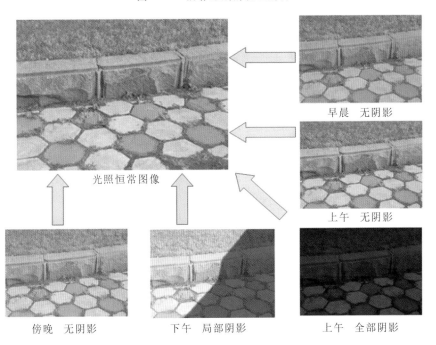

图 1-22　不同光照条件下期望达到的光照恒常性结果

1.4.3　图像恶劣天气处理

在室外环境中,天气对机器人视觉的影响主要有雾霾和雨雪。相对应的主要研究内容包括图像去雾及图像雨雪去除。

光线在雾霾或者水下浑浊介质中传输时,会发生粒子散射。这样会造成场景进入相机的光线衰减,同时光路外的杂散光进入相机。这两者共同作用的结果是图像模糊不清、饱和度降低及对比度下降。图 1-23 所示是雾的成像模型示意图,太阳光经大气层散射、折射后与太阳直射光在低空共同形成天空光,天空光经过气溶胶粒子散射进入相机视场的组分形成大气散射项,场景目标反射天空光形成场景反射光,经气溶胶粒子散射进入相机视场的组分形成直接衰减项,最终大气散射项与直接衰减项共同形成了有雾图像。

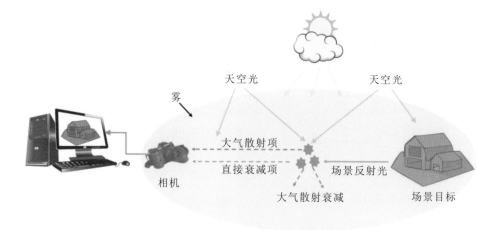

图 1-23　雾的成像模型示意图

图像去雾是一个重要的问题,其核心是光谱透射比的求取。本书在第 7、8、9 章分别描述了我们提出的基于光场图像的深度估计算法和基于区域优化的深度估计算法。

相较于图像去雾的研究,图像去雨雪的研究较少,尤其是关于图像去雪的研究更少。雨雪天气的光照传输特性发生了较大的变化,这里既包括雨滴和雪花的散射问题,也含有遮挡问题,既有稀疏性也有稠密性,并且具有动态特性。传统的雨雪去除算法通常认为雨滴或雪花在场景中是稀疏的,因此基于雨滴或雪花的亮度变化、下落方向及形状,这些算法会将雨滴或雪花检测出来。虽然对于小的雨雪和相对静态的场景,这些方法是有效的,但是它们难以应对较大的雨雪、高动态场景及相机移动的情况。在较大雨雪的天气和其他复杂场景下,雨和雪同时呈现出稀疏和稠密的特性。从直观上说,场景不仅被稀疏的雨雪遮挡,而且被稠密的、难以检测到的雨雪所模糊。本书将一般雨雪天气情况下雨雪场景的组成分为稀疏雨雪、稠密雨雪、背景及前景。

1.5　本书的主要内容与结构

本书从大气物理与光学成像的角度研究图像光照、天气建模及其分析处理方法。现实环境的场景图像是由环境中的照射光源、光线在不同天气状况下的传播和目标表面光反射,通过视觉系统形成的图像。图像中的光照和天气表现形式与光源、反射、传播及相机等成像要素息息相关,如图 1-24 所示,图中(a)(b)(c)的横坐标均为波长(nm),纵坐标分别为辐照度($W \cdot m^{-2} \cdot nm^{-1}$)、反射比、三刺激值。由于自然界光照和天气复杂多变,体现在图像上也是千变万化,因此对光照和气象环境的参数化分析非常重要,有助于降低图像光照、天气建模和处理的复杂度。图像受环境光照参数影响,但成像后这些参数消失。我们首先通过对成像要素的理论建模与分析,将图像特征与环境参数进行关联,来建立光照环境和图像数据的联系桥梁。本书中的计算涉及对数(log)运算,未特别注明时,log 运算的底数为 10。

本书总体上分为四大部分:成像要素建模、图像复杂光照处理、图像恶劣天气处理、应用示例及研究展望。本书的主要内容由作者及其研究团队发表的学术论文总结梳理而成。成像要素建模方面的工作分别在第 2 章的室外光谱辐照度计算(Tian et al.,2016)和单幅图像反射恢复(Tian et al.,2013),第 9 章的水下散射传输建模(Tian et al.,2017),以及第 3 章的相机响应函数估计(Wu et al.,2013)中进行阐述。由于相机只对可见光部分敏感,在深入分析光谱辐照度理论计算的基础上,我们发现传统气象科学中的臭氧吸收,水蒸气吸收,空气中氮气、二氧化碳等混合气体吸收,地表多次反射等对可见光的影响非常小,因此将这些因素忽略。这就大大降低了计算复杂度,减少了参数数量,使其在成像计算中具有了应用的可能。我们提出的计算方法将室外光照建模为两个参数:天顶角和气溶胶参数。其中天顶角是图像阴影分析处理的关键参数,气溶胶参数是图像天气

全天候机器人视觉

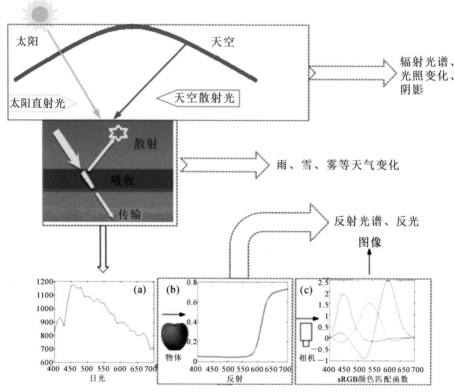

图 1-24　图像中复杂光照与恶劣天气表象与成像要素的关系

分析处理的关键参数。

在成像要素建模的基础上,本书在图像复杂光照处理方面的工作包括:第4章中的阴影三色衰减模型(Tian et al.,2009)、阴影线性模型(Tian et al.,2011)和阴影检测算法(Tian et al.,2016),第5章中的本征图像(Qu et al.,2015)与光照分解(Han et al.,2017),第6章中的阴影与反光去除(Qu et al.,2017;Ren et al.,2017)。其中,阴影的线性模型起到了承上启下的作用。我们在文献(Tian et al.,2011)中提出了线性模型,并且证明了模型参数不依赖于物体反射光谱曲线而只和天顶角有关。这一模型揭示了图像和室外光线变化的内在联系,相当于为图像阴影分析提供了额外的信息,这也是我们提出的方法所具有的优势之一。同时,我们在此基础上开发了基于线性模型和光照比率的阴影检测、去除,本征图像获取及光照分解算法,形成了较为完整的光照处理理论和算法体系。

本书在图像恶劣天气处理方面的工作包括:第7章中的图像雨雪建模与去除算法(Ren et al.,2017;Tian et al.,2018),第8、9章中的去雾与散射消除算法(Cui et al.，2017；Tian et al.，2017）。图像散射模型与光照条件关系很大，在夜晚雾霾或者水下浑浊条件下，光源一般是主动光源，属于近场光源；而在白天的雾霾天气条件下，光源是日光，属于无穷远的平行光源。针对近场散射和远场散射，本书分别描述了基于光场图像的深度估计和散射去除算法，以及基于区域优化的去雾算法。对于雨雪视频，我们通常可以认为场景的背景是固定不变的，即使场景背景有所移动，也可以通过现有的配准算法进行对齐。那么对雨雪场景来说，背景的相似性是有低秩特性的，因此可以通过低秩表达的方式进行背景重建。此外，也可以认为场景中的运动物体的形态变化较为缓慢，那么将不同帧中的运动物体匹配放在一起的时候，它们也就具有了低秩特性，同样使用矩阵分解的方式，就可以获得去除雨雪后的前景。本书分别介绍了基于全局和局部低秩分解的雪花去除算法和基于矩阵分解的雨雪统一表达模型及去除算法。

本章参考文献

ADINI Y，MOSES Y，ULLMAN S. 1997. Face recognition：The problem of compensating for changes in illumination direction[J]. IEEE Transactions on Pattern Analysis and Machine Intelligence，19 (7)：721-732.

AKYUZ A O，REINHARD E. 2006. Color appearance in high-dynamic-range imaging[J]. Journal of Electronic Imaging，15(3)：1-12.

BARNARD K，FUNT B. 2002. Camera calibration for color research [J]. Color Research and Application，27(3)：153-164.

CUCCHIARA R，GRANA C，PICCARDI M，et al. 2003. Detecting moving objects，ghosts，and shadows in video streams[J]. IEEE Transactions on Pattern Analysis and Machine Intelligence，25(10)：1337-1342.

CUI T，TIAN J D，WANG E D. 2017. Single image dehazing by latent region-segmentation based transmission estimation and weighted L1-norm regularization[J]. IET Image Processing，11(2)：145-154.

ENGELHARDT K，SEITZ P. 1993. Optimum color filters for CCD digital cameras[J]. Applied Optics，32(16)：3015-3023.

GIERLINGER T，DANCH D，STORK A. 2010. Rendering techniques for mixed reality[J]. Journal of Real-Time Image Processing,5(2):109-120.

GIJSENIJ A, GEVERS T. 2011. Color constancy using natural image statistics and scene semantics[J]. IEEE Transactions on Pattern Analysis and Machine Intelligence,33(4):687-698.

HANEISHI H, SHIOBARA T, MIYAKE Y. 1995. Color correction for colorimetric color reproduction in an electronic endoscope [J]. Optics Communications,11(4):57-63.

HAN Z, TIAN J D, QU L Q, et al. 2017. A new intrinsic-lighting color space for daytime outdoor images[J]. IEEE Transactions on Image Processing, 26(2):1031-1039.

NADIMI S, BHANU B. 2004. Physical models for moving shadow and object detection in video[J]. IEEE Transactions on Pattern Analysis and Machine Intelligence,26(8):1079-1087.

NIEVES J L, VALERO E M, NASCIMENTO S M C, et al. 2005. Multispectral synthesis of daylight using a commercial digital CCD camera[J]. Applied Optics,44(27):5696-5703.

QU L Q, TIAN J D, HAN Z, et al. 2015. Pixel-wise orthogonal decomposition for color illumination invariant and shadow-free image[J]. Optics Express,23(3):2220-2239.

QU L Q, TIAN J D, HE S F, et al. 2017. DeshadowNet: a multi-context embedding deep network for shadow removal [C] // IEEE International Conference on Computer Vision and Pattern Recognition (CVPR). Hawaii: 4067-4075.

REN W H, TIAN J D, HAN Z, et al. 2017. Video desnowing and deraining based on matrix decomposition [C] // IEEE International Conference on Computer Vision and Pattern Recognition (CVPR). Hawaii:4210-4219.

REN W H, TIAN J D, TANG Y D. 2017. Specular reflection separation with color-lines constraint[J]. IEEE Transactions on Image Processing,26(5): 2327-2337.

TIAN J D, DUAN Z G, REN W D, et al. 2016. Simple and effective calculations about spectral power distributions of outdoor light sources for computer vision[J]. Optics Express,24(7):7266-7286.

TIAN J D,HAN Z,REN W H,et al. 2018. Snowflake removal for videos by foreground and background decomposition via global and local low-rank factorization[J]. IEEE Transactions on Multimedia,20(10):2659-2669.

TIAN J D,MUREZ Z,CUI T,et al. 2017. Depth and image restoration from light field in a scattering medium[C]// IEEE International Conference on Computer Vision (ICCV). Venice:2420-2429.

TIAN J D,QI X J,QU L Q,et al. 2016. New spectrum ratio properties and features for shadow detection[J]. Pattern Recognition,51(3):85-96.

TIAN J D, SUN J, TANG Y D. 2009. Tricolor attenuation model for shadow detection [J]. IEEE Transactions on Image Processing, 18 (10): 2355-2363.

TIAN J D,TANG Y D. 2011. Linearity of each channel pixel values from a surface in and out of shadows and its applications[C]// IEEE Conference on Computer Vision and Pattern Recognition (CVPR). Colorado Springs: 985-992.

TIAN J D,TANG Y D. 2013. Wavelength-sensitive-function controlled reflectance reconstruction[J]. Optics Letters,38(15):2818-2820.

VRHEL M J, TRUSSELL H J. 1999. Color device calibration: a mathematical formulation[J]. IEEE Transactions on Image Processing,8(16): 1796-1806.

WITHER J,DIVERDI S,HOLLERER T. 2009. Annotation in outdoor augmented reality[J]. Computers & Graphics,33(6):679-689.

WU D L,TIAN J D,LI B F,et al. 2013. Recovering sensor spectral sensitivity from raw data[J]. Journal of Electronic Imaging,22(2):1-8.

YOON K,PRADOS E,STURM P. 2010. Joint estimation of shape and reflectance using multiple images with known illumination conditions [J]. International Journal of Computer Vision,86(2-3):192-210.

第 2 章
适于机器人视觉计算的光照与反射计算

2.1 引言

在室外环境中，白天的光源是太阳直射光和天空散射光。室外光源的光谱辐照度(即光谱能量分布,SPD)随着时间和天气条件变化,造成了同一场景的图像随着光照的变化而变化。在计算机视觉中经常会涉及如图 2-1 所示的一些自然光照现象,比如阴影、雾、落日余晖等。这些自然光照现象的产生和特性与室外光源的特性具有紧密联系。因此,计算室外光源的光谱辐照度对计算机视觉研究具有重要意义。目前,在计算机视觉中,涉及室外光源SPD 时,一般都应用黑体辐射理论近似计算或者直接应用 CIE D65 光谱辐照度代替,这和实际光源的 SPD 差别较大。符合实际情况的室外光源的 SPD计算方法多集中在气象学、大气物理学等学科。这些计算方法公式复杂,参数众多,并不适合应用在计算机视觉的光照计算之中。这些方法考虑的是从紫外到红外的全波段,很多公式和参数在可见光波段可以简化或忽略。此外,在可见光波段,人眼和相机具有波段权重响应的特性,但目前还没有 SPD计算方法考虑到这一特性。在本章中,对于计算机视觉,针对人眼和大部分相机工作的可见光波段,结合 CIE 人眼响应函数,我们提出了简单有效的室外光源 SPD 计算方法。该方法可以很容易地实现并应用在成像计算、计算机视觉、计算机图形学的相关研究之中。

在光照相关的计算中,许多文献直接利用普朗克定律来计算室外光源的 SPD,常见的是外太空辐射可以用 5777 K 的普朗克辐射来近似计算。从图 2-2 中我们发现,近红外波段可以较好地遵从普朗克定律,但是

图 2-1   自然光照现象

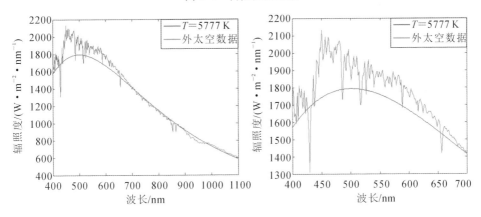

图 2-2   利用黑体辐射来近似真实的外太空辐射(右图是左图在可见光波段的放大)

在可见光波段却有较大误差。从图 2-3 中我们可以发现,日光的色度和普朗克轨迹非常接近,因此可以很好地由普朗克定律来近似计算。但是直射光和散射光的色度却和普朗克轨迹差别较大,表明利用普朗克定律近似计算直射光和散射光会引入较大的视觉误差。

因为我们的方法是针对成像计算和计算机视觉提出的,所以首先要考虑的就是相机成像机理及过程。图 2-4 给出了在日光下图像的形成过程(图中横纵坐标含义与图 1-24 中的相同),为了使之具有更广泛的意义和应用价值,这里在 XYZ 颜色空间考虑相机响应特性。由于我们的眼睛和大部分相机只对可见光部分敏感,因此本章的计算和分析都在可见光(波长为 $400 \sim 700 \text{ nm}$)部分进行。

若已知光源的 SPD 为 $E(\lambda)$,物体的反射曲线为 $S(\lambda)$,则 CIE XYZ 三刺激值为

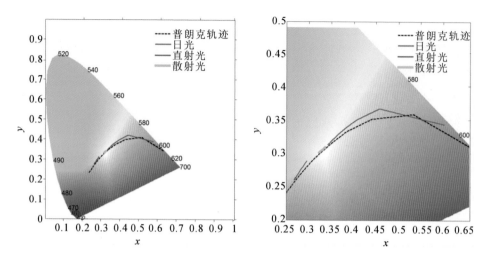

图 2-3　日光、直射光和散射光的色度与色温从 1000 K 到 500000 K 的普朗克轨迹的比较

注：图上数字如 540、560 等表示波长（nm）；x、y 表示 XYZ 空间内的色度。

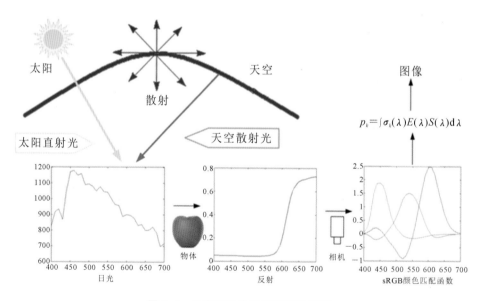

图 2-4　日光下图像形成过程示意图

$$F_H = \eta \cdot \int_{400}^{700} E(\lambda) S(\lambda) \overline{H}(\lambda) \mathrm{d}\lambda \qquad (2-1)$$

式中：H 表示 X、Y、Z 三通道中的任何一个，$\overline{H}(\lambda)$ 为 CIE XYZ 颜色匹配函数；η 为相机曝光时间参数，其定义为

$$\eta = 100 \Big/ \int_{400}^{700} E(\lambda)\overline{Y}(\lambda)\mathrm{d}\lambda \tag{2-2}$$

反射光谱是物体的本质属性,它不受环境光照的影响。它在色彩再现、成像、计算机视觉和计算机图形学等方面有广泛的应用。在以往的反射比重建方法中,光谱反射比在整个波长上都被平均处理。然而,人眼或成像设备中的传感器通常在不同波长上有不同的权重。针对由传感器敏感函数(或颜色匹配函数)构成的波长敏感函数,我们提出了一种新的反射比重建方法。这种方法可以在图像传感器具有高灵敏度的波长上实现更精确的重建,进而实现更好的成像计算或色彩再现性能。与传统的主成分分析方法相比,该方法可以减少 47% 的均方误差和 55% 的 Lab 误差。

2.2 面向机器人视觉的室外光源光谱辐照度计算

2.2.1 大气对外太空辐射的吸收计算

当外太空辐射经过地球大气层时,它会因吸收、反射、散射等大气传输效应而衰减,能量和光谱分布都会较大程度地改变,如图 2-5 所示。外太空的光谱辐照度会随着日期推移而改变。若用 $E_{o\lambda}$ 表示平均日地距离的辐照度,在经过日地距离 D 修正后,太阳辐照度变为

$$E'_{o\lambda} = E_{o\lambda}D \tag{2-3}$$

由于大气中臭氧、二氧化氮、混合大气及水蒸气的吸收,部分太阳辐射不会作为直射光或散射光的任何一种到达地面。经过吸收之后,辐照度变为

$$E_{in} = E'_{o\lambda} \cdot T_{o\lambda} \cdot T_{N\lambda} \cdot T_{w\lambda} \cdot T_{u\lambda} \tag{2-4}$$

式中:$T_{o\lambda}$、$T_{N\lambda}$、$T_{w\lambda}$、$T_{u\lambda}$ 分别为臭氧、二氧化氮、水蒸气、混合大气的传输函数。$T_{o\lambda}$(Leckner,1978)和 $T_{N\lambda}$(Gueymard,1995;Schroeder et al.,1987)可以表示为

$$T_{o\lambda} = \exp(-0.35a_{o\lambda}m) \tag{2-5}$$

$$T_{N\lambda} = \exp(-0.0016a_{N\lambda}m) \tag{2-6}$$

式中:$a_{o\lambda}$ 和 $a_{N\lambda}$ 分别为臭氧和二氧化氮的吸收系数。$T_{w\lambda}$(Schroeder et al.,1987)和 $T_{u\lambda}$(Berk et al.,1989)的形式如下:

$$T_{w\lambda} = \exp[-0.2385a_{w\lambda}Wm/(1+20.07a_{w\lambda}Wm)^{0.45}] \tag{2-7}$$

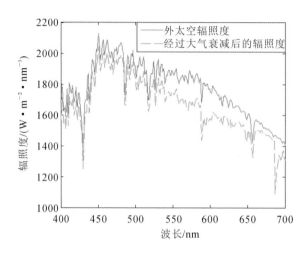

图 2-5　外太空 SPD 以及经过大气衰减后的 SPD(大气质量为 2 的情况)

$$T_{u\lambda} = \exp[-1.41a_{u\lambda}m/(1+118.93a_{u\lambda}m)^{0.45}] \tag{2-8}$$

式中:$a_{u\lambda}$ 和 $a_{w\lambda}$ 分别为混合大气和水蒸气的吸收系数;W 是水蒸气容量(通常为 1.6);m 是大气质量,一般由

$$m = \sec\theta \tag{2-9}$$

确定。其中:θ 表示天顶角。与 $T_{o\lambda}$ 及 $T_{N\lambda}$ 在可见光范围内的明显作用相比,$T_{u\lambda}$ 的主要作用波段在 1000 nm 以上,在可见光范围内只在 687～691 nm 波段起作用(Pierluissi et al.,1987);$T_{w\lambda}$ 的主要作用波段在 800 nm 以上,在可见光范围内只在 690～700 nm 波段起作用(Zhou et al.,2005)。虽然 $T_{w\lambda}$ 和 $T_{u\lambda}$ 在可见光波段的作用域很小,但是它们的计算却比 $T_{o\lambda}$ 及 $T_{N\lambda}$ 的计算复杂得多,我们将寻找关于它们更为简单有效的计算方法。由于公式(2-7)和公式(2-8)具有相似的形式,因此我们首先尝试将 $T_{u\lambda}$ 融入 $T_{w\lambda}$,即

$$T_{w\lambda}(a_{w\lambda} + \varepsilon a_{u\lambda} \mid m) = T_{w\lambda}(a_{w\lambda} \mid m) \cdot T_{u\lambda}(a_{u\lambda} \mid m) \tag{2-10}$$

其中 ε 由下式确定:

$$\varepsilon = \underset{m}{\mathrm{argmin}} \sum \left\| \boldsymbol{T}_{w\lambda} \cdot \boldsymbol{T}_{u\lambda} - \boldsymbol{T}_{w\lambda}(a_{w\lambda} + \varepsilon \boldsymbol{a}_{u\lambda}) \right\|_2 \tag{2-11}$$

公式(2-11)的结果为 $\varepsilon = 4.3$,故有

$$T_{w\lambda}(a_{w\lambda} + 4.3a_{u\lambda}) \approx T_{w\lambda} \cdot T_{u\lambda} \tag{2-12}$$

故可将 $T_{w\lambda}$ 和 $T_{u\lambda}$ 两项融为一项。我们定义新项为 $T'_{w\lambda}$,有下式成立:

$$T'_{w\lambda} = \exp[-0.2385a'_{w\lambda}Wm/(1+20.07a'_{w\lambda}Wm)^{0.45}] \tag{2-13}$$

式中：$a'_{w\lambda} = a_{w\lambda} + 4.3a_{u\lambda}$。图 2-6 表明 $T_{w\lambda}(a_{w\lambda} + 4.3a_{u\lambda})$ 的结果和原来两项综合作用（$T_{w\lambda} \cdot T_{u\lambda}$）的结果几乎一致。

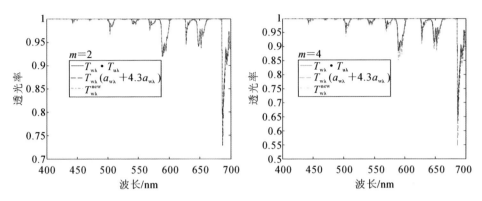

图 2-6 将 $T_{u\lambda}$ 融入 $T_{w\lambda}$ 的结果

对于不同的 m，我们发现数据集合 $[a'_{w\lambda}, \log(T'_{w\lambda})]$ 可由幂函数很好地拟合。因此，我们将尝试把 $T'_{w\lambda}$ 拟合成类似 $T_{o\lambda}$ 及 $T_{N\lambda}$ 那样的形式，以方便后续处理。我们定义一个新的关于水蒸气和混合大气的函数：

$$T_{w\lambda}^{new} = \exp[p\,(a'_{w\lambda})^q m] \qquad (2\text{-}14)$$

式中

$$p, q = \arg\min \sum_m \left\| p\,(a'_{w\lambda})^q m - \log(T'_{w\lambda}) \right\|_2 \qquad (2\text{-}15)$$

由式（2-15）可得 $p = -0.055, q = 0.56$，故新的表达式为

$$T_{w\lambda}^{new} = \exp[-0.055\,(a'_{w\lambda})^{0.56} m] \qquad (2\text{-}16)$$

图 2-7 表明，与原来的表达式相比，我们的简单表达式可以产生很好的近似结果。新的表达式除了简单外，另一优点是具有和 $T_{o\lambda}$ 及 $T_{N\lambda}$ 相同的形式，方便后续处理。

至此，公式（2-4）可以重写为

$$E_{in} = E'_{o\lambda} \cdot T_\lambda \qquad (2\text{-}17)$$

式中

$$T_\lambda = \exp(-\tau'(\lambda) \cdot m) \qquad (2\text{-}18)$$

我们将 T_λ 命名为总传输吸收函数，将 $\tau'(\lambda)$ 命名为总传输吸收系数，表达式为

$$\tau'(\lambda) = 0.35a_{o\lambda} + 0.0016a_{N\lambda} + 0.055(a'_{w\lambda})^{0.56} \qquad (2\text{-}19)$$

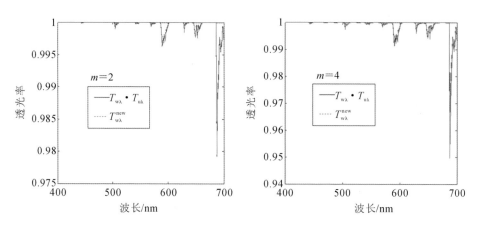

图 2-7　新的表达式和原来的表达式产生的结果对比

图 2-8 所示为总传输吸收系数的计算结果，其中 $a_{o\lambda}$、$a_{N\lambda}$、$a_{u\lambda}$、$a_{w\lambda}$ 取自 Gueymard(1995) 的文章且 $a_{o\lambda} = A_{o\lambda}$，$a_{N\lambda} = A_{N\lambda}$，$a_{u\lambda} = 100A_{g\lambda}$，$a_{w\lambda} = 100A_{w\lambda}$。

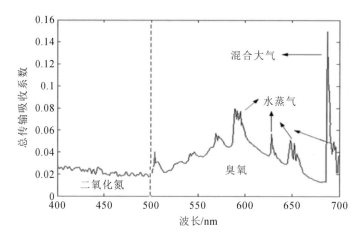

图 2-8　总传输吸收系数

2.2.2　地表太阳直射光的光谱能量分布计算

地表正对太阳时的太阳直射光 SPD 可由下式计算：

$$E_{d\lambda} = E_{in} \cdot T_{r\lambda} \cdot T_{a\lambda} \tag{2-20}$$

式中：$T_{r\lambda}$ 和 $T_{a\lambda}$ 分别表示瑞利散射和气溶胶散射的传输函数。瑞利散射的传输函数(Berk et al.，1989)可表示为

$$T_{r\lambda} = \exp(0.008735\lambda^{-4.08} \cdot m) \tag{2-21}$$

气溶胶散射的传输函数(Iqbal,1983)可表示为

$$T_{a\lambda} = \exp(-\beta\lambda^{-\alpha} \cdot m) \qquad (2\text{-}22)$$

式中:α 表示波长指数,通常取值为 1.3;参数 β 表示透明指数,其取值范围一般为 0～0.4,对于晴朗天气、阴天、浑浊天气,其取值通常分别为 0.1、0.2、0.3。

2.2.3 地表天空散射光的光谱能量分布计算

在 Gueymard(1995)、Berk 等人(1989)所介绍的方法中,关于散射光的 SPD 计算非常复杂。这里我们提出一个非常简单的方法。我们知道 $T_{r\lambda}$ 及 $T_{a\lambda}$ 分别表示瑞利散射和气溶胶散射的传输函数,即直射光透射函数,因此($1 - T_{r\lambda} \cdot T_{a\lambda}$)实际上表示可以到达地表和消失在大气中的散射光之和。从而地表的天空散射光 SPD 可由下式计算:

$$E_{s\lambda} = E_{in} \cdot \cos\theta \cdot (1 - T_{r\lambda} \cdot T_{a\lambda}) \cdot \kappa \qquad (2\text{-}23)$$

式中:κ 表示散射光中能够到达地面的部分所占的比例。

如图 2-9 所示,κ 取决于天顶角,天顶角越大,光线经过的大气路径就越长,能够到达地表的散射光就越少。

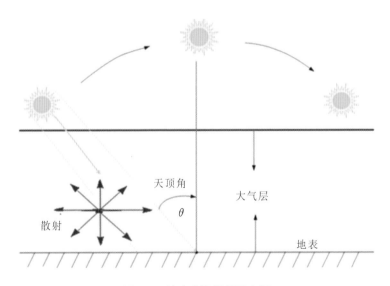

图 2-9 地表太阳辐射示意图

我们通过计算公式(2-23)和光谱仪实测的数据之间的误差 ΔE_{Lab} 来确定 κ。具体地，对于理想的白反射，$S(\lambda)=1$，利用我们的方法计算的 SPD，其 XYZ 三刺激值为

$$F_H = \eta \cdot \int_{400}^{700} E_{s\lambda} S(\lambda) \overline{H}(\lambda) d\lambda \qquad (2\text{-}24)$$

对于测量的 SPD，其 XYZ 三刺激值为

$$F'_H = \eta \cdot \int_{400}^{700} E'_{s\lambda} S(\lambda) \overline{H}(\lambda) d\lambda \qquad (2\text{-}25)$$

XYZ 三刺激值被转换到 CIE Lab 颜色空间，利用公式(2-26)得到 ΔE_{Lab} 色差来衡量 $E_{s\lambda}$ 和 $E'_{s\lambda}$ 的误差，最后利用公式(2-27)来确定 κ 值：

$$\Delta E_{\text{Lab}} = \sqrt{\Delta L^2 + \Delta a^2 + \Delta b^2} \qquad (2\text{-}26)$$

$$\kappa = \operatorname{argmin} \Delta E_{\text{Lab}} \qquad (2\text{-}27)$$

我们利用 XYZ 三刺激值和 ΔE_{Lab} 色差来确定 κ 是为了在颜色匹配函数峰值附近保持较高的精度，从而保证计算结果用于成像计算时的精度。对于不同的天顶角，κ 值由表 2-1 给出。

表 2-1　不同的天顶角下散射光能到达地面的比例 κ

天顶角/(°)	20	30	40	50	60	70	80
κ	0.65	0.65	0.62	0.62	0.60	0.58	0.52

2.2.4　实验结果与分析

图 2-10 所示为我们的方法与 Smarts2 方法(Gueymard,1995)及 Bird 方法(Berk et al.,1989)在晴朗天气，即 $\beta=0.1$ 的情况下，直射光 SPD(第一列)、散射光 SPD(第三列)计算结果的比较。

从实验结果看，我们的简单方法和其他两种复杂方法的结果并无大的不同，尤其是直射光部分。为了衡量三种不同方法的结果给成像计算带来的影响，我们还模拟了这些光源下 Xrite 色卡(包含 24 个自然界最常见的颜色色块)的 sRGB 值，分别如图 2-10 的第二、四列所示。其中，对于每种情况，最上方的色卡对应我们的方法，中间的色卡对应 Bird 方法，最下方的色卡对应 Smarts2

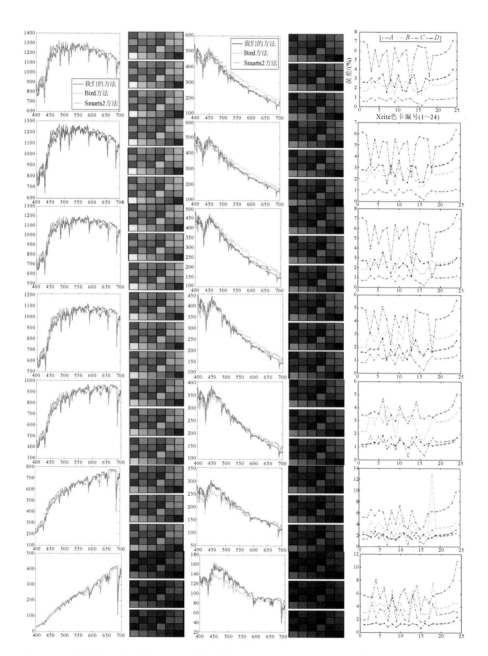

图 2-10　我们的方法与 Smarts2 方法及 Bird 方法在 $\beta=0.1$ 情况下的 SPD 计算结果比较

注:图 2-10 中,从上至下分别表示天顶角为 20°、30°、40°、50°、60°、70°、80°的情况。第一列为直射光 SPD,

第三列为散射光 SPD。在 SPD 图中,横轴表示波长(nm),纵轴表示辐照度(W・m^{-2}・nm^{-1})。

方法。从色卡图像的模拟结果上看，我们用肉眼很难发现它们的差别。为了量化地衡量模拟图像的像素误差，对于每一个色块，我们利用 Xrite 色卡模拟图像三个通道的最大误差和最大值的比值衡量百分数误差（见图 2-10 的最后一列），其中 A 表示直射光下我们的方法和 Bird 方法的像素差，B 表示直射光下我们的方法和 Smarts2 方法的像素差，C 表示散射光下我们的方法和 Bird 方法的像素差，D 表示散射光下我们的方法和 Smarts2 方法的像素差。结果表明，与利用其他两个复杂方法相比，利用我们的简单方法得到的 Xrite 色卡 sRGB 值的大部分误差可以控制在 10% 以内。但从表 2-2 所示我们的方法与 Smarts2 方法及 Bird 方法计算复杂度的比较中可以明显看出，我们的计算方法非常简单。

图 2-10 还表明了天顶角从 20°变化到 40°时，SPD 并无多大变化，这也说明室外光源在中午阶段比较稳定。与直射光相比，散射光的最大值向短波方向移动，这也是天空呈现蓝色的原因。直射光和天顶角的关系很大，因为太阳的位置越低，经过大气的路径越长，短波散射越厉害，使得直射光的最大值向长波方向移动，这也是暮光和黎明时分太阳呈现金色或红色的原因。

图 2-11 所示为不同浑浊度大气下不同方法的 SPD 计算结果，从结果的一致性上看，直射光要好于散射光。对于散射光，在非常纯净的大气（$\beta=0$）下，三种方法的散射光一致性较好；但随着浑浊度升高，一致性变坏，在非常浑浊的大气（$\beta=0.3$）下，这三种方法的结果明显不一致。从总体上来说，我们的方法和 Smarts2 方法的结果更接近。

Preetham 等人（1999）提出的模型也只需要天顶角和大气混浊度两个参数。使用 Judd 特征向量，该模型可以产生在天穹所有点的辐射光谱信息。有关基于 Judd 特征向量从天空色度值恢复辐射光谱信息的详细过程可以在文献（Preetham et al.，1999）的附录 5 中找到。在整合来自半球的所有方向的入射光之后，就可以计算天空光的 SPD。图 2-12 所示为我们的方法与 Smarts2 方法、Bird 方法和 Preetham 方法之间的比较。可以发现，与我们的方法相比，Preetham 方法不够准确，无法与 Smarts2 及 Bird 两种气象方法相匹敌。这可能是因为从天空 XYZ 值恢复全光谱时只能使用三个基向量。使用 Preetham 提出的模型恢复 SPD 的另一个缺点是它主要是恢复天空光的 SPD 而难以恢复直射光和日光的 SPD。

表 2-2 我们的方法与 Smarts2 方法和 Bird 方法的计算复杂度比较

方法	Smarts2 方法	Bird 方法	我们的方法
吸收	$T_{u\lambda} = \exp[-1.41a_{u\lambda}m/(1+118.93a_{u\lambda}m)^{0.45}]$ $m_u = [\cos\theta + 4.57\theta^{1.07}(96-\theta)^{-1.7}]^{-1}$ $T_{o\lambda} = \exp(-u_o a_{o\lambda} m_o)$ $m_o = [\cos\theta + 268\theta^{0.5}(115-\theta)^{-3.3}]^{-1}$ $T_{N\lambda} = \exp(-u_N a_{N\lambda} m_N)$ $m_N = [\cos\theta + 602\theta^{0.5}(117-\theta)^{-3.5}]^{-1}$ $T_{w\lambda} = \exp\{-[m_w \tau w^{1.05} f_w^n B_w a_{w\lambda}]^c\}$ $f_w = [0.39 - 0.27\lambda + (0.46+0.24\lambda)P]$ $n = 0.88 + 0.025\lambda - 3.59\exp(-4.54\lambda)$ $c = 0.54 + 0.0033\lambda + 1.52\exp(-4.29\lambda)$ $B_w = h(m_w \tau w)\exp(0.19 - 0.079m_w + 4.71E - 4m_w^2)$ $h(m_w \tau w) = 0.62m_w \tau w^{0.16}\ (a_{w\lambda} < 0.01)$ $h(m_w \tau w) = (0.53 + 0.25m_w \tau w)^{0.45}\ (其他)$ $m_w = [\cos\theta + 3.11\theta^{0.1}(92-\theta)^{-1.38}]^{-1}$	$T_{u\lambda} = \exp[-(ma_{u\lambda}u_g)^{0.56}]$ $m = [\cos\theta + 0.15(93.885-\theta)^{-1.253}]^{-1}$ $T_{o\lambda} = \exp(-u_o a_{o\lambda})$ $m_o = (1 + h_o/6370)/[\cos^2\theta + 2h_o/6370]^{0.5}$ — $T_{w\lambda} = \exp[-0.2385a_{w\lambda}Wm/(1+20.07a_{w\lambda} \cdot Wm)^{0.45}]$ $m = [\cos\theta + 0.15(93.885-\theta)^{-1.253}]^{-1}$ $W = 1.6$	$T_\lambda = \exp(-\tau'(\lambda) \cdot m)$ $\tau'(\lambda) = 0.35a_{o\lambda} + 0.0016a_{N\lambda}$ $\qquad\quad + 0.055a_{w\lambda}'^{0.56} + 4.3a_{u\lambda}$ $a'_{w\lambda} = a_{w\lambda} + 4.3a_{u\lambda}$ $m = \sec\theta$
散射	$I_{s\lambda} = I_{r\lambda} + I_{a\lambda} + I_{g\lambda}$ $I_{r\lambda} = \cos\theta \cdot E_{o\lambda} \cdot D \cdot T_{aa\lambda} \cdot T_{o\lambda} \cdot T_{N\lambda}$ $\qquad \cdot T_{w\lambda}(1-T_{r\lambda}^{0.9})0.5F_{R2}$ $I_{a\lambda} = \cos\theta \cdot E_{o\lambda} \cdot D \cdot T_{o\lambda} \cdot T_{N\lambda}$ $\qquad \cdot T_{w\lambda} \cdot T_{r\lambda}(1-T_{as\lambda})F_a$ $I_{g\lambda} = (I_{d\lambda}\cos\theta + I_{r\lambda} + I_{a\lambda})r_{s\lambda}r_{g\lambda}/(1-r_{s\lambda}r_{g\lambda})$ $F_{R2} = 1(\tau_{R\lambda} < \tau_{Rm})$ $F_{R2} = \exp\left[-\left(\dfrac{\tau_{R\lambda}-\tau_{Rm}}{\sigma^R}\right)^{(0.72+\cos^2\theta)}\right]\ (其他)$ $\sigma^R = 3.65 - 2.3\exp(-4\cos\theta)$	$I_{s\lambda} = I_{r\lambda} + I_{a\lambda} + I_{g\lambda}$ $I_{r\lambda} = \cos\theta \cdot E_{o\lambda} \cdot D \cdot T_{aa\lambda} \cdot T_{o\lambda} \cdot T_{w\lambda} \cdot (1-T_{r\lambda}^{0.95})^{0.5}$ $I_{a\lambda} = \cos\theta \cdot E_{o\lambda} \cdot D \cdot T_{aa\lambda} \cdot T_{o\lambda} \cdot T_{w\lambda}$ $\qquad \cdot T_{r\lambda}^{1.5}(1-T_{as\lambda})F_s$ $I_{g\lambda} = (I_{d\lambda}\cos\theta + I_{r\lambda} + I_{a\lambda})r_{s\lambda}r_{g\lambda}/(1-r_{s\lambda}r_{g\lambda})$	

方法	Smarts2 方法	Bird 方法	我们的方法
散射	$\tau_{Rm}=0.17[1-\exp(-8\cos\theta)]$ $T_{aa\lambda}=\exp[-m_a(1-w_0)\tau_{a\lambda}]$ $w_0=0.94-0.09\exp(1-3.38\lambda)$ $T_{as\lambda}=T_{a\lambda}/T_{aa\lambda}$ $F_{a1}=1-0.5\exp[(a_{s0}+a_{s1}\cos\theta)\cos\theta]$ $a_{s0}=[1.5+(0.16+0.41F_g)F_g]F_g$ $a_{s1}=[0.08+(0.38+0.58F_g)F_g]F_g$ $F_g=\ln(1-g)$ $F_{a2}=1(\tau_{ad\lambda}\leqslant 2)$ $F_{a2}=\exp\left[-\left(\dfrac{\tau_{as\lambda}-2}{\sigma_a}\right)^\xi\right]$（其他） $\xi=-0.5+\exp[0.24(\cos\theta_0)^{-1.24}]$ $\cos\theta_0=\max(0.05,\cos\theta)$ $\sigma_a=\max(1,3.5-(4.53-0.82\tau_{as\lambda})\cos\theta+(8.26$ $\quad-6.02\tau_{as\lambda})\cos^2\theta)$	$T_{as\lambda}=\exp(-w_r\beta\theta\lambda^{-a}m)$ $T_{aa\lambda}=\exp(-(1-w_r)\beta\lambda^{-a}m)$ $w_r=0.945\exp\{-0.095[\ln(\lambda/0.4)]^2\}$ $F_s=1-0.5\exp[(AFS+BFS\cos\theta)\cos\theta]$ $\tau_{s\lambda}=T'_{o\lambda}\cdot T'_{w\lambda}\cdot T'_{aa\lambda}[0.5(1-T'_{r\lambda})+(1-F'_s)T'_{r\lambda}$ $\quad\cdot(1-T'_{as\lambda})]$ $AFS=ALG[1.459+ALG(0.1595+ALG\,0.4129)]$ $BFS=ALG[0.0783+ALG(-0.3824$ $\quad-ALG\,0.5874)]$ $ALG=\ln(1-0.65)$	$I_{s\lambda}=E_{in}\cdot\cos\theta\cdot(1-T_{r\lambda}$ $\quad\cdot T_{a\lambda})\cdot\kappa$ $E_{in}=E_{o\lambda}\cdot T_\lambda$
影响因素	日地距离、压强、臭氧、二氧化氮、混合气体、水蒸气、二氧化碳、反照率、倾斜反照率、天顶角、浑浊度	日地距离、压强、臭氧、水蒸气、反照率、气溶胶光学厚度、天顶角、浑浊度	天顶角、浑浊度

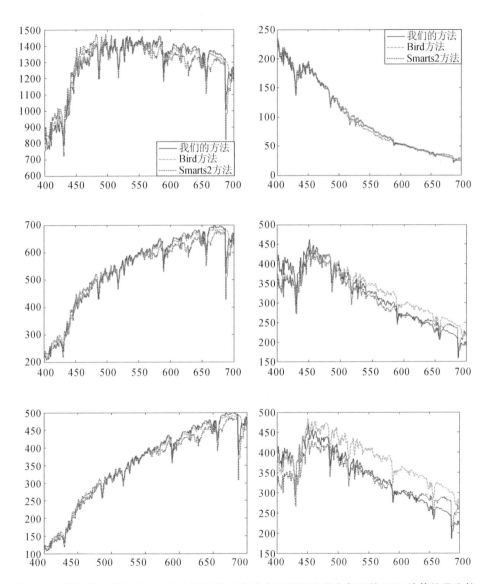

图 2-11 我们的方法与 Smarts2 方法及 Bird 方法在不同浑浊度大气下的 SPD 计算结果比较

注：从上至下分别为 $\beta=0$、$\beta=0.2$、$\beta=0.3$ 的情况。第一列为直射光 SPD，第二列为散射光 SPD。

图中横坐标表示波长(nm)，纵坐标表示辐照度($W \cdot m^{-2} \cdot nm^{-1}$)

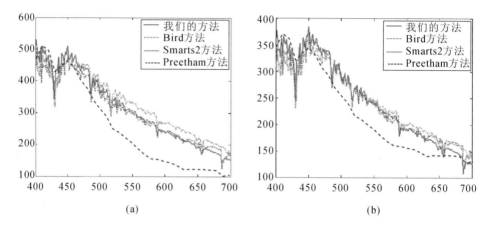

图 2-12　三种方法与 Preetham 方法的比较

(a)天顶角为 30°;(b)天顶角为 60°

注:图中横坐标表示波长(nm),纵坐标表示辐照度($W \cdot m^{-2} \cdot nm^{-1}$)。

2.3　波长灵敏度控制的反射比重建

光谱反射比被称为物体的"指纹",对照明的变化具有很强的鲁棒性。因此,物体表面的光谱反射比可以作为一种目标物体的唯一性特征,来对目标物体进行识别。在已知相机的光源光照和相机的响应曲线的情况下,如何定量计算目标物体表面的光谱反射比就变得非常重要。物体的光谱反射比可以通过分光光度计进行准确测量,但这种测量方法需要一些物理设备,加之测量的过程很复杂,测量的效率比较低。因此,我们可以通过数字设备获得物体所成像的响应值,再利用成像公式来计算物体的光谱反射比,也就是从图像中反解出物体的光谱反射比。这种方式无疑会给计算机视觉的分析和处理带来很多方便。

在自然界中,由于物体的光谱反射比均具有连续性,一般在计算过程中因此可以通过几个基函数来近似表达。反射光谱曲线 $S(\lambda)$ 可由一些基函数 $S_i(\lambda)$ 近似表示为

$$S(\lambda) \cong \sum_{i=1}^{d} \sigma_i S_i(\lambda) \tag{2-28}$$

式中:d 为基函数的数目;σ_i 为基函数 $S_i(\lambda)$ 的系数。

目标物体成像主要由光源、反射和相机响应决定,成像公式可表示为

$$F_H^{\mathrm{L}} = \int_{400}^{700} E(\lambda)S(\lambda)Q_H(\lambda)\mathrm{d}\lambda \qquad (2\text{-}29)$$

式中：H 表示颜色通道；F^{L} 表示未经伽马变换等操作的线性图像。

将公式(2-28)代入公式(2-29)得

$$F_H^{\mathrm{L}} = \int_{400}^{700} E(\lambda)\sum_{i=1}^{d}\sigma_i S_i(\lambda)Q_H(\lambda)\mathrm{d}\lambda = \sum_{i=1}^{d}\sigma_i \int_{400}^{700} E(\lambda)S_i(\lambda)Q_H(\lambda)\mathrm{d}\lambda \quad (2\text{-}30)$$

对于公式(2-30)，若已知光源的 SPD 和反射光谱基函数，则 σ_i 可解，故光谱可从图像中反解。因为我们的研究对象是 RGB 彩色图像，因此这里令 $d=3$。

反射光谱基函数一般通过最小化下式得出：

$$\sum_{S}\int\Big[S(\lambda) - \sum_{i=1}^{d}\sigma_i S_i(\lambda)\Big]^2\mathrm{d}\lambda \qquad (2\text{-}31)$$

传统方法一般应用主成分分析(PCA)方法求解公式(2-31)，从而获取基函数。图 2-13 展示了应用 PCA 方法获得的 24 色色卡反射光谱的三个基向量。

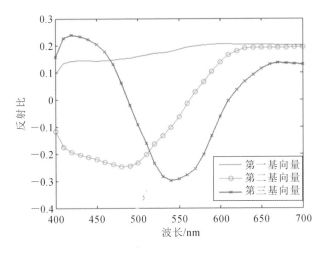

图 2-13　PCA 方法获得的基向量(基函数)

PCA 反射比重建方法在整个波长上均等地处理光谱反射比，但是人眼或成像设备通常在不同波长上具有不同的权重。在本节中，我们描述一个波长灵敏度控制的反射比重建方法。该波长灵敏度函数(WSF)是由传感器灵敏度函数(或颜色匹配函数,CMF)所构成的。我们的主要想法是在传感器具有高灵敏度的波长处实现更准确的反射比重建。这种更精确的重建可以实现更好的成像或色彩还原性能。我们首先通过反射比矩阵和 WSF 矩阵的 Hadamard 积生成一个新的矩阵。然后通过对生成的矩阵进行奇异值分解获得被重建的反射率。实验结果表明,我们的方法与经典的主成分分析方法相比可以减少 47% 的均方误差和 55% 的 Lab 误差。

反射比向量 $r_i \in \mathbf{R}^n (i = 1, 2, \cdots, m)$ 可以通过 $r_i = \sum_{j=1}^{n} \alpha_j b_j, n \leqslant m$ 来表示,其中 b_j 称为基函数向量,并且可以仅使用几个基函数向量来近似光谱反射比 (Maloney, 1986; Parkkinen et al., 1989),如 $\hat{r}_i \approx \sum_{j=1}^{d} \alpha_j b_j, d \ll n$。实际上,基函数的数量 d 通常对应于成像设备的通道数。现有的方法是使用多光谱相机系统($d > 3$)(Shimano, 2006) 或三色相机系统($d = 3$)(Lee et al., 2000) 进行反射比重建。

令 $\mathbf{R} = [r_1 \quad r_2 \quad \cdots \quad r_m]^{\mathrm{T}}$ 和 $\hat{\mathbf{R}} = [\hat{r}_1 \quad \hat{r}_2 \quad \cdots \quad \hat{r}_m]^{\mathrm{T}}$ 分别表示原始反射比向量和重建的反射比向量所构成的矩阵,一般可以通过最小化误差函数来选择基函数。

$$\min_{b_j} \left\| \mathbf{R} - \hat{\mathbf{R}} \right\|_2^2 \quad j = 1, 2, \cdots, d \tag{2-32}$$

公式(2-32)可以通过一些经典的方法求解,例如奇异值分解(SVD)或者 PCA 方法(Ayala et al., 2006; Lee et al., 2007)。我们首先定义一个中心化矩阵 $\mathbf{X} = [r_1 - \bar{r} \quad r_2 - \bar{r} \quad \cdots \quad r_m - \bar{r}]^{\mathrm{T}}$,其中 $\bar{r}$ 表示反射比向量的均值,即 $\bar{r} = \frac{1}{m} \sum_{i=1}^{m} r_i$。$\mathbf{X}$ 的 SVD 表达式可以写成 $\mathbf{X} = \sum_{j=1}^{n} \sigma_j u_j v_j^{\mathrm{T}}$,其中 σ_j、u_j 和 v_j 分别表示 $\mathbf{X}$ 的奇异值、m 维的左奇异向量和 n 维的右奇异向量。基函数 b_j 对应于列向量 v_j,即 $b_j = v_j (j = 1, 2, \cdots, n)$。若定义向量 $h = [1 \quad 1 \quad \cdots \quad 1]_m^{\mathrm{T}}$,矩阵 $\mathbf{R}$ 可以表示为

$$\mathbf{R} = \sum_{j=1}^{n} \sigma_j u_j v_j^{\mathrm{T}} + h \otimes \bar{r} \tag{2-33}$$

式中:符号 $\otimes$ 表示向量的张量积。类似地,通过 PCA(或者 SVD)方法得到重建的光谱反射比矩阵为

$$\hat{\mathbf{R}}_0 = \sum_{j=1}^{d} \sigma_j u_j v_j^{\mathrm{T}} + h \otimes \bar{r} \tag{2-34}$$

图 2-14 所示为基于 PCA 方法得到的反射比。我们注意到在基于 PCA 方法的重建过程中,所有光谱反射重建在不同波长处均受等同对待。因此,原始反射比和重建反射比的误差分布倾向于均匀分布,如图 2-15(b) 所示。然而,每个

通道中的传感器响应通常沿波长具有不同的灵敏度,如图 2-15(a)所示。因此, 我们的目标是使重建的反射比在传感器灵敏度的峰值附近更准确,换句话说, 灵敏度越高,重建误差越低,以实现更好的成像或色彩再现性能。我们的方法 的误差分布如图 2-15(c)所示。

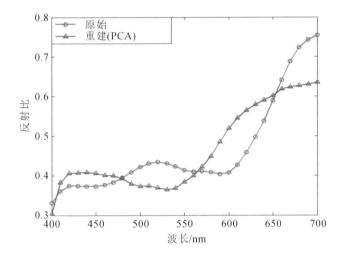

图 2-14　基于 PCA 方法的反射比重建示例

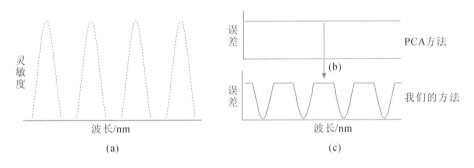

图 2-15　PCA 方法和我们的方法的误差分布

(a)传感器响应灵敏度示意图;(b)PCA 方法的误差分布示意图;(c)我们的方法的误差分布示意图

假设成像设备的传感器响应函数表示为 $f_i(\lambda)$,$i=1,2,\cdots,d$。设 $Q(\lambda)=\sum_{i=1}^{d} f_i(\lambda)$ 是一维波长灵敏度函数。在对 $Q(\lambda)$ 以 n 列的分辨率进行采样之后,我们可以生成一个向量 q,并进一步构建一个波长灵敏度函数矩阵 W:

$$W = \begin{bmatrix} q & q & \cdots & q \end{bmatrix}^{\mathrm{T}}_{m\times n} \tag{2-35}$$

我们的基函数可以通过公式(2-36)获得:

$$\min_{b_j} \left\| \boldsymbol{W} \circ (\boldsymbol{R} - \hat{\boldsymbol{R}}) \right\|_2^2, \quad j = 1, 2, \cdots, d \tag{2-36}$$

式中:"。"表示 Hadamard 积($\boldsymbol{C} = \boldsymbol{A} \circ \boldsymbol{B} : c_{ij} = a_{ij} b_{ij}$)。假设 $\widetilde{\sigma_j}$、$\widetilde{\boldsymbol{u}_j}$ 和 $\widetilde{\boldsymbol{v}_j}$ 分别表示 $\boldsymbol{W} \circ \boldsymbol{X}$ 的奇异值、左奇异向量和右奇异向量,类似于公式(2-33),可得到

$$\boldsymbol{W} \circ \boldsymbol{R} = \sum_{j=1}^{n} \widetilde{\sigma_j} \, \widetilde{\boldsymbol{u}_j} \, \widetilde{\boldsymbol{v}_j}^{\mathrm{T}} + \boldsymbol{W} \circ \boldsymbol{h} \otimes \bar{\boldsymbol{r}} \tag{2-37}$$

然后新的重建反射比可以表示为

$$\hat{\boldsymbol{R}}_1 = \boldsymbol{D} \circ \left(\sum_{j=1}^{d} \widetilde{\sigma_j} \, \widetilde{\boldsymbol{u}_j} \, \widetilde{\boldsymbol{v}_j}^{\mathrm{T}} + \boldsymbol{W} \circ \boldsymbol{h} \otimes \bar{\boldsymbol{r}} \right) \tag{2-38}$$

式中:$\boldsymbol{D}$ 是其元素满足公式 $d_{ij} = \dfrac{1}{w_{ij}}$ 的矩阵。

如果任意 $b > 0$,由式(2-38)可得

$$\frac{\boldsymbol{D}}{b} \circ \left(\sum_{j=1}^{d} b \, \widetilde{\sigma_j} \, \widetilde{\boldsymbol{u}_j} \, \widetilde{\boldsymbol{v}_j}^{\mathrm{T}} + b \boldsymbol{W} \circ \boldsymbol{h} \otimes \bar{\boldsymbol{r}} \right) = \boldsymbol{D} \circ \left(\sum_{j=1}^{d} \widetilde{\sigma_j} \, \widetilde{\boldsymbol{u}_j} \, \widetilde{\boldsymbol{v}_j}^{\mathrm{T}} + \boldsymbol{W} \circ \boldsymbol{h} \otimes \bar{\boldsymbol{r}} \right)$$

$$\tag{2-39}$$

因此 $\hat{\boldsymbol{R}}_1$ 对 $\boldsymbol{W}$ 的尺度变化是不敏感的,并且不需要考虑 $Q(\lambda)$ 的幅值。

在实验中,我们采用 XYZ 颜色匹配函数(波长为 400～700 nm)来测试我们的方法,这是因为 XYZ 颜色空间是色彩、成像等相关学科的标准空间。从图 2-16 可以看出,通过 XYZ 颜色匹配函数加和产生了波长灵敏度函数(WSF)。

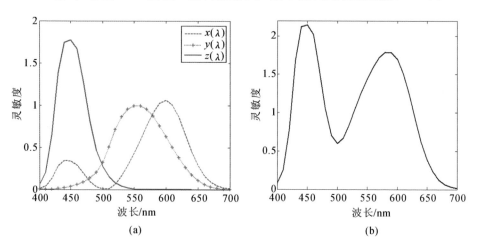

图 2-16 XYZ 颜色匹配函数及通过 XYZ 三通道加和产生的 WSF

(a)XYZ 颜色匹配函数;(b)通过 XYZ 三通道加和产生的 WSF

据我们所知,Barnard 等人(2002)的文章介绍的反射光谱数据是最完整的数据。它包含 1995 个不同的表面反射比,包括 24 个 Macbeth 色块、1269 个 Munsell 色块、120 个 Dupont 色块和 577 个自然物体。因此,我们利用该反射比数据集测试我们的方法。对该反射比数据集进行计算,得到 $W \circ R$ 和 R 的 SVD 解满足

$$\left\| \sum_{j=d+1}^{n} \widetilde{\sigma_j} \widetilde{\boldsymbol{u}_j} \widetilde{\boldsymbol{v}_j^{\mathrm{T}}} \right\|_2^2 < \left\| W \circ \sum_{j=d+1}^{n} \sigma_j \boldsymbol{u}_j \boldsymbol{v}_j^{\mathrm{T}} \right\|_2^2 \tag{2-40}$$

下面,我们将证明用我们的方法重建的反射率 $\hat{\boldsymbol{R}}_1$ 和用 PCA 方法重建的反射比 $\hat{\boldsymbol{R}}_0$ 满足不等式

$$\left\| W \circ (R - \hat{\boldsymbol{R}}_1) \right\|_2^2 < \left\| W \circ (R - \hat{\boldsymbol{R}}_0) \right\|_2^2 \tag{2-41}$$

证明:

$$\left\| W \circ (R - \hat{\boldsymbol{R}}_1) \right\|_2^2 = \left\| W \circ R - W \circ \hat{\boldsymbol{R}}_1 \right\|_2^2$$

$$= \left\| \sum_{j=1}^{n} \widetilde{\sigma_j} \widetilde{\boldsymbol{u}_j} \widetilde{\boldsymbol{v}_j^{\mathrm{T}}} + W \circ \boldsymbol{H} \otimes \overline{r} - W \circ \left[\boldsymbol{D} \circ \left(\sum_{j=1}^{d} \widetilde{\sigma_j} \widetilde{\boldsymbol{u}_j} \widetilde{\boldsymbol{v}_j^{\mathrm{T}}} + W \circ \boldsymbol{H} \otimes \overline{r} \right) \right] \right\|_2^2$$

$$= \left\| \sum_{j=d+1}^{n} \widetilde{\sigma_j} \widetilde{\boldsymbol{u}_j} \widetilde{\boldsymbol{v}_j^{\mathrm{T}}} \right\|_2^2 < \left\| W \circ \sum_{j=d+1}^{n} \sigma_j \boldsymbol{u}_j \boldsymbol{v}_j^{\mathrm{T}} \right\|_2^2 = \left\| W \circ (R - \hat{\boldsymbol{R}}_0) \right\|_2^2$$

证毕。

不等式(2-41)表明:在传感器灵敏度较高的波长处,基于我们的方法的重建反射比基于 PCA 方法的重建反射比更准确。图 2-17 所示为我们的方法的结果、基于 PCA 方法的结果和原始反射比之间的比较。为了方便比较,我们还在图上叠加了波长敏感度函数(WSF)。图 2-17 清楚地表明,在 WSF 取值大的波长附近,我们的重建结果比基于 PCA 方法的重建结果更为准确。我们的结果由于在波长灵敏度峰值处的重建误差较小,因此可以实现更好的成像或色彩再现性能。

为了定量评估结果,我们计算了关于 1995 个反射光谱的 $\left\| W \circ (R - \hat{\boldsymbol{R}}_0) \right\|_2^2$ 和 $\left\| W \circ (R - \hat{\boldsymbol{R}}_1) \right\|_2^2$ 的均方误差(MSE)。为了比较每个重建光谱反射比的成像或颜色再现性能,我们还计算了光源 D65 下的 CIE XYZ 三刺激值并将它们转换为 CIE Lab 值。然后,我们计算实际和重建的 Lab 值之间的色差。在表 2-3 中,我们统计总结了我们的方法与 PCA 方法之间的误差结果。它表明了我们的结果在平均误差、最小误差和最大误差方面均取得了整体较小的值。由于在波

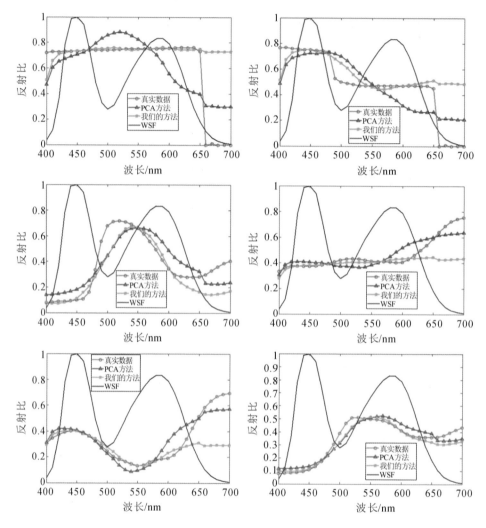

图 2-17 我们的方法与 PCA 方法重建结果的比较

表 2-3 我们的方法和 PCA 方法的误差量化比较

方法	MSE			Lab 误差		
	均值	最大值	最小值	均值	最大值	最小值
PCA 方法	1.5×10^{-3}	6.9×10^{-2}	1.1×10^{-5}	29.45	1564.40	0.60
我们的方法	8.0×10^{-4}	6.0×10^{-2}	7.0×10^{-6}	13.24	113.76	0.45

长灵敏度峰值处的误差较小,因此我们的方法还取得了较小的 Lab 误差,即具有更准确的色彩再现性能。对于统计上具有显著意义的"均值",与基于 PCA 的方法相比,我们的方法分别将均方误差和 Lab 误差降低了 47% 和 55%。

本章参考文献

AYALA F，ECHAVARRI J F，RENET P，et al. 2006. Use of three tristimulus values from surface reflectance spectra to calculate the principal components for reconstructing these spectra by using only three eigenvectors [J]. Journal of the Optical Society of America A,23(8):2020-2026.

BARNARD K，MARTIN L，FUNT B，et al. 2002. A data set for color research[J]. Color Research and Application,27(3):147-151.

BERK A，BERNSTEIN L S，ROBERTSON D C. 1989. MODTRAN：a moderate resolution model for LOWTRAN7［M］. United States：Air Force Geophysical Lab.

BIRD R，RIORDAN C. 1986. Simple solar spectral model for direct and diffuse irradiance on horizontal and tilted planes at the earth's surface for cloudless atmospheres[J]. Journal of Climate and Applied Meteorology,25(1)：87-97.

GUEYMARD C. 1995. SMARTS2，a simple model of the atmospheric radiative transfer of sunshine：algorithms and performance assessment［M］. Florida：Florida Solar Energy Center.

IQBAL M. 1983. An introduction to solar radiation［M］. US：Academic Press,39:387-390.

KWON O S，LEE C H，PARK K H，et al. 2007. Surface reflectance estimation using the principal components of similar colors［J］. Journal of Imaging Science and Technology,51(2):166-174.

LECKNER B. 1978. The spectral distribution of solar radiation at the earth's surface-elements of a model[J]. Solar Energy,20(2):143-150.

LEE C H，MOON B J，LEE H Y，et al. 2000. Estimation of spectral distribution of scene illumination from a single image[J]. Journal of Imaging Science and Technology,44(4):308-320.

MALONEY L T. 1986. Evaluation of linear models of surface spectral reflectance with small numbers of parameters[J]. Journal of the Optical Society of America A,3(10):1673-1683.

PARKKINEN J P S, HALLIKAINEN J, JAASKELAINEN T. 1989. Characteristic spectra of Munsell colors[J]. Journal of the Optical Society of America A,6(2):318-322.

PIERLUISSI J H, TSAI C. 1987. New LOWTRAN models for the uniformly mixed gases[J]. Applied Optics,26(4):616-618.

PREETHAM A J, SHIRLEY P, SMITS B. 1999. A practical analytic model for daylight[C] // Proceedings of the 26th Annual Conference on Computer Graphics and Interactive Techniques. New York: ACM Press: 91-100.

SCHROEDER R, DAVIES J A. 1987. Significance of nitrogen dioxide absorption in estimating aerosol optical depth and size distribution[J]. Atmosphere Ocean,25(2):107-114.

SHIMANO N. 2006. Recovery of spectral reflectances of objects being imaged without prior knowledge[J]. IEEE Transactions on Image Processing, 15(7):1848-1856.

ZHOU L M,GUO P F,TAN Y Y. 2005. A new way to study water-vapor absorption coefficient[J]. Marine Science Bulletin,7(2):67-71.

第3章
成像建模与光照变换

成像建模指的是对经过场景反射进入相机的光线进行光电转换,生成RAW 数据,最终输出图像这一过程的建模与模拟(即从 RAW 数据到 sRGB 图像的处理过程)。从 RAW 数据到最终的 sRGB 图像主要经过以下几个步骤:白平衡、颜色空间的转换(相机的颜色空间到 XYZ 空间的转换,XYZ 空间到 sRGB 空间的转换)、伽马校正、Gamut 映射和 Tone 映射。因此,如何针对上述过程建模就变成了相机模拟成像的关键所在。

3.1 数字相机成像建模

从光源发出光到最终相机成像,这个过程大致可以分为两个部分:相机的成像过程与相机成像之后的后处理过程,如图 3-1 所示。在整个过程中,影响成像的因素主要有光源的光谱能量分布、相机的光谱响应函数、物体表面的光谱反射比及相机后处理过程。

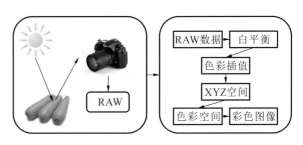

图 3-1 目标物体的成像过程

当目标物体处在环境中时,光源发出的光经过空气的传播,一部分到达了目标物体的表面,然后经过目标物体表面的反射进入相机,相机镜头收集到目标表面反射回来的光,并经过图像传感器进行光电转换,生成最原始的感应数据 F。该过程用公式描述如下:

$$F_H^{\text{RAW}} = \int\limits_{400}^{700} E(\lambda)S(\lambda)Q_H(\lambda)\mathrm{d}\lambda \qquad (3\text{-}1)$$

式中：$E(\lambda)$ 表示光源的光谱能量分布；$S(\lambda)$ 表示目标物体表面的光谱反射比；$Q_H(\lambda)$ 表示相机的光谱敏感函数。经过上述过程之后，相机生成最原始的感光数据，称为 RAW 数据。我们把上述过程称为成像的 Out-camera 阶段。这时生成的数据只是相机感光数据，并不具有颜色信息。

在 RAW 数据生成之后，为了实现场景颜色的复现，RAW 数据必须经过色彩插值程序生成三通道的数据。经过上述处理之后，虽然生成了三通道的信息，使得生成的图像具有了颜色，但此时生成的颜色是以相机的颜色空间来计算的，与人眼中的场景颜色还有较大差距，因此必须把相机的颜色空间转换到其他颜色空间，才能实现生成的颜色与实际场景颜色的逼近。为了实现场景的准确复现，在颜色空间的转换过程中，常常要经过几个颜色空间的转换。首先，需要把成像设备的颜色空间转换到标准的 CIE 颜色空间；然后，为了实现不同设备上的图像显示，还需要实现标准空间到显示设备颜色空间的转换，然后再经过一些图像后处理和渲染。这个过程一般称为 In-camera 阶段。

相机两阶段成像过程如图 3-2 所示。

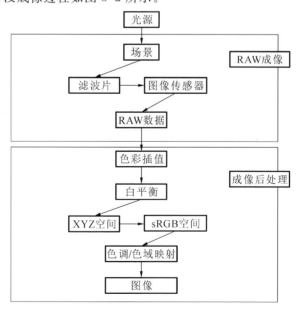

图 3-2　相机两阶段成像过程示意图

3.2　数字成像过程解析与仿真

数字相机的主要任务是记录拍摄场景的数据。从观察者的角度来看,数字相机的目标是准确地复现场景,即使相机获得的目标图像与观察者看到的场景一致。影响成像的因素可以分为两大类:相机外部环境的影响因素和成像后相机内部处理过程的影响因素。第一类影响因素主要是光源、目标光谱反射比和图像传感器的光谱响应曲线。第二类影响因素主要是相机内部处理算法。本节将对相机成像的两个阶段(Out-camera 阶段和 In-camera 阶段)进行分析,并利用成像模型分别对相机成像的 Out-camera 阶段和 In-camera 阶段进行建模。在建模的基础上,实现对相机成像整个过程的模拟计算。

3.2.1　数字成像过程

空间中单个位置在相机图像传感器中成像的过程描述如下。

光源发出的光束,一部分被物体表面吸收,一部分经过物体表面的反射被滤波片过滤之后进入数字相机。相机收集物体表面的反射光并通过传感器成像。经过上述过程,相机生成了最原始的响应值(即 RAW 数据),如图 3-3 所示。

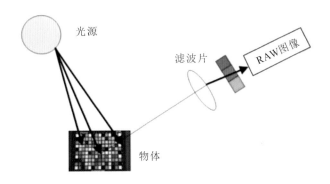

图 3-3　RAW 图像成像过程

当上述过程结束时,相机的成像过程只完成了一步,在这一步只生成了最原始的相机感应数据 RAW 图像,图像并没有色彩。为了生成最终相机所输出的彩色图像,需要取得三个通道的信息。直观的想法是数字相机通过三个不同的图像传感器来获得红、绿、蓝三个通道的图像。但是在实际中,这种生成彩色图像的方法有很多缺陷,比如会增加相机的成本,并且增加最终获得彩色图像的复杂度。一般情况下,数字商业相机仅仅需要单个图像传感器,并且只要在传感器前面放置彩色滤波片就能生成三通道的彩色图像。具体的实现方法是通过拜耳滤波片模式来生成彩色图像,图 3-4 所示为几种常见的拜耳滤波片模式。RAW 数据生成之后,将 RAW 数据经过色彩插值即可生成彩色 RAW图像。

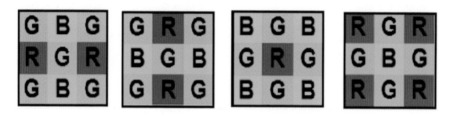

图 3-4　几种常见的拜耳滤波片模式

事实上,在实际的数字相机成像中,经过上述过程后成像并没有完成。一般情况下,数字相机为了实现准确的场景颜色复现和获得看上去很舒服的彩色图像,在上述过程之后,还需要进行一系列的计算。从相机生成 RAW 图像到最终的 sRGB 图像的整个过程可用图 3-5 表示。

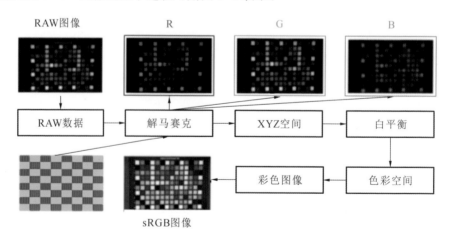

图 3-5　RAW 图像到 sRGB 图像的形成过程

首先,生成的 RAW 数据通过相机的特性化转换到 XYZ 空间。在相机的特性化完成后,图像输出到显示设备时,必须再经过另外一个变换才能实现颜色的复现。这个变换的目标是实现从 XYZ 空间到其他颜色空间,例如常用的

sRGB 颜色空间的转换。颜色空间转换可以分为两步。第一步是实现从 CIE XYZ 刺激值到 sRGB 刺激值的线性变换。这个线性变换可以表示为

$$\begin{bmatrix} R_{\text{linear}} \\ G_{\text{linear}} \\ B_{\text{linear}} \end{bmatrix} = \begin{bmatrix} 3.2406 & -1.5372 & -0.4986 \\ -0.9689 & 1.8758 & 0.0415 \\ 0.0557 & -0.2040 & 1.5070 \end{bmatrix} \begin{bmatrix} X \\ Y \\ Z \end{bmatrix} \tag{3-2}$$

式中：R_{linear}、G_{linear} 和 B_{linear} 是变换过程的中间参数。因此这些变换的值并不是最终的值。

第二步是把上述生成的线性值变换为最终图像显示的 sRGB 值。用 X 来表示 R_{linear}、G_{linear}、B_{linear}，伽马校正（Gamma correction）函数可以表示为

$$\text{Gamma}_{\text{sRGB}}(X) = \begin{cases} 12.92X, & X \leqslant 0.0031308 \\ 1.055X^{\frac{1}{2.4}} - 0.055, & X > 0.0031308 \end{cases}$$

经过上述的计算过程之后，相机才能比较准确地复现场景的颜色。一般来说，为了输出色彩艳丽的图像，消费级别的相机还经常进行色域映射、图像渲染等操作，不同相机厂商的这一部分算法往往各具特色。

3.2.2　相机成像模拟计算

相机的成像可以分为两个过程：相机的 RAW 数据成像阶段和相机的 RAW 数据图像处理阶段。模拟相机的 RAW 数据成像阶段，需要已知目标成像的光源光谱、目标的光谱反射比及相机的响应曲线等。

1. RAW 数据模拟

由成像公式可知，光源的 SPD 是成像过程中重要的影响因素。光源发出的光照射到目标表面时，部分经过目标表面的反射进入相机。为了模拟相机成像过程，我们用 Macbeth 色板为目标来计算模拟成像。首先，我们用光谱仪测得光源的 SPD，对测得的光源 SPD 以 10 nm 为间隔采样，采样之后的光源 SPD 如图 3-6 所示。Macbeth 色板部分色块（24 个）的光谱反射比如图 3-7 所示。

要想计算相机成像的 RAW 数据，还必须知道相机的响应曲线。在本试验中，我们采用 Nikon D100 数字相机，其光谱响应曲线如图 3-8 所示。

对光谱反射比曲线和相机的光谱响应曲线均以 10 nm 为间隔采样，通过成像公式(3-1)，计算图像的 RAW 数据。然后对模拟计算所得的 RAW 数据和实

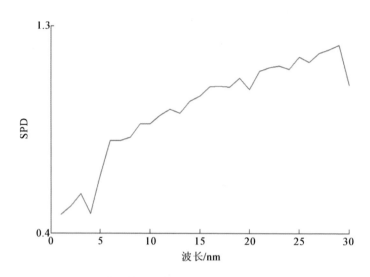

图 3-6 用于成像模拟计算的光源 SPD(采样间隔为 10 nm)

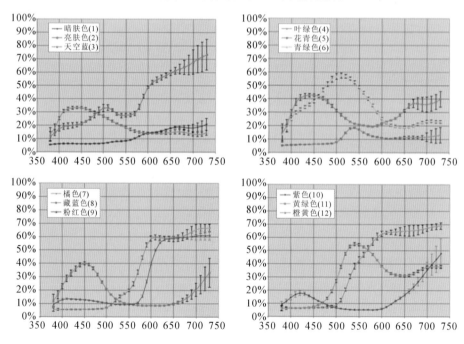

图 3-7 Macbeth 色板部分色块的光谱反射比

注:图中横轴表示波长(nm),纵轴表示光谱反射比。

际相机的 RAW 数据进行归一化处理,所得数据(Macbeth 色板的前 12 个色块)
如表 3-1、表 3-2 和表 3-3 所示。

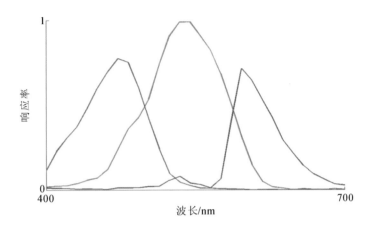

图 3-8　Nikon D100 数字相机光谱响应曲线

表 3-1　模拟计算 RAW 数据与实际相机的 RAW 数据(一)

通道	色块							
	暗肤色		亮肤色		天空蓝		叶绿色	
	真实值	模拟值	真实值	模拟值	真实值	模拟值	真实值	模拟值
R	0.6114	0.6227	2.0659	2.0299	0.6510	0.6893	0.4876	0.5229
G	0.7460	0.7486	2.6571	2.5470	1.8342	1.9460	1.1672	1.2472
B	0.2869	0.2840	1.1632	1.1036	1.3543	1.4424	0.0318	0.3248

表 3-2　模拟计算 RAW 数据与实际相机的 RAW 数据(二)

通道	色块							
	花青色		青绿色		橘色		藏蓝色	
	真实值	模拟值	真实值	模拟值	真实值	模拟值	真实值	模拟值
R	1.2048	1.1589	1.1610	1.2330	2.2888	2.3135	0.4031	0.4442
G	2.1531	2.4026	4.2531	4.3321	1.7903	1.7846	1.2341	1.3354
B	1.6960	1.8797	2.0622	2.9537	0.2915	0.2939	1.4177	1.5292

表 3-3　模拟计算 RAW 数据与实际相机的 RAW 数据(三)

通道	色块							
	粉红色		紫色		黄绿色		橙黄色	
	真实值	模拟值	真实值	模拟值	真实值	模拟值	真实值	模拟值
R	1.7292	1.8120	0.3738	0.4363	1.6308	1.6984	2.5751	2.5434
G	1.0454	1.0814	0.5246	0.6137	3.8089	3.8012	2.8962	2.8849
B	0.5361	0.5774	0.4839	0.5722	0.6853	0.6910	0.3759	0.3843

2.RAW 数据后处理模拟

上述过程完成之后,相机即生成目标场景的 RAW 数据。但这只完成了整个成像过程中的 Out-camera 部分。由于制造成本的问题,一般的消费级别的相机都采用单 CCD 结构,生成的 RAW 数据只是单通道灰度数据。我们以 Canon 5D Mark Ⅱ 相机为例来模拟相机的后处理,获得的原始灰度 RAW 图像如图 3-9(a)所示。为了获得三通道的响应值,对生成的 RAW 数据进行拜耳解马赛克插值计算,结果如图 3-9(b)所示。

(a)　　　　　　　　　　　　　　　　　(b)

图 3-9　Canon 5D Mark Ⅱ 相机拍摄的原始灰度 RAW 图像和解马赛克彩色图像

(a)原始灰度 RAW 图像;(b)解马赛克彩色图像

生成三通道的 RAW 数据之后,为了实现对图像的颜色校准,还需要一个三阶对角矩阵进行白平衡校正。但此时生成的彩色图像只是目标场景经过相机的传感器之后生成的原始响应值。相机原始响应值是在相机的颜色空间中产生的,具有设备依赖性。RAW 数据与最终相机所产生的图片(JPEG)及人眼所观察到的目标场景有很大的不同。

上述生成的三通道的彩色图像具有设备依赖性,也就是说不同的相机在相同的光照条件下会生成不同的三通道响应值。这可能最终导致不同相机所拍摄的目标场景与人眼所看到的场景具有很大的差别。XYZ 颜色空间定义了与设备无关的颜色空间。为了得到与设备无关的三通道响应值,首先必须对上述 RAW 数据实现从相机的颜色空间到 XYZ 颜色空间的转换。这个过程称为相机的特性化。如果相机具有很好的颜色复现能力,那么相机的响应曲线应该和 CIE XYZ 颜色匹配函数或 sRGB 颜色匹配函数相一致。一般情况下,相机特性化是通过一个矩阵来实现的。

RAW 数据从设备的颜色空间经过相机特性化转换到与设备无关的 XYZ 颜色空间后,还需要转换到 sRGB 颜色空间。在相机的颜色空间转换的计算中，把 RAW 数据到 XYZ 颜色空间和 XYZ 颜色空间到 sRGB 颜色空间的转换矩阵合起来称作颜色转换矩阵。这时生成的 sRGB 数据是线性 sRGB 数据，与最终相机生成的数据还有一定的区别。

3. 相机辐射标定

由上述过程可以看出，从 RAW 数据到相机最终输出的数据必须经过几个步骤的计算，其中最关键的是计算 RAW 数据到 XYZ 颜色空间的转换矩阵。由于不同相机具有不同的转换矩阵，因此这个矩阵具有设备依赖性，从而被称作相机特性化矩阵。但由于商业方面的原因，这个特性化矩阵是很难获得的。再加上相机是为了产生让人赏心悦目的照片，因此在通常的成像处理基础上会生成一些特定的效果（Grossberg et al.，2004；Lin et al.，2005）。为了获得较准确的模拟成像计算的数据，我们需通过一些方法，如 Kim 等人（2012）所著文献中的方法来计算相机的特性化矩阵。

从 RAW 数据到最终的数据（JPEG）需要经过一系列的计算过程。相机的辐射标定（radiometric）是从相机捕捉光线开始到最终生成图像的过程，此过程用公式表示如下：

$$\boldsymbol{I}_x = f(\boldsymbol{e}_x) \tag{3-3}$$

式中：f 是进入相机的光的辐射值 $\boldsymbol{e}_x$ 到相机最终输出图像 $\boldsymbol{I}_x$ 之间的映射函数；x 是像素在图像中的位置。以三通道相机为例，公式（3-3）可以写为

$$\begin{bmatrix} I_{rx} \\ I_{gx} \\ I_{bx} \end{bmatrix} = \begin{bmatrix} f_r(e_{rx}) \\ f_g(e_{gx}) \\ f_b(e_{bx}) \end{bmatrix} \tag{3-4}$$

$$\boldsymbol{e}_x = \begin{bmatrix} e_{rx} \\ e_{gx} \\ e_{bx} \end{bmatrix} = \boldsymbol{TE}_x \tag{3-5}$$

式中：$\boldsymbol{T}$ 是一个 3×3 的转换矩阵，既包含了相机颜色空间（$\boldsymbol{E}_x$）到 sRGB 颜色空间（$\boldsymbol{e}_x$）的转换矩阵，又包含了白平衡矩阵。

由于相机制造方面的原因，比如动态范围压缩（色调压缩）、Gamma 校正等，映射函数 f 是非线性的。从公式（3-3）中可以看出，在函数 f 已知的情况下，可以通过求函数 f 的逆函数而求得场景的相对辐射 $\boldsymbol{e}_x$。因此，求得函数 f

是求得其他参数的关键。

在通常情况下,利用相机辐射标定的模型来求得函数 f。不同的计算方法之间的区别主要在于使用的标定模型不同。主要的标定模型有多项式模型(Mitsunaga et al.,1999)、基于 PCA 的模型(Grossberg et al.,2003)、基于统计的模型(Kuthirummal et al.,2008)和基于概率的模型(Pal et al.,2004)。首先,利用色板来获得相机在不同曝光参数下的图像对,然后利用获得的图像抽取色块的像素值,并用坐标表示出来,称为亮度转移函数(brightness transfer function,BTF)。上述过程可以表示为

$$\frac{f^{-1}(\boldsymbol{I}'_x)}{f^{-1}(\boldsymbol{I}_x)} = k' \tag{3-6}$$

$(\boldsymbol{I}_x, \boldsymbol{I}'_x)$ 为不同曝光参数下的图像对。由公式(3-6)可得

$$\boldsymbol{I}'_x = \tau_k(\boldsymbol{I}_x) = f(k'f^{-1}(\boldsymbol{I}_x)) \tag{3-7}$$

式中:τ_k 是亮度转移函数;f 是相机响应函数;k' 是曝光率。亮度转移函数描述了在给定响应函数的情况下,图像的强度值如何随着曝光参数的改变而改变。从公式(3-7)可以看出,如果函数 f 固定,对所有曝光图像对来说,亮度转移函数应该是相同的。值得注意的是,即便考虑颜色转换矩阵,亮度转移函数也是不变的,例如当 $t_H = t'_H$ 时,有

$$\frac{f^{-1}(\boldsymbol{I}'_{Hx})}{f^{-1}(\boldsymbol{I}_{Hx})} = k'\frac{t'_H\boldsymbol{E}_x}{t_H\boldsymbol{E}_x} = k' \tag{3-8}$$

因此,文献(Kim et al.,2012)提出了新的成像公式,用来计算相机的成像过程:

$$\begin{bmatrix} I_{rx} \\ I_{gx} \\ I_{bx} \end{bmatrix} = \begin{bmatrix} f_r(e_{rx}) \\ f_g(e_{gx}) \\ f_b(e_{bx}) \end{bmatrix} \tag{3-9}$$

式中

$$\begin{bmatrix} e_{rx} \\ e_{gx} \\ e_{bx} \end{bmatrix} = h(\boldsymbol{T}_s\boldsymbol{T}_w\boldsymbol{E}_x) \tag{3-10}$$

其中:$\boldsymbol{E}_x = [E_{rx} \quad E_{gx} \quad E_{bx}]$ 是辐射值,在数字相机中以 RAW 格式来记录。从上述模型可以看出,RAW 数据首先通过矩阵 $\boldsymbol{T}_w$ 来实现白平衡的计算,然后通

过矩阵 T_s 被转化到 sRGB 颜色空间。可以注意到,公式(3-9)所示的成像模型与一般的成像模型最大的不同在于增加了 h 函数的计算。h 函数的主要作用是对 sRGB 颜色空间的数据实施色域映射。当一个相机的颜色范围超过 sRGB 的色域时,色域映射把 sRGB 色域之外的颜色转化到 sRGB 色域之内。

由公式(3-9)可知,转化一个给定的 sRGB 图像到它所对应的 RAW 数据需要已知参数 h、T_w、T_s、f。为了计算这些参数,需要获得色板在不同曝光条件下的图像和 RAW 数据。我们以 X-Rite 色板(X-Rite ColorChecker,XCC)为例来计算上述参数。

3.2.3 相机成像模拟计算结果

1. 相机响应函数计算

首先用相机在不同曝光条件下拍摄图像,获得 RAW 数据,然后抽取色块的 sRGB 数据和 RAW 数据,抽取色块的色板如图 3-10 所示。

图 3-10 抽取色块的 X-Rite24 和 X-Rite140 色板

同时利用公式(3-11)计算相机响应函数 f:

$$\frac{f^{-1}(\boldsymbol{I}'_{Hx})}{f^{-1}(\boldsymbol{I}_{Hx})} = k' \tag{3-11}$$

通过上述公式,利用基于 PCA 的方法(Grossberg et al.,2004)计算出相机响应函数 f,如图 3-11 所示。

2. 颜色转换矩阵计算

在相机响应函数 f 已知的情况下,可以通过逆过程求得线性 sRGB 值。在

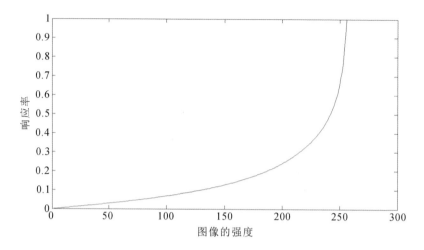

图 3-11　相机响应函数曲线

求得线性 sRGB 值之后,可以利用最小化误差函数计算出矩阵 T_w、T_s:

$$\min \sum_{i=1}^{M} \sum_{j=1}^{N} \left\| T_s^{-1} X_{ij} - T_w E_{ij} \right\|^2 \tag{3-12}$$

式中:M 是白平衡设置的数量;N 是估计所用图像的像素个数;X_{ij} 是求函数 f 的逆过程中线性化的 sRGB 值,$X_{ij} = \left[f_r^{-1}(I_{r,ij}) \quad f_g^{-1}(I_{g,ij}) \quad f_b^{-1}(I_{b,ij}) \right]^T$。通过公式(3-12)计算出的 Canon 5D Mark Ⅱ 的颜色转换矩阵为

$$T = T_s T_w = \begin{bmatrix} 4.1313 & -1.1764 & 0.3016 \\ -0.6465 & 1.3894 & -0.4627 \\ -0.1923 & -0.2275 & 2.0422 \end{bmatrix}$$

3. 色域映射函数计算

在上述计算步骤完成之后,可以选择基于径向基函数的非参数计算方法求得色域映射函数 h。径向基函数有很多种,采用如下模型(Buhmann,2003;Carr et al.,2001)来计算:

$$h^{-1}(X) = p(X) + \sum_{i=1}^{N} \lambda_i \phi(\left\| X - X_i \right\|) \tag{3-13}$$

式中:$X = \left[f_r^{-1}(I_r) \quad f_g^{-1}(I_g) \quad f_b^{-1}(I_b) \right]^T$;$\lambda_i$ 是基函数 ϕ 的权重;选择 $\phi(r)=r$ 作为基函数;设 $p(X)=c^T \tilde{X}$,其中 $c = \begin{bmatrix} c_1 & c_2 & c_3 & c_4 \end{bmatrix}$,$\tilde{X} = \begin{bmatrix} 1 & X^T \end{bmatrix}^T$。

再给定 sRGB-RAW 图像对及矩阵 T_w、T_s。图像中的点 X_i 的 RAW 数据可根据 $X_i' = h^{-1}(X_i) = T_s T_w E_i$ 计算。给定图像中点对 (X_i, X_i') 的集合,亮度转

移函数的参数 $\boldsymbol{\lambda}=\begin{bmatrix}\lambda_1 & \lambda_2 & \cdots & \lambda_N\end{bmatrix}^T$ 和 c 的计算如下：

$$\begin{bmatrix} \boldsymbol{D}-8N\pi\rho\boldsymbol{I} & \widetilde{\boldsymbol{P}} \\ \widetilde{\boldsymbol{P}}^T & \boldsymbol{0}_{4\times4} \end{bmatrix}\begin{bmatrix}\boldsymbol{\lambda}\\\boldsymbol{c}\end{bmatrix}=\begin{bmatrix}\boldsymbol{P}'\\\boldsymbol{0}_{4\times3}\end{bmatrix} \tag{3-14}$$

式中：$\boldsymbol{D}$ 是以 $D_{ij}=\|\boldsymbol{x}_i-\boldsymbol{x}_j\|$ 为元素的 $N\times N$ 的矩阵；$\widetilde{\boldsymbol{P}}$ 是以 $\boldsymbol{X}_i'$ 为第 i 行的 $N\times4$ 的矩阵；$\boldsymbol{P}'$ 是以 $\boldsymbol{X}_i'^T$ 为第 i 行的 $N\times3$ 的矩阵；参数 ρ 用于平滑亮度转移函数。

4. 成像模拟计算结果

经过上述计算过程，可以得出从 RAW 数据转换到 sRGB 数据的所有参数。利用公式(3-3)，计算从 RAW 数据转化到 sRGB 数据的均方根误差，如表 3-4 所示。

表 3-4　XCC 色板 RAW 和 sRGB 数据转换的均方根误差

数据转换	均方根误差		
RAW→sRGB	0.0007014	0.00084525	0.0007720349
sRGB→RAW	0.0007049	0.00081956	0.0007754838

由表 3-4 可以看出，模拟计算生成的图像和相机所拍摄的图像具有一定的差异。这是由于从相机的颜色空间转换到 XYZ 颜色空间的特性化矩阵不准确，不同相机的特性化矩阵具有一定的差异性。

3.3　相机响应函数估计

由公式(3-1)可知，相机响应函数的估计问题可以归结为在已知光源的光谱能量分布 $E(\lambda)$、目标的光谱反射比 $S(\lambda)$ 及三通道的 RAW 数据的情况下，求解得出相机的光谱响应曲线 $Q_H(\lambda)$。

假设我们有 M 个色块像素采样数，表示为

$$\boldsymbol{I}_j^H=\int E(\lambda)S_j(\lambda)Q_H(\lambda)\mathrm{d}\lambda,\quad j=1,2,\cdots,M \tag{3-15}$$

为了执行计算，离散化式(3-15)，得

$$\boldsymbol{I}_j^H=\sum_{k=1}^N E(k\Delta\lambda)S_j(k\Delta\lambda)Q_H(k\Delta\lambda) \tag{3-16}$$

式中:$\Delta\lambda$ 表示采样间隔;N 表示采样总数。

令 $R_j^k = E(k\Delta\lambda)S_j(k\Delta\lambda)$,$\boldsymbol{R}_j = \begin{bmatrix} R_j^1 & R_j^2 & \cdots & R_j^k & \cdots & R_j^N \end{bmatrix}$,$Q_H = Q_H(k\Delta\lambda)$,$\boldsymbol{Q}_H = \begin{bmatrix} Q_H^1 & Q_H^2 & \cdots & Q_H^k & \cdots & Q_H^N \end{bmatrix}$,式(3-16)可以表示为如下向量形式:

$$I_j^H = \boldsymbol{R}_j \boldsymbol{Q}_H^{\mathrm{T}} \tag{3-17}$$

给定光谱的集合和对应的相机光谱响应值,式(3-17)可以写成如下矩阵形式:

$$\boldsymbol{I} = \boldsymbol{R}\boldsymbol{Q} \tag{3-18}$$

式中:矩阵 $\boldsymbol{I}$ 有 H 列,H 表示通道数量;矩阵 $\boldsymbol{R}$ 有 j 行。

一般情况下,光源发出的光到达目标(XCC 色板)表面,经反射进入相机,为了计算相机的光谱响应曲线,必须已知相机三通道的光谱响应值和光源的光谱反射情况。具体来说就是要已知公式(3-18)中的矩阵 $\boldsymbol{I}$ 和 $\boldsymbol{R}$。光源的光谱及色板的反射数据可以通过成像光谱仪测量得到,相机的光谱响应值可以通过相机获得。因此,为了更加准确地获取相机的光谱响应曲线,我们提出了基于 RAW 数据的相机光谱响应曲线计算方法。

为了获得相机的响应值,我们采用 X-Rite SG 色板作为目标。X-Rite SG 色板由 140 个色块组成。在实验中,分别用 Canon 5D Mark Ⅱ 相机和 Nikon D100 相机来获得 X-Rite SG 色板的图像。Canon 5D Mark Ⅱ 相机和 Nikon D100 相机分别以 CR2 格式和 NEF 格式的文件来记录相机所生成的图像的信息。CR2 格式和 NEF 格式的文件记录了图像的 RAW 数据。CR2 格式和 NEF 格式的文件同时遵守 EXIF 文件的编码格式,因此通过 DCRAW 软件对 CR2 格式和 NEF 格式的文件进行解码,即可获得相机的 RAW 数据。Canon 5D Mark Ⅱ 相机和 Nikon D100 相机在生成 CR2 格式和 NEF 格式的文件的同时,也记录了 sRGB 格式的图像。

当通过 DCRAW 软件获取 XCC SG 图像时,可以通过色彩插值程序得到相机三通道的 RAW 响应值。三通道的 RAW 图像和 sRGB 图像如图 3-12 所示。从图 3-12 我们可以清楚地看出,RAW 图像和 sRGB 图像是不同的。

接下来,为了获得 XCC SG 每个色块的 RAW 数据,我们分别求每个响应值的平均值。

光谱反射数据通过光谱仪测量得到,波长范围为 $400\sim700$ nm。根据公式

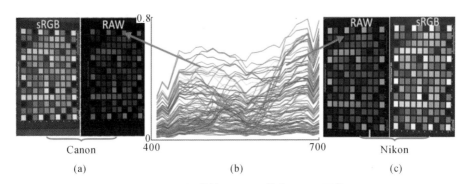

图 3-12　三通道的 RAW 图像和 sRGB 图像

(a)Canon 5D Mark Ⅱ;(b)XCC SG 光谱反射比采样;(c)Nikon D100

(3-18),对 XCC SG 的每个色块以 10 nm 为间隔进行采样,光谱反射矩阵 $\boldsymbol{R}$ 的大小为 96×30。我们可以很容易求得相机的光谱响应函数,表示为

$$\boldsymbol{Q} = \boldsymbol{R}^{\mathrm{p}} \boldsymbol{I} \tag{3-19}$$

式中:$\boldsymbol{R}^{\mathrm{p}}$ 是矩阵 $\boldsymbol{R}$ 的伪逆,$\boldsymbol{R}^{\mathrm{p}} = (\boldsymbol{R}^{\mathrm{T}} \boldsymbol{R})^{-1} \boldsymbol{R}^{\mathrm{T}}$;矩阵 $\boldsymbol{I}$ 的大小为 96×3。

对相机的每个通道,从 XCC SG 获得去掉边缘色块后的 96 个色块的响应值。XCC SG 边缘色块的响应值具有线性关系,对公式(3-19)的求解没多大影响,反而会由于冗余而影响求解的准确性。但是在实际中,由于噪声的存在,式(3-19)的解不是很稳定。上述过程的数据处理措施,都是为了减小计算过程中的噪声。

为了获得较稳定的计算结果,我们提出以下目标函数:

$$F_1(Q_H) = \Big[\sum_{j=1}^{P} (I_j^H - \hat{I}_j^H)^2 \Big]^{1/2}, \quad j = 1, 2, \cdots, P \tag{3-20}$$

$$F_2(Q_H) = \Big[\sum_{k=2}^{N} (Q_H^k - Q_H^{k-1})^2 \Big]^{1/2}, \quad k = 1, 2, \cdots, N \tag{3-21}$$

$$Q_H^* = \underset{Q_H}{\arg\min} F_t(Q_H), \quad t = 1, 2; H = 1, 2, 3 \tag{3-22}$$

$$\mathrm{s.\,t.}\ Q_H^k \subset [0, 1]$$

式中:I_j^H 是 XCC SG 每个色块第 H 通道的平均像素值;$\hat{I}_j^H$ 是第 H 通道计算所得的相机的响应值;P 是 XCC SG 的色块总数,此处 $P = 96$;N 是采样的总数,此处 $N = 30$。

在理想情况下,我们已知三个量,对公式(3-1)求伪逆可以很容易地获得相机的光谱响应曲线。

目标函数 $F_1(Q_H)$ 用来衡量真实的相机响应与计算所求得的相机响应之间的误差。根据公式(3-22)可以求得 Q_H。

基于大多数相机的光谱响应曲线具有平滑性这一事实,我们对每个通道的相机光谱响应曲线加入 $F_2(Q_H)$ 约束项来实现曲线的平滑,具体来说就是通过平滑曲线上相邻的值 Q_H^k 和 Q_H^{k-1} 来实现响应曲线的平滑。

一般情况下,相机的响应都不小于零,如 $Q_H^k \geqslant 0$。另外,计算得出的相机响应之间就差一个常数,因此可以通过归一化的方法使得相机响应 Q_H^k 的最大值是1。我们可以将其作为约束,如 $Q_H^k \subset [0,1]$。通过上述方法,相机的光谱响应曲线的求解就可以转化为一个优化问题。具体来讲就是同时求解目标函数式(3-22)和约束条件式(3-20)、式(3-21)。由目标函数可以看出,相机的光谱响应曲线求解问题最终转化为一个多目标优化问题,因此利用多目标求解可以获得相机的光谱响应曲线。相比其他方法,我们的方法不需要使用基函数来表达相机的光谱响应曲线。

多目标优化问题是多个目标函数在给定区域上获得最优解的最优化问题。我们利用多目标遗传算法求解式(3-22)。

我们应用 Canon 5D Mark Ⅱ 和 Nikon D100 两种支持 RAW 数据的相机对所提出的相机光谱响应曲线求解方法进行了验证。Canon 5D Mark Ⅱ 相机和 Nikon D100 相机用来获取 XCC SG 色块的 RAW 数据。为了验证我们的方法的有效性,我们采用单色仪标定方法获得了真实的相机光谱响应曲线。同时,为了验证我们的方法在不同光照条件下的有效性,我们分别在灯光、日光、蓝天及阴天的光照条件下进行了实验。实验结果如图 3-13 所示,可以看出计算求得的相机光谱响应曲线比较平滑,接近真实值。

另外,通过图 3-13 我们可以看出,计算所得的相机光谱响应曲线很少有高频成分,这是由于在目标函数中加入了平滑项。为了测试平滑项的有效性,删掉目标函数中的平滑项(即式(3-20))和非负项(即式(3-21))并进行计算,计算结果如图 3-14 所示。

为了验证算法的准确性,我们计算了真实的相机响应值和估计出的相机响应值的均方根误差(RMSE)。图 3-13 中的相机响应值的均方根误差如表 3-5 所示,表中数据验证了我们所提出的相机光谱响应曲线计算方法在不同光照条件下的准确性。

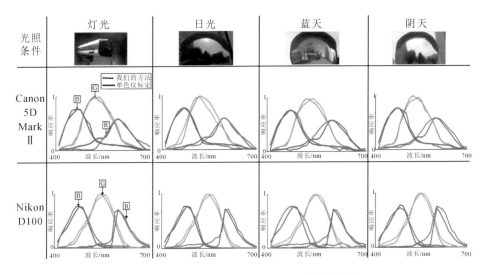

图 3-13　不同光照条件下相机的光谱响应曲线

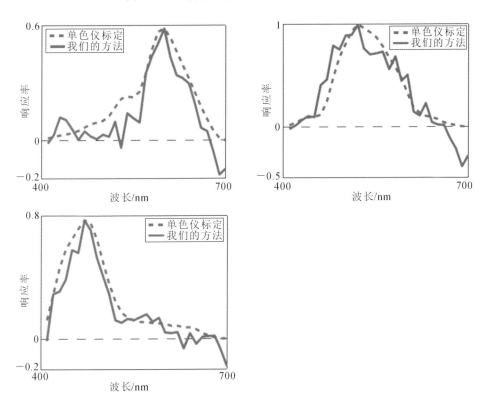

图 3-14　不加平滑项和非负项的计算结果

表 3-5　相机响应值的估计均方根误差(RMSE)

光照条件	日光	蓝天	阴天	灯光
Canon 5D Mark Ⅱ	0.0526	0.0545	0.0639	0.0517
Nikon D100	0.0519	0.0471	0.0531	0.0456

3.4　图像光照变换

　　利用第 2 章中的光谱辐照度计算方法和反射光谱计算方法从图像上反解反射光谱曲线,再利用本章的成像计算方法,我们可以把图像从一个光照条件转换到另一个光照条件下。图 3-15 所示为从天空光到日光(天顶角 60°)的转换结果。图 3-16 所示为另外两个光照转换结果,其中第一行所示为从下午日光光照(天顶角 60°)(见图 3-16(a))转换到 CIE D65 光照(见图 3-16(b))的结果,第二行所示为从傍晚日光光照(天顶角 80°)(见图 3-16(c))转换到下午日光光照(天顶角 60°)(见图 3-16(d))的结果。无论从颜色还是从亮度上来看,转换后的图像比原图像的视觉效果都更好,更利于计算机视觉算法的处理。

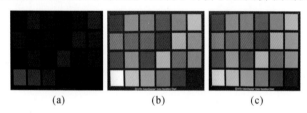

图 3-15　从天空光到日光的转换结果

(a)天空光下拍摄的真实图像;(b)转换到日光下的计算图像;(c)日光下的拍摄图像

图 3-16　光照转换结果

本章参考文献

BUHMANN M D. 2003. Radial basis functions:theory and implementations[M]. Cambridge:Cambridge University Press.

CARR J C,BEATSON R K,CHERRIE J B,et al. 2001. Reconstruction and representation of 3D objects with radial basis functions[C]//Proceedings of the 28th Annual Conference on Computer Graphics and Interactive Techniques. New York:ACM:67-76.

GROSSBERG M D,NAYAR S K. 2003. Determining the camera response from images:what is knowable? [J]. IEEE Transactions on Pattern Analysis and Machine Intelligence,25(11):1455-1467.

GROSSBERG M D,NAYAR S K. 2004. Modeling the space of camera response functions[J]. IEEE Transactions on Pattern Analysis and Machine Intelligence,26(10):1272-1282.

KIM S J,LIN H T,LU Z,et al. 2012. A new in-camera imaging model for color computer vision and its application[J]. IEEE Transactions on Pattern Analysis and Machine Intelligence,34(12):2289-2302.

KIM S J, POLLEFEYS M. 2008. Robust radiometric calibration and vignetting correction[J]. IEEE Transactions on Pattern Analysis and Machine Intelligence,30(4):562-576.

KUTHIRUMMAL S, AGARWALA A, GOLDMAN D B,et al. 2008. Priors for large photo collections and what they reveal about cameras[C]//FORSYTH D,et al. Computer Vision-ECCV 2008:10th European Conference on Computer Vision. Berlin:Springer-Verlag:74-87.

LIN S,ZHANG L. 2005. Determining the radiometric response function from a single grayscale image[C]//IEEE Computer Society Conference on Computer Vision and Pattern Recognition. San Diego,CA:(2):66-73.

MITSUNAGA T,NAYAR S K. 1999. Radiometric self calibration[C]//IEEE Computer Society Conference on Computer Vision and Pattern

Recognition. Fort Collins,CO:1(1):374-380.

PAL C,SZELISKI R,UYTTENDAELE M,et al. 2004. Probability models for high dynamic range imaging[C] // IEEE Computer Society Conference on Computer Vision and Pattern Recognition. Washington D. C. :173-180.

第 4 章
阴影建模及检测

4.1 引言

作为自然界普遍存在的物理现象,阴影给计算机视觉和图像处理带来了诸多问题。科研人员早已认识到阴影处理的必要性并进行了大量的研究。但总体来说,对于阴影的处理目前尚缺乏行之有效的手段。通过结合大气物理学与成像光学,我们发现了两个新规律,先后提出了图像中阴影的三色衰减模型及阴影通道线性模型。三色衰减模型(tricolor attenuation model,TAM)描述的是图像中阴影和非阴影背景之间的三通道衰减关系。阴影通道线性模型(shadow linearity model,SLM)是我们从物理成像的角度出发推导的阴影内部和外部的线性比率模型。我们在理论上证明了该模型的参数不依赖于物体的反射曲线,即不管场景多复杂,被阴影覆盖的不同物体同其周围的非阴影区域的图像像素比值均是定值,并且证明了该值由太阳角度(天顶角)唯一确定;在此模型的基础上,我们给出了本征图像获取和本征光照分解方法。

阴影包含全影和半影(见图 1-21)。光源是成像的必需因素,全影部分的光源是天空散射光,半影部分的光源是天空散射光及少量的直射太阳光,非阴影区域的光源是日光(天空散射光与太阳直射光之和)。由于天空散射光是日光的一部分,因此阴影处的亮度必然低于对应非阴影背景区域的亮度。表 4-1 所示为阴影和非阴影区域的光源与亮度情况。

表 4-1　阴影和非阴影区域的光源和亮度

区域	光源	亮度
非阴影	日光	高
半影	部分太阳直射光＋天空散射光	中
全影	天空散射光	低

4.2 阴影的三色衰减模型

设$[F_R \quad F_G \quad F_B]$表示彩色图像中某个像素的三通道向量值,$[F_{NSR} \quad F_{NSG} \quad F_{NSB}]$表示该像素在非阴影区域时的三通道向量值,$[F_{SR} \quad F_{SG} \quad F_{SB}]$表示该像素处于阴影区域时的三通道向量值。$[\Delta R \quad \Delta G \quad \Delta B]$表示该像素处于阴影和非阴影区域时的衰减向量值,那么$[F_{NSR} \quad F_{NSG} \quad F_{NSB}]$和$[F_{SR} \quad F_{SG} \quad F_{SB}]$的关系可表示为

$$\begin{cases} F_{SR} = F_{NSR} - \Delta R \\ F_{SG} = F_{NSG} - \Delta G \\ F_{SB} = F_{NSB} - \Delta B \end{cases} \tag{4-1}$$

若用式(4-1)中的任意两个方程相减,我们可以发现,如果 ΔR、ΔG、ΔB 不同,那么阴影区域的三通道之间的差值不同于非阴影区域的三通道之间的差值。为不失一般性,我们假定 $\Delta R > \Delta G > \Delta B$。如果我们用 R 通道的值减去 B 通道的值,则有

$$\begin{aligned} F_{SR} - F_{SB} &= F_{NSR} - \Delta R - (F_{NSB} - \Delta B) \\ &= F_{NSR} - F_{NSB} + (\Delta B - \Delta R) < F_{NSR} - F_{NSB} \end{aligned} \tag{4-2}$$

显然,阴影区域的通道差值要小于非阴影区域的通道差值。因此我们的方法所基于的条件就是:如果用衰减最大的通道值减去衰减最小的通道值,那么阴影区域通道间的差值要小于非阴影区域通道间的差值。这对阴影的检测无疑具有重要的意义。事实上,大多情况下 ΔR、ΔG、ΔB 都是不同的,问题的关键在于如何找出衰减最大和最小的通道。

相机的成像计算可用如下公式表示:

$$F_H = \eta \int E(\lambda) S(\lambda) Q_H(\lambda) \mathrm{d}\lambda \tag{4-3}$$

式中:$E(\lambda)$表示光源的 SPD;$S(\lambda)$表示反射光谱比;H 表示 R、G、B 三通道之一,$Q_H(\lambda)$表示相机 R、G、B 通道的响应曲线。

若假设相机的响应曲线足够窄,即可用狄利克雷函数代替,即 $Q_H(\lambda) = q_H \delta \cdot (\lambda - \lambda_H)$,那么公式(4-3)可写为

$$F_H = \sigma E(\lambda_H) S(\lambda_H) q_H \tag{4-4}$$

式中:σ 表示狄利克雷函数的峰值。

假设非阴影和阴影处光源的 SPD 分别为 $E_1(\lambda_H)$ 和 $E_2(\lambda_H)$，则阴影和非阴影区域的通道向量差值为

$$\sigma\begin{bmatrix} E_1(\lambda_R)S(\lambda_R)q_R \\ E_1(\lambda_G)S(\lambda_G)q_G \\ E_1(\lambda_B)S(\lambda_B)q_B \end{bmatrix} - \sigma\begin{bmatrix} E_2(\lambda_R)S(\lambda_R)q_R \\ E_2(\lambda_G)S(\lambda_G)q_G \\ E_2(\lambda_B)S(\lambda_B)q_B \end{bmatrix} = \begin{bmatrix} \Delta R \\ \Delta G \\ \Delta B \end{bmatrix} \tag{4-5}$$

式(4-5)两边同时除以 $\Delta B(\Delta B \neq 0)$，有

$$\begin{cases} \dfrac{\Delta R}{\Delta B} = \dfrac{\sigma S(\lambda_R)q_R[E_1(\lambda_R) - E_2(\lambda_R)]}{\sigma S(\lambda_B)q_B[E_1(\lambda_B) - E_2(\lambda_B)]} \\[4mm] \dfrac{\Delta G}{\Delta B} = \dfrac{\sigma S(\lambda_G)q_G[E_1(\lambda_G) - E_2(\lambda_G)]}{\sigma S(\lambda_B)q_B[E_1(\lambda_B) - E_2(\lambda_B)]} \end{cases} \tag{4-6}$$

由式(4-4)，我们有

$$\begin{cases} \dfrac{\sigma S(\lambda_R)q_R}{\sigma S(\lambda_B)q_B} = \dfrac{F_{NSR}}{F_{NSB}} \cdot \dfrac{E_1(\lambda_B)}{E_1(\lambda_R)} \\[4mm] \dfrac{\sigma S(\lambda_G)q_G}{\sigma S(\lambda_B)q_B} = \dfrac{F_{NSG}}{F_{NSB}} \cdot \dfrac{E_1(\lambda_B)}{E_1(\lambda_G)} \end{cases} \tag{4-7}$$

把式(4-7)代入式(4-6)，我们将得到

$$\begin{cases} \dfrac{\Delta R}{\Delta B} = \dfrac{F_{NSR}}{F_{NSB}} \cdot \dfrac{E_1(\lambda_B)}{E_1(\lambda_R)} \cdot \dfrac{E_1(\lambda_R) - E_2(\lambda_R)}{E_1(\lambda_B) - E_2(\lambda_B)} = m \cdot \dfrac{F_{NSR}}{F_{NSB}} \\[4mm] \dfrac{\Delta G}{\Delta B} = \dfrac{F_{NSG}}{F_{NSB}} \cdot \dfrac{E_1(\lambda_B)}{E_1(\lambda_G)} \cdot \dfrac{E_1(\lambda_G) - E_2(\lambda_G)}{E_1(\lambda_B) - E_2(\lambda_B)} = n \cdot \dfrac{F_{NSG}}{F_{NSB}} \end{cases} \tag{4-8}$$

式中

$$\begin{cases} m = \dfrac{E_1(\lambda_B)}{E_1(\lambda_R)} \cdot \dfrac{E_1(\lambda_R) - E_2(\lambda_R)}{E_1(\lambda_B) - E_2(\lambda_B)} \\[4mm] n = \dfrac{E_1(\lambda_B)}{E_1(\lambda_G)} \cdot \dfrac{E_1(\lambda_G) - E_2(\lambda_G)}{E_1(\lambda_B) - E_2(\lambda_B)} \end{cases} \tag{4-9}$$

所以，$[\Delta R \quad \Delta G \quad \Delta B]$ 可表示为

$$\begin{bmatrix} \Delta R \\ \Delta G \\ \Delta B \end{bmatrix} = \begin{bmatrix} \dfrac{\Delta R}{\Delta B} \cdot \Delta B \\[3mm] \dfrac{\Delta G}{\Delta B} \cdot \Delta B \\[3mm] 1 \cdot \Delta B \end{bmatrix} = \begin{bmatrix} m \cdot \dfrac{F_{NSR}}{F_{NSB}} \\[3mm] n \cdot \dfrac{F_{NSG}}{F_{NSB}} \\[3mm] 1 \end{bmatrix} \Delta B \tag{4-10}$$

因为 $\Delta B > 0$，所以向量 $[\Delta R \quad \Delta G \quad \Delta B]$ 中元素的最大值和最小值分别等于

$\left[m \cdot \dfrac{F_{NSR}}{F_{NSB}} \quad n \cdot \dfrac{F_{NSG}}{F_{NSB}} \quad 1 \right]$ 中元素的最大值和最小值。下面来讨论如何获得 m 和 n 的值。

定义 E_{sun} 为太阳直射光的 SPD，E_{sky} 为天空散射光的 SPD，E_{day} 为日光的 SPD。非阴影区域的光源为太阳直射光和天空散射光，即 $E_1 = E_{sun} + E_{sky} = E_{day}$；阴影区域的光源为部分太阳直射光和天空散射光，即

$$E_2 = \alpha E_{sun} + E_{sky} \tag{4-11}$$

在全影区 $\alpha=0$，在半影区 $\alpha \in (0,1)$。

由上述 E_1、E_2 的表达式，可将式(4-9)改写为

$$\begin{cases} m = \dfrac{E_{day}(\lambda_B)}{E_{day}(\lambda_R)} \cdot (1-\alpha) \dfrac{E_{sun}(\lambda_R)}{E_{sun}(\lambda_B)} \\ n = \dfrac{E_{day}(\lambda_B)}{E_{day}(\lambda_G)} \cdot (1-\alpha) \dfrac{E_{sun}(\lambda_G)}{E_{sun}(\lambda_B)} \end{cases} \tag{4-12}$$

我们将利用普朗克定律近似计算日光和太阳直射光的 SPD(Wyszecki et al.,1982)。普朗克公式通过色温 T 来确定 SPD：

$$E(\lambda, T) = c_1 \lambda^{-5} (e^{c_2/T\lambda} - 1)^{-1} \tag{4-13}$$

式中：$c_1 = 2\pi hc^2$；$c_2 = \dfrac{hc}{k}$。其中：c 为光速，取 3.0×10^8 m·s^{-1}；h 为普朗克常数，取 6.63×10^{-34} J·s；k 为玻尔兹曼常数，取 1.38×10^{-23} J·K^{-1}。

因此，容易得到

$$c_1 = 3.75 \times 10^{-16} \text{ W} \cdot \text{m}^2$$

$$c_2 = 1.44 \times 10^{-2} \text{ m} \cdot \text{K}$$

一般情况下，日光的色温 $T_{day}=6500$ K，太阳直射光的色温 $T_{sun}=5500$ K，红光、绿光、蓝光的波长分别为 650 nm、550 nm、440 nm，因此我们有

$$\frac{E_{day}(\lambda_B)}{E_{day}(\lambda_R)} = \frac{E(\lambda_B, T_{day})}{E(\lambda_R, T_{day})} = \left(\frac{\lambda_B}{\lambda_R}\right)^{-5} \cdot \frac{\exp\left(\frac{c_2}{T_{day}\lambda_R}\right) - 1}{\exp\left(\frac{c_2}{T_{day}\lambda_B}\right) - 1} = 1.35 \tag{4-14}$$

同样可得到 $\dfrac{E(\lambda_B, T_{day})}{E(\lambda_G, T_{day})}=1.11$，$\dfrac{E(\lambda_R, T_{sun})}{E(\lambda_B, T_{sun})}=0.97$，$\dfrac{E(\lambda_G, T_{sun})}{E(\lambda_B, T_{sun})}=1.07$。把它们代入公式(4-12)，并假定 $\alpha=0$ 以简化计算，容易得到 $m=1.31$，$n=1.19$。这里的 m 和 n 都是近似值，因为它们是由常用的日光和太阳直射光色温计算而

来的,所以并不一定和相机实际拍摄时的色温吻合。

4.3 阴影通道线性模型

在 4.2 节中,根据普朗克定律,我们计算了太阳直射光和日光的 SPD,并据此估计三色衰减模型的参数。但这种近似和实际室外光源的 SPD 还有一定误差,同时我们还假设相机的光谱响应函数可以由冲击函数近似,但是实际上相机的光谱响应函数并不符合这种假设。在本节中我们将根据实际的 SPD 和 sRGB 相机响应推导阴影通道线性模型。

日光下物体成像过程可参见图 2-4。这里,由于是针对实际图像进行建模与分析,我们将在 sRGB 颜色空间内考虑相机响应特性。在 sRGB 空间内,相机的理想光谱响应函数就是 sRGB 颜色空间中的颜色匹配函数。实际上,绝大多数相机的光谱响应曲线(拜耳滤波片和相机颜色转换矩阵的综合结果)和 sRGB 颜色匹配函数是相一致的(Engelhardt et al.,1993;Haneishi et al.,1995)。

阴影多发于晴朗天气,在此情况下,日光和天空散射光的 SPD 具有较强的规律性,且主要由天顶角决定,如图 4-1 所示。我们将结合相机成像计算公式,研究在日光和天空散射光照射下图像的关系。

若 $Q_H(\lambda)$ 表示 sRGB 颜色匹配函数,那么 sRGB 颜色空间中的线性 RGB 三刺激值可表示为

$$F_H^L = \eta \cdot w_H \cdot \int_{400}^{700} E(\lambda)S(\lambda)Q_H(\lambda)d\lambda \qquad (4\text{-}15)$$

式中:H 表示红(R)、绿(G)、蓝(B)三通道之一;η 为相机曝光参数,其计算公式为

$$\eta = 100 \bigg/ \int_{400}^{700} E(\lambda)Q_G(\lambda)d\lambda \qquad (4\text{-}16)$$

w_H 为白平衡参数,满足 $w_G = 1$,以及

$$w_R F_R^L = w_G F_G^L = w_B F_B^L \qquad (4\text{-}17)$$

在线性 RGB 的基础上进行伽马校正:

$$F_H = 255 \times \left[1.055 \times \left(\frac{F_H^L}{100} \right)^{(1/2.4)} - 0.055 \right] \qquad (4\text{-}18)$$

有关 sRGB 空间中伽马校正的细节可参阅标准 ISO IEC 61966-2-1(2003)。

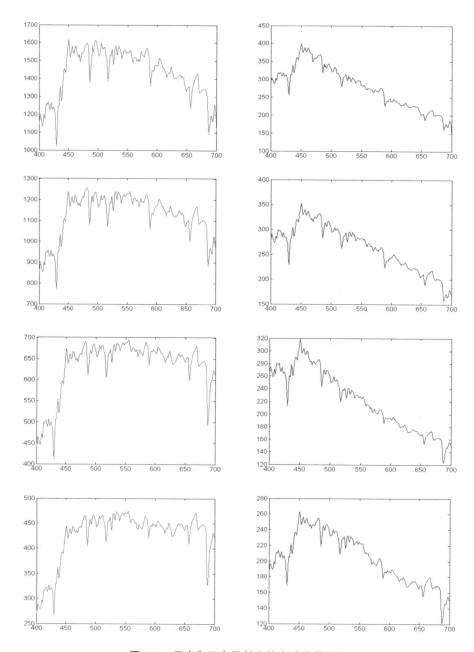

图 4-1 日光和天空散射光的光谱能量分布

注:图中,第一列代表日光的 SPD,第二列代表天空散射光的 SPD。其中,横轴代表波长(nm),

纵轴代表能量(W·m^{-2}·nm^{-1})。从上至下分别对应天顶角为 20°、40°、60°、70°、80°的情况。

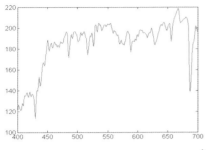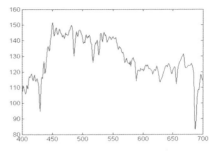

续图 4-1

下面我们将以天顶角为 60°时的情况为例(见图 4-2),推导和验证阴影内部和外部的线性模型。

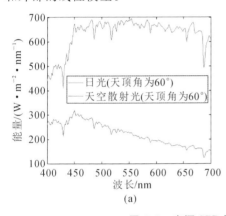

(a)

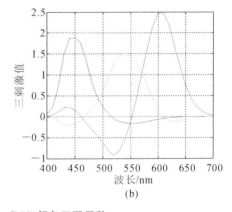

(b)

图 4-2 光源 SPD 及 sRGB 颜色匹配函数

(a)60°天顶角时的日光和天空散射光 SPD;(b)sRGB 颜色匹配函数

相较于反射光谱的多样性,光源和相机响应函数相对稳定,所以我们将观察光源 SPD 值和相机响应函数值(即 CMF 值)的乘积是否存在什么规律。

由图 4-3 可见,虽然日光和天空散射光的 SPD 值有较大差别,但日光 SPD 值和 CMF 值的乘积近似等于天空散射光 SPD 值和 CMF 值的乘积再乘以一个常数(我们假设一半的天空散射光可以照射到阴影),即

$$E_{\text{day}}(\lambda) \cdot Q_H(\lambda) = K_H \cdot E_{\text{sky}}(\lambda) \cdot Q_H(\lambda) \tag{4-19}$$

式中:$Q_H(\lambda)$ 为 sRGB 颜色匹配函数;K_H 为不依赖于波长的参数,且

$$K_H = \operatorname{argmin} \sum_{\lambda=400}^{700} \left| E_{\text{day}}(\lambda) \cdot Q_H(\lambda) - K_H \cdot E_{\text{sky}}(\lambda) \cdot Q_H(\lambda) \right| \tag{4-20}$$

那么在阴影区域中有

$$f_H^{\text{L}} = \eta \cdot w_H \cdot \int_{400}^{700} E_{\text{sky}}(\lambda) S(\lambda) Q_H(\lambda) \mathrm{d}\lambda \tag{4-21}$$

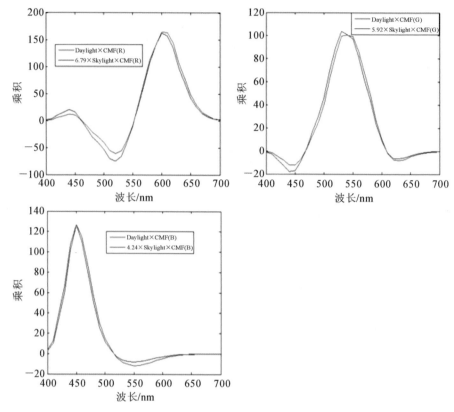

图 4-3 光源 SPD 值和 CMF 值的乘积

对于同一个反射面,在非阴影区域中有

$$F_H^L = \eta \cdot w_H \cdot \int_{400}^{700} E_{\text{day}}(\lambda) S(\lambda) Q_H(\lambda) \mathrm{d}\lambda \qquad (4\text{-}22)$$

若用公式(4-22)除以公式(4-21),再结合公式(4-19),可得

$$\frac{F_H^L}{f_H^L} = \frac{\eta \cdot w_H \cdot \int\limits_{400}^{700} E_{\text{day}}(\lambda) S(\lambda) Q_H(\lambda) \mathrm{d}\lambda}{\eta \cdot w_H \cdot \int\limits_{400}^{700} E_{\text{sky}}(\lambda) S(\lambda) Q_H(\lambda) \mathrm{d}\lambda} = K_H \qquad (4\text{-}23)$$

至此我们发现:对每个通道中的某一反射表面,日光下的线性 RGB 值与天空散射光下的线性 RGB 值存在比例关系,比例参数由公式(4-19)确定,且该参数和光谱无关。这是一个很好的性质。下面我们来观察经过伽马校正会发生怎样的情况。将公式(4-18)展开,可得

$$\begin{cases} F_H = 39.5 \times F_H^{L\,(1/2.4)} - 14 \\ f_H = 39.5 \times f_H^{L\,(1/2.4)} - 14 \end{cases} \qquad (4\text{-}24)$$

结合公式(4-23),可以得到

$$\begin{aligned} F_H &= 39.5 \times F_H^{L\,(1/2.4)} - 14 \\ &= 39.5 \times K_H^{(1/2.4)} \times f_H^{L(1/2.4)} - 14 \\ &= K_H^{(1/2.4)} \times (39.5 \times f_H^{L(1/2.4)} - 14) + (K_H^{(1/2.4)} - 1) \times 14 \\ &= K_H^{(1/2.4)} \times f_H + (K_H^{(1/2.4)} - 1) \times 14 \end{aligned} \qquad (4\text{-}25)$$

即可得到某通道内阴影区域内外的线性模型:

$$\begin{cases} F_H = \kappa_1 f_H + \mu_1 \\ \kappa_1 = K_H^{(1/2.4)} \\ \mu_1 = (K_H^{(1/2.4)} - 1) \times 14 \end{cases} \qquad (4\text{-}26)$$

公式(4-26)表明,经过伽马校正后日光下的线性 RGB 值与天空散射光下的线性 RGB 值之间的比例关系变成线性关系,并且线性关系的参数由比例参数确定。

根据公式(4-15)至公式(4-18),我们利用 1995 个不同的反射光谱曲线的数据来模拟四幅图像,包括一幅日光下的线性图像、一幅天空散射光下的线性图像、一幅日光下的伽马校正图像、一幅天空散射光下的伽马校正图像。图 4-4(a)(b) 所示分别为这 1995 个反射曲线数据和 60°天顶角时日光下的伽马校正图像。

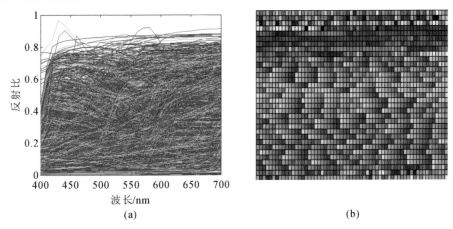

(a)   (b)

图 4-4 1995 个反射曲线数据和模拟的 60°天顶角时日光下的伽马校正图像

利用这四幅模拟图像,对于每个通道中的每个反射表面,我们将日光下的像素值和天空散射光下的像素值作为一组对应点。这样,对于一幅模拟图像的一个通道,我们有 1995 组对应点。这些对应点的拟合结果如图 4-5 所示,其中第一行表示线性图像的结果,第二行表示伽马校正图像的结果。从结果中我们可以直观地看到,同一反射表面在日光照射下和在天空散射光照射下具有很强的统计线性特性。

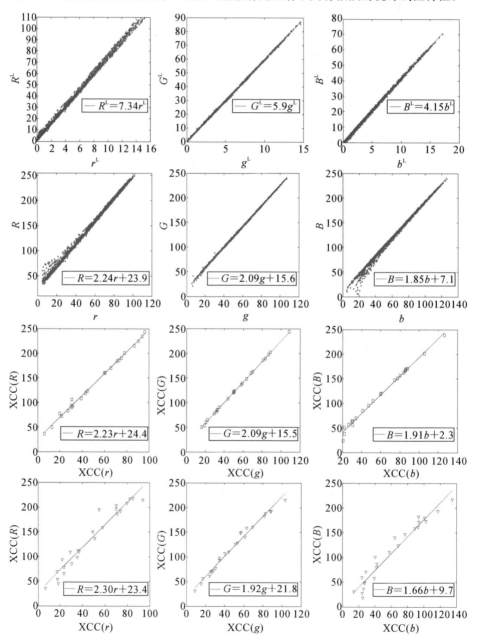

图 4-5　日光和天空散射光下的像素值对应点的拟合结果

此外，我们还利用真实相机拍摄的两幅图像来测试其是否满足线性特性。图
4-6 所示为两幅 Xrite 24 色色卡的图像，拍摄条件为 60°天顶角、Canon 5D Mark Ⅱ
数字相机、50 mm 镜头。这两幅图像具有相同的曝光程度、白平衡程度和拍摄视
角。24 色色卡的模拟图像对应点的像素值、实拍图像对应点的像素值拟合结果均
显示在图 4-5 中，其中第三行为模拟 24 色色卡的伽马校正图像的结果，第四行为
24 色色卡实拍图像的结果。我们可以观察到线性特征在实拍图像中是存在的。

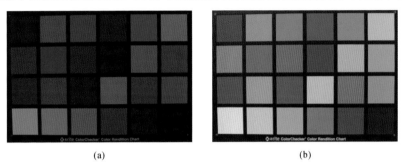

图 4-6　60°天顶角下拍摄的真实图像

(a)天空散射光下拍摄；(b)日光下拍摄

总结可知，在线性 RGB 图像的每个通道中，一个反射表面处在阴影中和非
阴影中的像素值具有比例关系。经过伽马校正，这个比例关系变成线性关系。
比例参数和线性参数在本质上都由公式(4-20)决定，即由光源 SPD 决定，而和
各式各样的反射表面没有关系，这也是我们的线性模型最大的优点。由于模型
参数和反射光谱无关，因此模型能够应用于物理世界中的不同场景。

4.4　基于三色衰减模型的阴影检测

在利用三色衰减模型进行阴影检测时，我们首先要确定它的作用区域。对
$\left[m \cdot \dfrac{F_{\mathrm{NSR}}}{F_{\mathrm{NSB}}} \quad n \cdot \dfrac{F_{\mathrm{NSG}}}{F_{\mathrm{NSB}}} \quad 1\right]$ 进行像素级的计算是无意义的，因为独立的像素谈不
上衰减。对其在整幅图像上进行计算亦不妥，因为我们推导三色衰减模型时假
定阴影及其对应的非阴影背景具有相同的反射表面。如图 4-7(a)所示，区域①
是非阴影背景，红色是主颜色(在区域①中，$R>G>B$)；区域②是阴影区域。如果
我们用 R 通道的值减去 B 通道的值，如图 4-7(b)所示，除了阴影区域外，蓝色区
域也会和主区域有明显的不同，也就是说相减后区域②和区域③都比区域①暗。

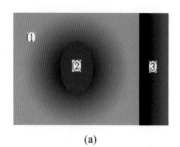 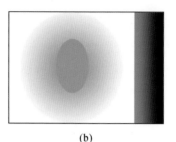

(a)   (b)

图 4-7　在整幅图像上进行通道相减

(a)红色是主颜色;(b)R 通道减去 B 通道的图像

图 4-8　同一个阴影落在不同
的反射面上

那么蓝色区域有可能被误检测为阴影。类似地,如图 4-8 所示,如果同一个阴影落在不同的反射面上,在整幅图像上进行通道相减也会造成阴影误检测。因此,在阴影检测之前,我们要在原图像上将不同颜色大致分割成不同子区域,其目的是将同一个反射面上的阴影和非阴影分割到一个子区域。

由于分割预处理容易受阴影影响,因此我们需要在阴影不敏感的空间进行分割。

我们首先利用下式把一个 RGB 图像转换成对阴影不敏感的灰度图像:

$$Y = \log\left(\frac{\max(F_R, F_G, F_B)}{\min(F_R, F_G, F_B) + 1}\right) \tag{4-27}$$

我们利用这个变换进行阴影不敏感图像的计算,是基于以下考虑。

(1)颜色比率和像素值相比,对光照变化不那么敏感。

(2)固定的颜色比率如 F_R/F_B 不适当。以 $F_{NSR} > F_{NSG} > F_{NSB}$ 为例,由阴影三色衰减模型,我们有 $\Delta R > \Delta G > \Delta B$。然而,在这种情况下,根据公式(4-10),不等式 $F_{SR} < F_{SG} < F_{SB}$ 有可能成立。那么由颜色比率获得的阴影和非阴影差别可能较大$(\frac{F_{NSR}}{F_{NSB}} > 1, \frac{F_{SR}}{F_{SB}} < 1)$。与之相比,公式(4-27)利用通道最大值和通道最小值的比来代替固定的颜色比率,则有 $\frac{F_{NSR}}{F_{NSB}} > 1$ 及 $\frac{F_{SB}}{F_{SR}} > 1$,因此,在很多情况下,由公式(4-27)获得的阴影及非阴影之间的差别要比由颜色比率获得的差别小,即获得的阴影不敏感图像效果更好。

(3)对数运算用来压缩变换图像的动态范围以克服阴影检测算法中采用的分水岭分割算法的过分割问题。

我们的阴影检测算法步骤如下。

步骤一:根据公式(4-27)将彩色图像 F 变换为灰度图像 Y。

步骤二:利用分水岭分割算法将 Y 分割成不同子区域,即 $Y=\bigcup Y^i$ 且 $Y^i \bigcap Y^j=\varnothing(i\neq j)$,$i$ 表示分割的区域数。

步骤三:对于一个子区域,通过下式计算 $[\overline{F_R^i}\quad\overline{F_G^i}\quad\overline{F_B^i}]$ 的均值:

$$[\overline{F_R^i}\quad\overline{F_G^i}\quad\overline{F_B^i}]=\frac{1}{M}(\sum_{k\in F^i}^{k=1,2,\cdots,M}[F_R^{i,k}\quad F_G^{i,k}\quad F_B^{i,k}]) \tag{4-28}$$

式中:$F_R^{i,k}$ 表示图像 F 的 R 通道中第 i 个子区域的第 k 个像素值,其余类似;M 表示第 i 个子区域的像素数。

步骤四:利用公式(4-28)计算 $[\overline{F_{NSR}}\quad\overline{F_{NSG}}\quad\overline{F_{NSB}}]$ 的均值。$[\Delta R\quad\Delta G\quad\Delta B]$ 由 $\frac{\overline{F_{NSR}}}{\overline{F_{NSB}}}$ 和 $\frac{\overline{F_{NSG}}}{\overline{F_{NSB}}}$ 确定。然而,在检测之前,我们并不知道哪里是阴影区域,哪里是非阴影区域。因此,在这一步,我们把第 i 个子区域中其值大于均值的像素作为非阴影区域,然后计算 $\left[m\cdot\dfrac{\overline{F_{NSR}}}{\overline{F_{NSB}}}\quad n\cdot\dfrac{\overline{F_{NSG}}}{\overline{F_{NSB}}}\quad 1\right]$。

步骤五:用最大衰减通道减去最小衰减通道,即在 F^i 中,若假设 $m\cdot\dfrac{\overline{F_{NSR}^i}}{\overline{F_{NSB}^i}}>n\cdot\dfrac{\overline{F_{NSG}^i}}{\overline{F_{NSB}^i}}>1$,则有 $X^i=F_R^i-F_B^i$;反之亦然。

步骤六:利用阈值 T 对 X^i 进行二值化,T 可以表示为

$$T=\frac{1}{M}(\sum_{k\in X^i}^{k=1,2,\cdots,M}X_k^i) \tag{4-29}$$

式中:M 表示第 i 个子区域的像素数。然后,F^i 中的初始阴影区域可由下式获得:

$$S^i=\{(x,y)\mid(x,y)\subset F^i,X^i(x,y)<T\} \tag{4-30}$$

步骤七:验证阴影。根据以上步骤,在每个子区域检测到的阴影不一定是真实的阴影,有可能存在误检测。对每个检测到的 S^i 进行判定后,F 中的阴影 S 即可得出,其初值由公式(4-30)确定的第一个 S^i 给出。判定 S^i 的公式为

$$S=\begin{cases}S\bigcup S^i, & \overline{F_{[R\;G\;B]}^{NS^i}}-\overline{F_{[R\;G\;B]}^{S^i}}\subset[k_1L\quad k_2L]\\ S, & \overline{F_{[R\;G\;B]}^{NS^i}}-\overline{F_{[R\;G\;B]}^{S^i}}\not\subset[k_1L\quad k_2L]\end{cases} \tag{4-31}$$

式中:$L=[m\cdot\overline{F_R^{NS^i}}/\overline{F_B^{NS^i}}\quad n\cdot\overline{F_G^{NS^i}}/\overline{F_B^{NS^i}}\quad 1]\cdot\Delta B$;系数 k_1 和 k_2 分别取 0.8 和

1.2。我们设置系数 k_1 和 k_2 的原因是 m 和 n 的值不能确保精确。

步骤八:获取更精确的阴影。以上步骤是在通道相减子图像 X^i 上检测阴影的,由于彩色图像的 R、G、B 通道的值具有强相关性,X^i 会比较模糊,这也会导致检测结果的细节不甚理想。为了改进细节部分,我们考虑加入另外一个约束,即阴影通常像素值比较低。施加此约束有助于改进检测结果的细节。最后的阴影结果可表示为

$$Shadow = \{(x,y) \mid S(x,y) \bigcap F^i_{[R\ G\ B]}(x,y) < [\overline{F^i_R}\quad \overline{F^i_G}\quad \overline{F^i_B}]\}$$

$$(4\text{-}32)$$

式中:$F^i_{[R\ G\ B]}(x,y)$ 表示图像 F 中第 i 个子区域中 (x,y) 处的像素向量值。

图 4-9 给出了我们的方法在简单图像上的阴影检测结果,同时给出了其他方法的结果以作比较。其中,图(a)是一个包含教堂阴影的图像,我们的方法和 Finlayson 等人(2007)介绍的方法取得了相似的结果,但是 Finlayson 等人介绍的方法需要同一场景的两幅图像。

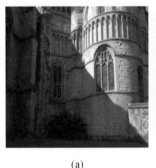

|(a)|(b)|(c)|

图 4-9　简单图像的阴影检测结果

(a)原图像;(b)我们的检测结果;(c)Finlayson 等人的检测结果

图 4-10 所示为我们的方法在复杂图像上的阴影检测结果。其中,图(a)是树丛的俯视图像,中间的大阴影和底部的小阴影都可以被检测出来(见图(b)),而不受复杂纹理的影响。图(c)包含人和树的阴影,从图(d)中的检测结果来看,虽然在小草上有些噪声,但是地面上的阴影可以被检测出来。图(c)中树干上部的阴影没有被检测出来,这可能是因为这部分树干被叶子包围,只有少量的天空散射光可以照射到其上,因此 m 和 n 的值与文中所给出的值偏差较大。图(e)包含道路和土地上的阴影,从图(f)中的检测结果可以看出,阴影可以被检测出来,但存在误检测和漏检现象。

(a)

(b)

(c)

(d)

(e)

(f)

图 4-10　复杂图像的阴影检测结果

(a)(c)(e)原图像;(b)(d)(f)阴影检测结果

4.5 基于线性模型的阴影检测

阴影是一种自然现象,因此在阴影检测中应利用它特有的物理性质来进行检测。如图 4-11 所示,人类可以通过对比阴影附近的边缘来识别阴影。阴影边界两边的对比为阴影检测提供了主要信息。在图 4-11(b)中,我们很容易发现色卡是否在阴影中;图 4-11(a)和 图 4-11(b)具有相同的光照条件,但由于缺乏对比信息,我们很难判断色卡是否在阴影中。因此,我们将阴影与其背景进行对比以用于阴影检测。在 4.4 节,我们描述了基于阴影三色衰减模型的阴影检测方法。在4.3 节,我们推导了阴影线性模型,该模型表明阴影区域的像素值和非阴影区域的像素值具有线性关系。这项工作的意义是可以通过分析 sRGB 颜色匹配函数(CMF)和光源的光谱能量分布(SPD),找到更多新的阴影物理性质,然后将这些性质作为图像特征来设计一种新颖有效的阴影检测方法。

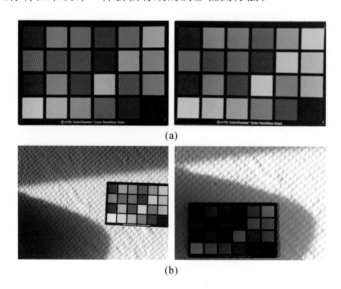

(a)

(b)

图 4-11 阴影边界两边的对比

1. 阴影的光谱比率特性

由阴影线性模型,我们知道

$$\begin{cases} F_H = 39.5\, F_H^{L\,(1/2.4)} - 14 \\ f_H = 39.5\, f_H^{L\,(1/2.4)} - 14 \end{cases} \tag{4-33}$$

从而可得

$$\left(\frac{F_H^L}{f_H^L}\right)^{(1/2.4)} = \frac{F_H + 14}{f_H + 14} \tag{4-34}$$

基于公式(4-23)，我们可以将公式(4-34)简化为

$$K_H = \frac{F_H^L}{f_H^L} = \left(\frac{F_H + 14}{f_H + 14}\right)^{2.4} \tag{4-35}$$

从公式(4-35)可以看出，光谱比率可以直接采用伽马校正后的 sRGB 像素值，按 $K_H = \left(\frac{F_H + 14}{f_H + 14}\right)^{2.4}$ 计算。当然，我们也可以将伽马校正的 sRGB 像素值通过反伽马校正转化成线性数值，从而用 $K_H = F_H^L/f_H^L$ 计算 K_H。两种方法都不复杂，有关推导和证明的细节可以在 4.3 节中看到。将光谱比率作为阴影的物理性质的优点是它们与波长和反射比无关。

类似于 4.3 节中计算天顶角为 $60°$ 时的 K_H 的方法，我们可以进一步计算其他代表性天顶角（$20° \sim 80°$）下的 K_H。我们利用一年的时间，使用 Avantes USB 2.0 光谱仪，对不同的时间（天顶角）和不同的天气（气溶胶）条件下的 SPD 进行了大量测量。为了消除噪声和测量带来的误差，我们对 K_H 的计算值取平均值。通常在有阴影产生（如天气晴朗、部分阴天和没有大片云挡住太阳）的情况下，天空散射光和太阳直射光的 SPD 都相对稳定，但有时候它们的振幅变化明显，幸运的是，由公式(4-19)可知振幅的变化并不影响 K_H。由于在我们附近的城市只能观测到 $20° \sim 80°$ 的天顶角，因此对天顶角小于 $20°$ 或大于 $80°$ 的情况下的 K_H 值不予计算。我们通过这些测量的 SPD 来找出 K_H 的一般规律，我们提出的阴影特征对由诸如时间、位置和季节等因素引起的小的 SPD 变化不敏感，因为我们的阴影特征和检测方法不依赖于 K_H 的精确值。表 4-2 列出了代表性天顶角下太阳直射光和天空散射光的光谱比率。为了便于此后的讨论，我们还列出了各个天顶角下 K_R 和 K_G 之间的差值及 K_G 和 K_B 之间的差值。

表 4-2　代表性天顶角下的光谱比率及差值

光谱比率	20°	30°	40°	50°	60°	70°	80°
K_R	12.11	10.26	9.49	8.59	6.79	4.79	3.18
K_G	10.40	9.19	8.52	7.40	5.92	4.25	2.86

光谱比率	20°	30°	40°	50°	60°	70°	80°
K_B	8.10	7.28	7.19	5.94	4.24	3.58	2.53
$K_R - K_G$	1.71	1.07	0.97	1.19	0.87	0.54	0.32
$K_G - K_B$	2.30	1.91	1.33	1.46	1.68	0.67	0.33

表 4-2 清楚地显示了以下四种新的阴影物理性质。

性质 1:当天顶角增大时,K_H 值减小。

性质 2:K_H 的值满足 $K_R > K_G > K_B$。

性质 3:K_H 之间的差值($K_R - K_G$ 和 $K_G - K_B$)不是很小,并且当天顶角增大时这个差值通常会减小。K_H 之间的差值满足 $K_R - K_G < K_G - K_B$。

性质 4:任何天顶角下的 K_H 值都小于比当前天顶角大 10° 的天顶角下的 K_H 值的 2 倍。即 $K_H^x < 2 K_H^{x+10}$,其中 K_H^x 是天顶角为 x 时的 K_H 值。

这些阴影物理性质将被用来生成我们阴影检测算法中的三个阴影判定标准。

2. 基于光谱比率特性的阴影检测算法

基于四种新的阴影物理性质,我们提出了一种全新的户外彩色图像阴影检测算法。我们的检测算法包括三个步骤:多阈值边缘提取,K_H 值计算和阴影边缘分类。多阈值边缘提取作为预处理步骤可以有效地断开阴影边缘和物体边缘之间的连接。K_H 值计算步骤利用沿着检测到的边缘的膨胀区域来计算 K_H 值。阴影边缘分类步骤利用从新的阴影物理性质导出的三个判定标准将每个边缘分类为阴影边缘或非阴影边缘(如物体边缘)。下面我们来详细介绍这三个步骤。

鉴于 Canny 边缘检测器在提取细边缘方面的优越性能及其对噪声的鲁棒性,我们首先使用 Canny 边缘检测器从图像中提取边缘。在此过程中,应该避免提取很长的边缘,因为这样阴影边缘和物体边缘可能连接在一起,从而影响阴影验证。为此,当使用 Canny 边缘检测器时,我们采用多个阈值($T = 0.9$,$0.8, \cdots, 0.2$),并使用具有两个相邻阈值的 Canny 结果的差作为边缘图像。

为了克服噪声影响,获得更为准确的 K_H,对于每一个 Canny 边缘,我们使用二元膨胀运算得到阴影和非阴影区域,然后计算每个颜色通道边缘两侧的平均像素值,以确定光谱比率。具体地,对于每个被检测到的边缘,我们在边缘两侧用二元膨胀运算将边缘区域放大至大小为 6 个像素。图 4-12 所示为边缘的扩展区域,其中绿色区域表示阴影区域,红色区域表示非阴影区域。我们计算每个颜色通道内沿边缘扩展区域的平均像素值,然后利用公式(4-35)来计算 K_H。

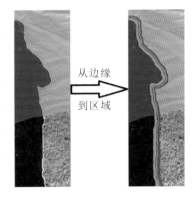

从边缘

到区域

图 4-12 边缘的扩展区域

最后,我们使用计算出的 K_H 和前面提到的阴影物理性质来区分阴影边缘和物体边缘。具体来说,如果满足以下三个验证准则,我们便将边缘分类为阴影边缘。

准则 1:$\tau_H \cdot K_H^{80} < K_H < \eta_H \cdot K_H^{20}$。其中 K_H^{80} 和 K_H^{20} 分别代表天顶角为 $80°$ 和 $20°$ 时的 K_H 值;τ_H 和 η_H 为两个预定义的系数,用以确定 K_H 值的上下界,在我们的系统中之所以采用这两个系数,是因为我们要考虑天顶角为 $0°\sim90°$ 时所有可能的 K_H 值。表 4-2 显示,K_H 值随天顶角的增大而减小。阴影的物理性质 4 给出了相邻两个角度下 K_H 值之间的关系。根据阴影的物理性质 4,我们计算了两个预定义系数 τ_H 和 η_H:

① $\tau_H = 2^{-1}$,当考虑到 $10°$ 的步长,比 $80°$ 更大的天顶角仅仅有一个,即 $90°$。

② $\eta_H = 2^2$,当考虑到 $10°$ 的步长,比 $20°$ 更小的天顶角有两个,即 $10°$ 和 $0°$。

该准则确保了在不同的天顶角下,所有 K_H 值都有一个有效的范围。

准则 2:$K_R > K_G > K_B$。这个准则直接对应于阴影的物理性质 2。

准则 3:

$$\begin{cases} K_R - K_G > \varepsilon \text{ 且 } K_G - K_B > \varepsilon, & K_R > K_R^{80} \\ K_R - K_G > \dfrac{\varepsilon}{2} \text{ 且 } K_G - K_B > \dfrac{\varepsilon}{2}, & K_R \leqslant K_R^{80} \end{cases}$$

对于天顶角小于 $90°$ 的情况(即 $K_R > K_R^{80}$),参数 ε 是 K_R 与 K_G 之差、K_G 与 K_B 之差的下边界。因为无法在我们所在城市或者周边城市得到天顶角为 $90°$ 左右时 K_H 之间的差值,所以根据阴影的物理性质 4,这个角对应的下边界被设置为 ε 的 $1/2$。

由表 4-2 可知,天顶角为 $20°\sim80°$ 时,$K_R^{80} - K_G^{80}$ 是三个差值之中最小的一

个,阴影的物理性质 3 也表明这种差值随着天顶角的减小而增大。因此我们将 ε 设置为

$$\varepsilon = \frac{K_R^{80} - K_G^{80}}{2}$$

实验表明,这些简单的预定义系数可以实现良好的阴影检测性能。由其他更复杂的方法得到的系数(如利用不同的天顶角去拟合 K_H 值,并在每个通道中获得两个系数)并不能提供更好的性能。

应当指出,准则 2 是准则 3 的一种特殊情况。当 $\varepsilon = 0$ 时,准则 3 成为准则 2。在这里,我们将它们作为两个独立的准则列出,有以下两个原因:①准则 2 不涉及任何参数,表达式简单;②准则 2 具有较强的鲁棒性,可以正确地对大约 85% 的非阴影边缘进行分类。因此,在一些只需要粗阴影检测的应用中,准则 2 可以单独应用以实现快速检测。

我们的阴影检测算法如下。

算法输入:室外彩色图像

算法输出:阴影边缘检测图像

开始循环($T = 0.9, 0.8, \cdots, 0.2$)

1. 边缘提取

如果 $T = 0.9$,边缘为 Canny(T)

否则,边缘为 Canny(T) − Canny($T + 0.1$)

结束判断

2. 计算 K_H

3. 边缘分类

结束循环

其中 Canny(T)表示 Canny 边缘检测器对阈值为 T 的图像边缘进行检测的结果。如图 4-13 所示,左边表示利用多阈值边缘检测器获取的原始图像及其边缘图像。边缘图像中清晰地呈现出两种边缘,即阴影边缘和非阴影边缘。右边表示通过判断阴影边缘是否满足三个判定准则来进行边缘分类后最终得到的阴影检测结果。它清楚地表明,对每一幅边缘图像进行分类后,所有的非阴影边缘都被成功地去除了。

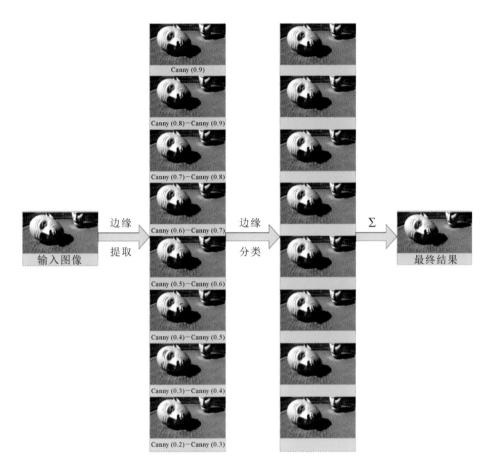

图 4-13　在 Canny 边缘图像上进行阴影分类后保留的阴影边缘

3. 实验结果

图 4-14 所示为我们的方法得到的阴影检测结果,以及和其他两种代表性方法(Lalonde et al.,2010;Guo et al.,2013)的检测结果的对比。这七组对比图像涵盖了不同的阴影场景。图 4-14 中,前两行的图像表示地面上具有不同反射比的阴影,第三行是含有噪声的阴影图像,第四行是弱纹理的航拍图像,第五行是在不同表面(如塑料、草)上的阴影图像。最后两行显示的图像更复杂。我们的方法的阴影检测结果和 Lalonde 等人的方法、Guo 等人的方法的检测结果分别展现在第二列、第三列和第四列,第一列为原图像。

对于前两幅具有不同反射比的图像,相比 Lalonde 等人的方法、Guo 等人的方法,我们的方法可以检测到更准确的阴影。这两种对比方法都遗漏了一些

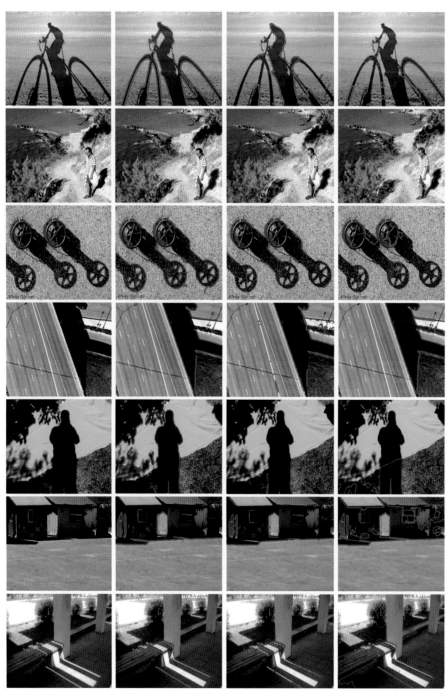

图 4-14　阴影检测结果比较

自行车轮廓的阴影边缘,并将一些草和皮肤错误地检测为阴影边缘。对于接下来的三幅图像,我们的方法检测到了大部分的阴影边缘,存在很小一部分被错误分类的阴影边缘,比如在第四幅图像中误检测了沿着路边的阴影。相比之下,其他两种方法都缺失了很多阴影边缘。在细节上,Lalonde 等人的方法的检测结果缺失了一些阴影边缘,如第三幅图中轮子的阴影边缘,第五幅图中树的阴影边缘。Guo 等人的方法的检测结果在第三幅图中遗漏了大部分阴影,在第四幅图中错误地将道路边缘分类为阴影边缘,在第五幅图中遗漏了人身体的阴影边缘。对于最后两幅图像,我们的方法成功地检测到所有的阴影边缘,其中带有少量的错误分类的阴影边缘。Lalonde 等人的方法对第六幅图中的房子和最后一幅图中的地面有虚假阴影检测。Guo 等人的方法则有更多的假阳性结果。图 4-14 所示的结果说明,我们的阴影检测方法具有比其他两种方法更好的阴影检测效果,并且我们的方法不需要任何训练。

图 4-15 展示了更多不同场景原始图像和对应的我们的方法的阴影检测结果。具体来说,我们在带有不同反射比材料(例如道路、草、沙子、木头或雪)和不同的遮挡物(如人、建筑物、树叶或动物)阴影的图像上对我们的阴影检测方法进行了测试,其中有些图像中的阴影所覆盖的区域有着不同的反射比。图 4-15 所示的结果说明,我们的阴影检测方法对这些不同类型的图像阴影检测效果良好。

阴影检测往往是各种实际计算机视觉任务的预处理步骤。因此,快速检测非常重要。我们比较了三种阴影检测方法对图 4-14 所示 7 幅图像进行检测的运行时间(以秒(s)为单位),结果如表 4-3 所示,表中图像序号 1~7 分别对应图 4-14 中从上到下的 7 幅图像。所有的实验都是在一台装有 Intel(R)Core™2 Q8400 2.66 GHz CPU 和 2GB RAM 的计算机上进行的,程序用 Matlab R2010b 编写。表 4-3 显示了我们的方法比其他两种方法的运行时间更快。

表 4-3　三种阴影检测方法的运行时间对比　　　　　　　　(单位:s)

方法	图像序号						
	1	2	3	4	5	6	7
Lalonde 等人的方法	83	267	213	93	391	405	506
Guo 等人的方法	64	1827	914	44	56	201	121
我们的方法	10	32	109	12	31	23	61

图 4-15　我们的方法的更多阴影检测结果展示

4.6 阴影检测特征评估

本节以局部光照变化中的阴影处理特征为研究对象,选取八种常用的阴影特征进行综合评估,分析不同阴影特征的性能和优缺点。我们首先对这八种阴影特征进行简要的说明,随后通过两组实验来定性地评估这些阴影特征的性能。一组实验利用简单的阈值技术,通过衡量不同区域的标签来研究每个阴影特征的有效性和局限性;另一组实验借助分类器评估阴影特征在不同分类器下的性能。接下来,我们先简要说明这八种常用的阴影特征。

1. 用来进行评估的阴影特征

(1) 低亮度(lower intensity)。这个特征建立在阴影区域比其周围的非阴影区域亮度更低的假设基础上。在室外环境下,阴影区域的光源为天空散射光,而非阴影区域的光源为太阳直射光和天空散射光,因此阴影区域的亮度通常比非阴影区域的亮度更低。亮度信息是最常用也是最直接的阴影特征之一,被广泛应用于阴影检测算法中,如 Liu 等人(2007)、Rufenacht 等人(2013)所述。

(2) 平滑度(smoothness)。平滑度特征基于如下观察:场景中阴影的覆盖不仅降低了物体的亮度,而且抑制了其覆盖区域的局部像素变化,使得覆盖区域更加平滑,如 Zhu 等人(2010)、Aksoy 等人(2012)所述。我们采用 Forsyth 等人(1996)提出的方法来提取阴影的平滑度特征。该方法首先从原始阴影图像中减去一个高斯平滑后的图像,然后通过计算其标准偏差来测量阴影区域的平滑性。

(3) 熵(entropy)。由于近黑色物体大多缺乏纹理特征,而阴影的覆盖对所在区域的纹理影响较小,因此与近黑色物体相比,阴影具有完全不同的熵值。为了正确区分阴影区域和近黑色物体,Zhu 等人(2010)引入了熵特征。我们采用 Huang 等人(2011)、Aksoy 等人(2012)等所述方法来计算熵特征:

$$E_i = \sum_{i \in W} - p_i \times \log_2(p_i) \qquad (4\text{-}36)$$

式中:W 是一个窗口;p_i 是像素 i 处的直方图记数概率。

(4) 偏态(skewness)。偏态特征也是由 Zhu 等人(2010)提出的。他们发现阴影区域的不对称性和非阴影区域的不对称性不同,阴影区域偏态的均值为 1.77,而非阴影区域偏态的均值为 −0.77。Lalonde 等人(2010)、Aksoy 等人

(2012)也采用偏态特征来捕获图像边界两侧的强度分布差异。在本节的实验中,我们直接用 Matlab 中的 skewness 函数来计算图像的偏态。

(5)色度(chromaticity)。色度特征的建立基于如下假设:阴影覆盖会改变该区域的亮度信息,但是对该区域色度信息影响较小。更具体地说,阴影的存在仅仅只能引起图像的色相和饱和度在小范围内的变化。Cucchiara 等人(2003)通过训练获得了四种阈值,并利用这四种阈值判断阴影变化对色度的影响范围:

$$\alpha \leqslant \frac{I_F^V(x,y)}{I_B^V(x,y)} \leqslant \beta$$
$$\wedge \mid I_F^S(x,y) - I_B^S(x,y) \mid < \tau_s \qquad (4\text{-}37)$$
$$\wedge \mid I_F^H(x,y) - I_B^H(x,y) \mid < \tau_H$$

式中:"∧"表示逻辑关系"与"。

Liu 等人(2011)也利用色度特征检测阴影。

(6)高色相(high hue)。高色相特征来自于阴影区域比其周围的非阴影区域具有更高的色相这一观察现象。Tsai(2006)提出了一种比率映射(R):

$$R = \frac{\mathrm{Hue} + 1}{\mathrm{Value} + 1}, \quad \mathrm{Hue}, \mathrm{Value} \in [0,1] \qquad (4\text{-}38)$$

并利用大津阈值对该比率映射进行阈值分割,得到最终的阴影贴图(shadow map)。Chung 等人(2009)也借助此特征进行了阴影检测。

(7)颜色比率(color ratio)。颜色比率定义为阴影-非阴影对之间 RGB 像素值的比。这个特征是基于阴影和其对应的非阴影对之间的颜色比率在有限的范围内波动的假设得到的,而任意两种非阴影区域之间的 RGB 像素值比不满足此假设。颜色比率特征是阴影检测算法中最常采用的阴影特征。Huang 等人(2011)、Zhu 等人(2010)均利用此特征进行了阴影检测。在第一组实验中,我们使用暴力搜索的方式来界定颜色比率变化的边界范围;而在第二组实验中,我们通过训练不同的分类器来得到其边界范围。

(8)纹理(texture)。该特征是基于阴影的覆盖对图像的纹理信息影响较小的观察现象建立的。研究人员常用阴影边界内外的纹理变化是否剧烈来进一步验证候选的阴影区域是否为阴影区域。纹理特征也是应用比较广泛的特征,如(Zhu et al.,2010;Lalonde et al.,2010;Liu et al.,2011)。我们利用 Martin 等人(2004)所述的方法,通过计算纹理直方图来表征图像的纹理信息。该方法利用具有 8 个方向、3 种尺度的高斯导数滤波器对原始图像进行滤波,随后利用聚类算法将滤波得到的图像像素分成 128 类,即得到其相应的纹理图像的直方图信息。不同区域之间的纹理差异可以通过计算纹理直方图之间的卡方距离得到。如果该边界属于阴影边界,则该边界内外区域的纹理上限需要满足纹理相似度要求,而下限需要满足光照变化的最小值。与阴影的颜色比率特征类似,我们在第一组实验中采用暴力搜索方式界定该特征的上下限值,而在第二组实验中通过训练不同分类器获得其上下限值。

2. 数据集与标签生成

目前可以用于阴影检测的数据集共三个,即 Zhu 等人的数据集、Lalonde 等人的数据集和 Guo 等人的数据集。在现有三个数据集的基础上,我们创建一个新的数据集以弥补现有三个数据集的不足与缺陷。我们从下面三个方面出发,来补充这三个数据集:首先,选择多样化的拍摄时间,增加数据集中阴影的种类,即选择在不同天顶角和不同天气状态(如晴天、略有阴霾的天气、多云天气等)下拍摄的一系列阴影图像;其次,选择多样化的物体作为阴影投射面,如选择沥青、砖、草和沙子,增加数据集中反照率的种类;最后,我们使用不同的相机,包括数码单反相机(Canon EOS 5D Mark Ⅱ、Canon EOS 60D 和 Nikon D100)、消费级数码相机(索尼 DSC-W320)、手机(iPhone 5s、摩托罗拉 XT883 和联想 a788t)相机和监控摄像机(BOSCH NBN-832V-P)拍摄图像。最终测试时采用的整体数据集包括四个子数据集,即 Zhu 等人的数据集、Lalonde 等人的数据集、Guo 等人的数据集和我们自己采集的数据集(包含 108 幅阴影图像)。与每个单独的子数据集相比,我们用来做实验的整体数据集包含大量的不同类型的阴影图像,覆盖了多样化的光照条件、场景和相机特性。

数据集中所有原始阴影图像都配有人工标记好 ground truth(基准)的阴影边界。我们利用 Canny 算子提取每幅图像的边界信息,并从这些 Canny 边界信息里减去数据库中的阴影边界,即可得到物体的边界信息。为了比较的公平性,在第一组实验中,我们从物体边界里随机选取与阴影边界数量相等的边界来进行对比实验。第一组实验中共包含 3947 个阴影边界和 3947 个物体边界。而在第二组实验中,我们使用所有的物体边界和阴影边界(即 3947 个阴影边界和 5050 个物体边界)进行实验。由于在阴影检测算法当中,物体边界常常多于阴影边界,因此这样的选取是合理的。得到阴影和非阴影边界后,与图 4-12 的思路相同,我们利用具有 6 个像素大小的形态学算子沿着边界内外两侧进行二元膨胀运算,分别提取两个区域用于阴影特征评估。

3. 利用标签评估阴影特征

我们使用简单的阈值技术直接在区域标签上进行评估实验,主要基于如下两个原因来进行这组实验:首先,需要调查每个阴影特征本身的性能,利用简单的阈值技术进行评估时可以直接分析每个阴影特征在不借助分类器的情况下的性能;其次,目前也有部分算法直接采用阈值技术进行阴影检测。在本组实验中,我们利用三个指标定量评估每个特征的性能,即精确率(precision)P、召回率(recall)R 和 F-score,其表达式如下:

$$P = \frac{\text{TP}}{\text{TP} + \text{FN}} \tag{4-39}$$

$$R = \frac{\text{TP}}{\text{TP} + \text{FP}} \tag{4-40}$$

$$F\text{-score} = \frac{2PR}{P + R} \tag{4-41}$$

式中:TP 为被正确预测为阴影区域的像素个数;FN 为阴影区域被错误地检测为非阴影区域的像素个数;FP 为非阴影区域被错误地判断为阴影区域的像素个数。精确率、召回率和 F-score 越高,意味着阴影检测算法性能越好。对于无参数的阴影特征,如低亮度、平滑度、色度,可以通过直接比较区域中的"大小"关系来计算这些特征对应的 TP、FP 和 FN。而对于一些依赖于额外参数的阴影特征,如色度、颜色比率和纹理,我们通过暴力搜索技术优化这些参数,以确保每个特征能得到最佳的阴影检测效果。表 4-4 所示为不同阴影特征的精确率、召回率和 F-score 指标的比较。根据这个表中的数据,我们可以得到一些有趣的结论。

表 4-4　不同阴影特征的精确率、召回率和 F-score 指标的比较

特征	精确率 P	召回率 R	F-score	排名
低亮度	1.000	0.502	0.668	5
平滑度	0.792	0.625	0.700	3
偏态	0.965	0.507	0.665	7
熵	0.772	0.652	0.711	2
色度	0.985	0.504	0.667	6
高色相	0.877	0.547	0.674	4
颜色比率	0.85	0.676	0.753	1
纹理	0.764	0.540	0.633	8

（1）此实验中，所有的阴影特征的 *F*-score 均不高。这意味着单个阴影特征的鲁棒性较差。这些结果也间接地解释了为什么阴影检测算法在实际应用中稳定性不够，也解释了为什么现有的最新的阴影检测算法均需要同时利用多个阴影特征来进行阴影检测。

（2）所有阴影特征的准确率都较高，但其召回率则较差，即阴影区域被正确检测出来的概率较大。同样，非阴影区域被错误地判断为阴影区域的概率也较大。这也意味着在阴影检测算法中，很多非阴影会被错误地判断为阴影。这可能是由于几乎所有的阴影特征都是基于阴影区域所具有的某些特性如亮度低、纹理信息少、梯度变化不太明显等而提出的，忽略了有些非阴影区域也具有类似的属性。

（3）颜色比率特征是所有阴影特征中性能最好的。我们也发现，在实际应用中，颜色比率也是最常被研究人员用来进行阴影检测的特征（Huang et al. ，2011；Zhu et al. ，2010；Joshi et al. ，2008；Jung，2009）。Lalonde 等人（2010）利用不同尺寸、不同颜色空间下的颜色比率特征来实现阴影检测。这意味着一些研究人员已经意识到颜色比率特征是最有效的，它在阴影检测算法当中起着更重要的作用。

4. 基于分类器的阴影特征评估

该组实验旨在评估每个阴影特征在不同分类器下的性能。我们选取阴影检测算法中四种较为常用且效果较好的分类器：朴素贝叶斯（naive Bayes）、支持向量机（SVM）、自适应增强（adaptive boosting，AdaBoost）和逻辑回归（logistic regression，LR）。对于朴素贝叶斯分类器，我们为其内部的数字属性分配了一个评估器。此外，我们选用带有 RBF（radial basis function，径向基函数）内涵的 LIBSVM 作为 SVM 的分类器。而 AdaBoost 是一个迭代式算法，它在每轮训练中加入一个新的弱分类器，并将这些弱分类器集合起来，得到一个更强的分类器。在实验中，我们选择决策树作为我们的底层分类器，并设置迭代器的迭代次数为 10。逻辑回归是统计学习中的经典分类方法，其样条曲线是一条 sigmoid 曲线。我们利用 BFGS（Broyden-Fletcher-Goldfarb-Shanno，拟牛顿法中的一种）来更新每次迭代过程中需要应用到的实验参数。该实验的目的是更精确地预测每个阴影特征的效果，而不是预测不同分类器的效果，因此我们将总的数据集仅分成两类：66％的数据集用作训练集，余下的用作测试集。

表4-5所示为每个阴影特征在四种不同分类器下的精确率、召回率和 F-score,其中最好和次好的结果分别用红色和蓝色标记。通过比较表4-4和表4-5,我们可以发现大部分特征在有分类器和无分类器两种情况下性能相似,但是有两类阴影特征即低亮度和平滑度在有分类器的情况下性能更好。这可能是由于分类器使用阈值技术来进行参数判别而不是简单利用"大小"关系进行判定。

表 4-5　阴影特征在四种不同分类器下的精确率、召回率和 F-score

特征	NaiveBayes			SVM			AdaBoost			LR		
低亮度	P	R	F	P	R	F	P	R	F	P	R	F
	0.707	0.706	0.706	0.722	0.722	0.722	0.708	0.704	0.702	0.718	0.718	0.718
平滑度	P	R	F	P	R	F	P	R	F	P	R	F
	0.748	0.748	0.748	0.755	0.752	0.753	0.758	0.759	0.757	0.754	0.750	0.751
熵	P	R	F	P	R	F	P	R	F	P	R	F
	0.688	0.686	0.686	0.701	0.699	0.699	0.705	0.681	0.682	0.684	0.686	0.684
偏态	P	R	F	P	R	F	P	R	F	P	R	F
	0.552	0.570	0.542	0.551	0.569	0.541	0.554	0.550	0.551	0.551	0.575	0.494
色度	P	R	F	P	R	F	P	R	F	P	R	F
	0.615	0.615	0.614	0.593	0.593	0.592	0.622	0.614	0.610	0.593	0.592	0.591
高色相	P	R	F	P	R	F	P	R	F	P	R	F
	0.587	0.599	0.573	0.604	0.611	0.580	0.614	0.618	0.615	0.596	0.603	0.556
颜色比率	P	R	F	P	R	F	P	R	F	P	R	F
	0.597	0.605	0.595	**0.791**	**0.791**	**0.791**	0.775	0.775	0.775	0.739	0.740	0.747
纹理	P	R	F	P	R	F	P	R	F	P	R	F
	0.573	0.581	0.574	0.580	0.589	0.518	0.573	0.581	0.574	0.596	0.575	0.422

我们绘制了不同特征在同一分类器下的 ROC(receiver operating characterisitic,受试者工作特征)曲线,如图4-16所示。可以看出,除了使用朴素贝叶斯分类器的颜色比率特征,其他特征在不同的分类器情况下性能相似。图4-17所示为每个特征在不同分类器下的 ROC 曲线,可知,

同一分类器下不同特征的性能相差较大。对比图 4-16 和图 4-17 可知,相比于分类器的选择,特征的选择在阴影检测算法中起了更为重要的作用。图 4-16 也表明,在大多数情况下,颜色比率和平滑度特征的性能优于其他特征的性能。

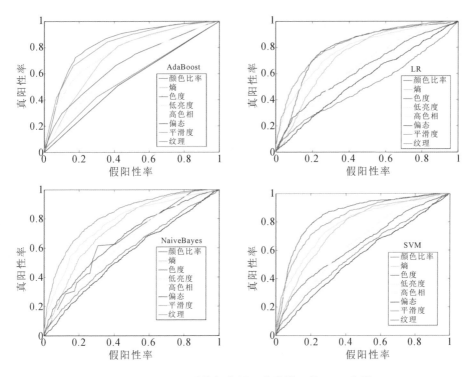

图 4-16 不同阴影特征在同一分类器下的 ROC 曲线

表 4-6 所示为不同阴影特征的组合在不同分类器下的精确率、召回率和 F-score。我们列出了以下几种类型组合的性能:2 种阴影特征的组合,3 种阴影特征的组合,4 种阴影特征的组合,8 种阴影特征的组合,7 种阴影特征的组合,6 种阴影特征的组合和 5 种阴影特征的组合。每个分类器在不同类型的特征组合下最好和次好的结果分别用红色和蓝色标记。相关的 ROC 曲线如图 4-18 所示。为了简化,图 4-18 仅绘制了 2 种阴影特征组合和 3 种阴影特征组合在 SVM 分类器和 AdaBoost 分类器下的 ROC 曲线。

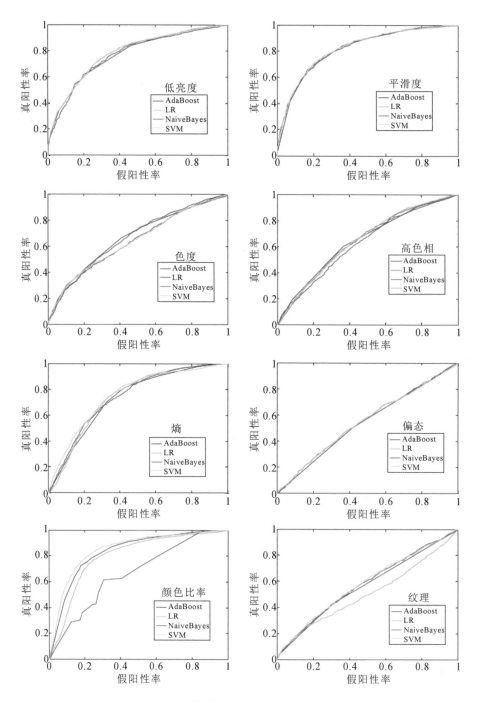

图 4-17　每个阴影特征在不同分类器下的 ROC 曲线

表 4-6　不同阴影特征的组合在四种分类器下的精确率、召回率和 *F*-score

特征组合	NaiveBayes			SVM			AdaBoost			LR		
	P	*R*	*F*	*P*	*R*	*F*	*P*	*R*	*F*	*P*	*R*	*F*
颜色比率＋平滑度	0.771	0.772	0.771	0.775	0.772	0.773	0.816	0.817	0.817	0.787	0.783	0.784
颜色比率＋熵	0.726	0.722	0.723	0.824	0.824	0.824	0.778	0.777	0.777	0.747	0.745	0.746
平滑度＋熵	0.755	0.751	0.752	0.774	0.770	0.771	0.767	0.767	0.767	0.776	0.771	0.772
偏态＋纹理	0.572	0.581	0.539	0.593	0.582	0.496	0.586	0.593	0.567	0.600	0.570	0.442
偏态＋纹理＋色相	0.639	0.642	0.639	0.622	0.627	0.602	0.634	0.635	0.634	0.623	0.627	0.602
偏态＋纹理＋低亮度	0.711	0.711	0.711	0.727	0.728	0.727	0.733	0.733	0.733	0.717	0.718	0.717
颜色比率＋平滑度＋低亮度	0.799	0.800	0.799	0.792	0.792	0.792	0.833	0.833	0.833	0.795	0.795	0.795
颜色比率＋平滑度＋熵	0.795	0.793	0.794	0.784	0.782	0.783	0.828	0.827	0.828	0.796	0.793	0.794
颜色比率＋平滑度＋低亮度＋熵	0.796	0.794	0.795	0.797	0.797	0.797	0.827	0.826	0.827	0.803	0.802	0.802
所有特征	0.800	0.798	0.799	0.811	0.811	0.811	0.840	0.840	0.840	0.819	0.817	0.817
去除纹理	0.812	0.803	0.804	0.810	0.809	0.809	0.839	0.839	0.839	0.807	0.806	0.806
去除偏态	0.816	0.808	0.809	0.813	0.813	0.813	0.842	0.842	0.842	0.815	0.814	0.814
去除色度	0.804	0.796	0.797	0.804	0.803	0.803	**0.843**	**0.842**	**0.842**	0.813	0.811	0.812
去除色相	0.804	0.794	0.796	0.809	0.809	0.809	0.836	0.837	0.836	0.814	0.813	0.813
去除纹理＋偏态	0.799	0.798	0.798	0.809	0.809	0.809	0.830	0.830	0.830	0.806	0.805	0.805
去除色度＋色相	0.801	0.799	0.800	0.803	0.803	0.803	0.837	0.836	0.836	0.803	0.803	0.803
去除偏态＋色度	0.794	0.792	0.793	0.802	0.802	0.802	0.836	0.835	0.835	0.813	0.811	0.812

特征组合	NaiveBayes			SVM			AdaBoost			LR		
	P	R	F	P	R	F	P	R	F	P	R	F
去除纹理 ＋色相	0.803	0.801	0.802	0.811	0.811	0.811	0.833	0.832	0.832	0.811	0.811	0.811
去除纹理 ＋偏态 ＋色度	0.803	0.801	0.802	0.811	0.811	0.811	0.833	0.832	0.832	0.806	0.805	0.806
去除纹理 ＋偏态 ＋色相	0.801	0.799	0.800	0.809	0.809	0.809	0.809	0.833	0.833	0.807	0.806	0.807
去除纹理 ＋色度 ＋色相	0.798	0.796	0.797	0.797	0.796	0.796	0.832	0.832	0.832	0.803	0.802	0.802
去除偏态 ＋色度 ＋色相	0.802	0.800	0.801	0.799	0.799	0.799	0.828	0.828	0.828	0.808	0.807	0.807

本实验旨在研究使用最佳的阴影特征组合和分类器能达到的阴影检测算法的效果。可以发现,利用不同阴影特征的组合确实能提高阴影检测算法的性能。但是这些性能的提升程度依赖于阴影特征的选择,并不是所有阴影特征的组合都能得到较好的效果。

通过对阴影特征的评估,我们获得了一些有趣并实用的结论:在八种被用于评估的阴影特征中,颜色比率性能最佳;相比于分类器的选择,阴影特征的选取具有更重要的作用;简单地利用颜色比率和熵两种阴影特征几乎可以得到最佳的阴影检测效果,而额外添加更多的阴影特征对算法性能的提升相当有限。

现有阴影特征的主要问题是这些阴影特征主要是从图像本身数据角度出发去分析,常依赖于一些经验性假设,阴影特征具有二义性或多义性,无法有效表征阴影的独有特性。如低亮度特征假设阴影区域的亮度比非阴影区域的亮度要低,可是一些非阴影暗区域也有此特征;阴影偏态特征假设阴影区域偏态值大于零,非阴影区域偏态值小于零,但是许多非阴影区域的偏态值也可能大于零。

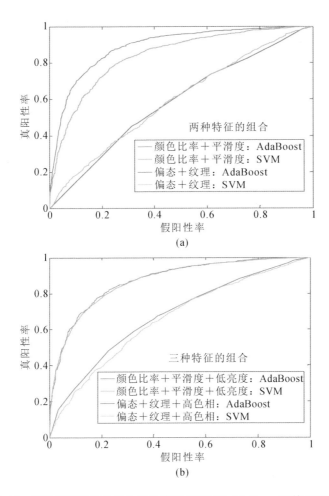

图 4-18　不同阴影特征的组合在分类器 SVM 和 AdaBoost 下的 ROC 曲线

本章参考文献

AKSOY Y，ALATAN A A. 2012. Utilization of false color images in shadow detection［C］Proceedings of the 12th International Conference on Computer Vision. Berlin：Springer-Verlag：472-481.

CHUNG K L，LIN Y R，HUANG Y H. 2009. Efficient shadow detection of color aerial images based on successive thresholding scheme［J］. IEEE Transactions on Geoscience and Remote Sensing，47(2)：671-682.

CUCCHIARA R,GRANA C,PICCARDI M,et al. 2003. Detecting moving objects,ghosts,and shadows in video streams[J]. IEEE transactions on pattern analysis and machine intelligence,25(10):1337-1342.

ENGELHARDT K,SEITZ P. 1993. Optimum color filters for CCD digital cameras[J]. Applied Optics,1993,32(16):3015-3023.

FINLAYSON G, FREDEMBACH C, DREW M S. 2007. Detecting illumination in images[C] // IEEE International Conference on Computer Vision. Rio de Janeiro:1-8.

FORSYTH D A,FLECK M M. 1996. Identifying nude pictures[C] // Proceedings Third IEEE Workshop on Applications of Computer Vision. Sarasota:103-108.

GUO R Q, DAI Q Y, HOIEM D. 2013. Paired regions for shadow detection and removal[J]. IEEE Transactions on Pattern Analysis and Machine Intelligence,35(12):2956-2967.

HANEISHI H,SHIOBARA T,MIYAKE Y. 1995. Color correction for colorimetric color reproduction in an electronic endoscope[J]. Optics Communications,114(1-2):57-63.

HUANG J B,CHEN C S. 2009. Moving cast shadow detection using physics-based features[C] // IEEE Conference on Computer Vision and Pattern Recognition. Florida:2310-2317.

HUANG X,HUA G,TUMBLIN J,et al. 2011. What characterizes a shadow boundary under the sun and sky[C] // Proceedings of the 2011 International Conference On Computer Vision. Washington D. C. : IEEE Computer Society:898-905.

JOSHI A J,PAPANIKOLOPOULOS N P. 2008. Learning to detect moving shadows in dynamic environments[J]. IEEE Transactions on Pattern Analysis and Machine Intelligence,30(11):2055-2063.

JUNG C R. 2009. Efficient background subtraction and shadow removal for monochromatic video sequences[J]. IEEE Transactions on Multimedia,11 (3):571-577.

LIU Z, HUANG K Q, TAN T N, et al. 2007. Cast shadow removal combining local and global features[C] // IEEE Conference on Computer Vision and Pattern Recognition. Minneapolis, MN: 1-8.

LALONDE J F, EFROS A A, NARASIMHAN S G. 2010. Detecting ground shadows in outdoor consumer photographs[C] // DANIILIDIS K, et al. Proceedings of the 11th European Conference on Computer Vision: Part Ⅱ. Berlin: Springer-Verlag: 322-335.

LIU J H, FANG T, LI D. 2011. Shadow detection in remotely sensed images based on self-adaptive feature selection[J]. IEEE Transactions on Geoscience and Remote Sensing, 49(12): 5092-5103.

MARTIN D R, FOWLKES C C, MALIK J. 2004. Learning to detect natural image boundaries using local brightness, color, and texture cues[J]. IEEE Transactions on Pattern Analysis and Machine Intelligence, 26(5): 530-549.

RUFENACHT D, FREDEMBACH C, SUSSTRUNK S. 2014. Automatic and accurate shadow detection using near-infrared information[J]. IEEE Transactions on Pattern Analysis and Machine Intelligence, 36(8): 1672-1678.

TSAI V J D. 2006. A comparative study on shadow compensation of color aerial images in invariant color models[J]. IEEE Transactions on Geoscience and Remote Sensing, 44(6): 1661-1671.

WYSZECKI G W, STILES W S. 1982. Color science: concepts and methods, quantitative data and formulae[M]. 2nd Edition. New York: Wiley and Sons.

ZHU J J, SAMUEL K G G, MASOOD S Z. 2010. Learning to recognize shadows in monochromatic natural images[C] // IEEE Conference on Computer Vision and Pattern Recognition. San Francisco: 223-230.

第 5 章
本征图像与光照分解

本征图像的概念由 Barrow 和 Tenenbaum 于 1978 年首次提出(Barrow et al. ,1978)。他们指出,任意一幅图像均可分解为与材料相关的分量(也称为反照率,albedo 或 reflectance)和与光照相关的分量两部分。其中与材料相关的分量称为本征图像或反照图,而与光照相关的分量称为照射图。鉴于阴影去除的难度较大,科研人员也经常寻求对阴影不敏感的特征,由这些特征编码生成的图像一般称为本征图像,比如一般认为阴影主要改变图像的亮度特征而较少改变其色度和色调特征,那么色度图像或色调图像就可以认为是一种本征图像。

目前国内外对彩色本征图像的研究主要集中在光照变化比较缓慢的情况,该类研究算法不适用于室外光照复杂多变的情况,如有阴影存在的情况。针对有阴影的情况,部分研究者寻求阴影和非阴影区域存在的不变量,并编码成"本征图像",该类"本征图像"严格意义上来讲应该称为灰度光照不变图像,他们只能得到一幅灰度光照不变的图像,而丢失了原图的彩色信息。针对此情况,笔者从物理成像机理出发,设计了一套简单有效的算法来获得一幅彩色光照不变的本征图像,在去除光照变化带来的影响的同时也保持原图的部分彩色信息。

在本章中,我们将介绍一种新颖、有效和快速的方法,用于实现单幅图像彩色光照不变和无阴影图像自动生成,而无须依赖特征提取或者阴影检测。该方法从光照成像的物理机制出发,以 4.3 节的阴影线性模型为研究基础,为图像的每个像素建立一个线性方程组,并对该线性方程组的解进行正交分解,得到一幅彩色光照不变的本征图像。相较于传统意义上的灰度光照不变图像,基于正交分解得到的彩色光照不变图像在去除光照变化不利影响的同时也保持了原图的部分彩色信息。在该彩色光照不变图像的基础上,我们进一步提出一个简单的颜色复原算法,以实现无阴影图像生成。相较于传统的算法,本章所提算法无须预先进行阴影检测,摒弃传统算法中求解一系列特征算子等烦琐操作,方便快捷。此外,该算法不需要进行人机交互,也不需要提供相同场景在不同光照下的多幅图像。

5.1　本征图像获取

5.1.1　基于线性模型的本征图像获取

在本节中,根据 4.3 节推导的阴影区域内外线性关系模型,我们给出利用一幅彩色图像产生一幅对阴影不敏感的灰度图像(本征图像)的算法。

此前,我们已经推导出了下式:

$$F_H = \kappa_H f_H + \mu_H \tag{5-1}$$

式中:f_H 表示某个通道中的阴影像素值;F_H 表示对应的非阴影背景像素值;κ_H、μ_H 为线性模型的参数。所以,我们有

$$F_H - \frac{\mu_H}{1-\kappa_H} = \kappa_H (f_H - \frac{\mu_H}{1-\kappa_H}) \tag{5-2}$$

对两边做对数运算,我们有

$$\log(F_H - \frac{\mu_H}{1-\kappa_H}) = \log(\kappa_H) + \log(f_H - \frac{\mu_H}{1-\kappa_H}) \tag{5-3}$$

具体可简写为

$$\begin{cases} \log(F_R - \dfrac{\mu_1}{1-\kappa_1}) = \log(\kappa_1) + \log(f_R - \dfrac{\mu_1}{1-\kappa_1}) \\[2mm] \log(F_G - \dfrac{\mu_2}{1-\kappa_2}) = \log(\kappa_2) + \log(f_G - \dfrac{\mu_2}{1-\kappa_2}) \\[2mm] \log(F_B - \dfrac{\mu_3}{1-\kappa_3}) = \log(\kappa_3) + \log(f_B - \dfrac{\mu_3}{1-\kappa_3}) \end{cases} \tag{5-4}$$

式中:下标 1、2、3 分别代表 R、G、B。

由公式(5-4),我们得出下式:

$$\log(F_R - \frac{\mu_1}{1-\kappa_1}) + \log(F_G - \frac{\mu_2}{1-\kappa_2}) - \beta\log(F_B - \frac{\mu_3}{1-\kappa_3})$$

$$= \log(f_R - \frac{\mu_1}{1-\kappa_1}) + \log(f_G - \frac{\mu_2}{1-\kappa_2}) - \beta\log(f_B - \frac{\mu_3}{1-\kappa_3}) \quad (5\text{-}5)$$

式中：$\beta = \frac{\log(\kappa_1)}{\log(\kappa_3)} + \frac{\log(\kappa_2)}{\log(\kappa_3)}$。令 $\Psi = \begin{bmatrix} 1 & 1 & -\beta \end{bmatrix}$，公式(5-5)可写为

$$\Psi(\begin{bmatrix} \log(F_R - \frac{\mu_1}{1-\kappa_1}) & \log(F_G - \frac{\mu_2}{1-\kappa_2}) & \log(F_B - \frac{\mu_3}{1-\kappa_3}) \end{bmatrix})$$

$$= \Psi(\begin{bmatrix} \log(f_R - \frac{\mu_1}{1-\kappa_1}) & \log(f_G - \frac{\mu_2}{1-\kappa_2}) & \log(f_B - \frac{\mu_3}{1-\kappa_3}) \end{bmatrix}) \quad (5\text{-}6)$$

公式(5-6)表明：如果我们在 F_R、F_G、F_B 和 f_R、f_G、f_B 中分别减去 $\frac{\mu_1}{1-\kappa_1}$、

$\frac{\mu_2}{1-\kappa_2}$、$\frac{\mu_3}{1-\kappa_3}$，再分别取对数，然后经过 Ψ 变换，则阴影区域的像素值和非阴影区域的像素值严格相等。显然，我们将获得一幅本征图像。如图 5-1 所示，第一列为原图像，第二列为按上式计算得到的本征图像结果，可以看到阴影已经消失或者大幅度减弱。由公式(4-26)可知，模型的参数为 κ_H，因为我们没有关于测试图像的任何信息，所以利用平均的日光和天空散射光的 SPD(天顶角为 $20° \sim 70°$)来近似计算线性参数。

图 5-1　原图像及其本征图像结果

5.1.2 基于三色衰减模型的本征图像获取

我们在这里提出一个简单的 **T** 算子来将彩色图像转换成无阴影灰度图像。图 5-2 所示为阴影和非阴影背景的示意图。

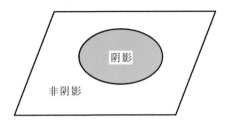

图 5-2 阴影和非阴影背景示意图

假设 $[F_{SR} \quad F_{SG} \quad F_{SB}]$ 表示阴影区域像素向量，$[F_{NSR} \quad F_{NSG} \quad F_{NSB}]$ 表示非阴影背景像素向量，则有下式成立：

$$(F_{NSR} - F_{SR}) + (F_{NSG} - F_{SG}) = (F_{NSB} - F_{SB}) \cdot \frac{(F_{NSR} - F_{SR}) + (F_{NSG} - F_{SG})}{(F_{NSB} - F_{SB})}$$

$$= (F_{NSB} - F_{SB}) \cdot (\frac{\Delta R}{\Delta B} + \frac{\Delta G}{\Delta B}) \tag{5-7}$$

所以

$$F_{NSR} + F_{NSG} - (\frac{\Delta R}{\Delta B} + \frac{\Delta G}{\Delta B}) \cdot F_{NSB} = F_{SR} + F_{SG} - (\frac{\Delta R}{\Delta B} + \frac{\Delta G}{\Delta B}) \cdot F_{SB} \tag{5-8}$$

定义 **T** 算子为 $\boldsymbol{T} = [1 \quad 1 \quad -(\frac{\Delta R}{\Delta B} + \frac{\Delta G}{\Delta B})]$，那么公式(5-8)可写为

$$\boldsymbol{T}(F_{NSR}, F_{NSG}, F_{NSB}) = \boldsymbol{T}(F_{SR}, F_{SG}, F_{SB}) \tag{5-9}$$

经过 **T** 算子变换后，阴影像素值和非阴影像素值相等。显然，我们找到了一个获取阴影不敏感图像的方法。

图 5-3 所示为两例结果，其中第一列为原图像，第二列为经 **T** 算子变换所得的阴影不敏感图像。$\frac{\Delta R}{\Delta B} + \frac{\Delta G}{\Delta B}$ 是在阴影检测的基础上，取阴影外围 10 个像素距离内的区域作为非阴影背景计算得出的。从结果可以看出，经过 **T** 算子变换后，阴影完全消失，表明了我们提出的阴影不敏感算子的有效性。

图 5-3　利用 *T* 算子变换获取阴影不敏感图像

5.1.3　基于光照正交分解的本征图像获取

在 5.1.1 节中,我们已经给出了基于线性模型的本征图像获取方法,但是因为丢失了原图的色彩信息,基于线性阴影模型得到的灰度光照不变图像在应用上有一定的限制。在实际应用中,我们更希望得到一幅既消除了光照影响又能保持颜色信息的图像。因此,在本小节,我们仍以线性阴影模型为研究基础,为图像的每个像素建立一个线性方程组,并对该线性方程组的解进行正交分解,通过正交分解得到一幅彩色光照不变的本征图像。

有文献(Tian et al.,2011)指出,虽然日光和天空散射光的 SPD 有较大差别,但是其 SPD 值的和 CMF 值的乘积之间存在线性关系,且阴影区域和非阴影区域之间存在一定的线性关系,即

$$\log(F_H + 14) = \frac{\log(K_H)}{2.4} + \log(f_H + 14) \tag{5-10}$$

式中:F_H 为非阴影区域的像素值;f_H 为同一区域阴影内的像素值;K_H 为不依赖于波长的参数,与物体本身的反射比无关,只由光照条件决定,且

$$K_H = \operatorname*{argmin} \sum_{\lambda=400}^{700} \left| E_{\text{day}}(\lambda) \cdot Q_H(\lambda) - K_H \cdot E_{\text{sky}}(\lambda) \cdot Q_H(\lambda) \right| \tag{5-11}$$

1. 光照正交分解

根据阴影与非阴影区域存在的线性关系即式(5-10),我们可以推导出如下公式:

$$\begin{cases} \log(F_R + 14) + \log(F_G + 14) - \beta_1 \log(F_B + 14) = \log(f_R + 14) + \log(f_G + 14) - \beta_1 \log(f_B + 14) = I_1 \\ \log(F_R + 14) - \beta_2 \log(F_G + 14) + \log(F_B + 14) = \log(f_R + 14) - \beta_2 \log(f_G + 14) + \log(f_B + 14) = I_2 \\ -\beta_3 \log(F_R + 14) + \log(F_G + 14) + \log(F_B + 14) = -\beta_3 \log(f_R + 14) + \log(f_G + 14) + \log(f_B + 14) = I_3 \end{cases}$$

$$\tag{5-12}$$

式中

$$\beta_1 = \frac{\log(K_R) + \log(K_G)}{\log(K_B)}, \beta_2 = \frac{\log(K_R) + \log(K_B)}{\log(K_G)}, \beta_3 = \frac{\log(K_G) + \log(K_B)}{\log(K_R)}$$

公式(5-12)定义了三个阴影不变量 I_1、I_2、I_3,即对于图像中的任一像素,定义其 RGB 向量值为 $\boldsymbol{v}_H = \begin{bmatrix} v_R & v_G & v_B \end{bmatrix}^T$,不管该像素位于阴影区域还是非阴影区域,若以 I_1 为例,则 $\log(v_R + 14) + \log(v_G + 14) - \beta_1 \log(v_B + 14)$ 的值不变。对图像 RGB 像素 $\boldsymbol{v}_H$,定义 $\boldsymbol{u}_H = \log(\boldsymbol{v}_H + 14)$ 为该像素的 log-RGB 向量值,则公式(5-12)可以简化成如下线性方程组:

$$\begin{cases} u_R + u_G - \beta_1 u_B = I_1 \\ u_R - \beta_2 u_G + u_B = I_2 \\ -\beta_3 u_R + u_G + u_B = I_3 \end{cases} \tag{5-13}$$

该线性方程组可进一步写为矩阵形式:

$$\boldsymbol{Au} = \boldsymbol{I} \tag{5-14}$$

式中:$\boldsymbol{A} = \begin{bmatrix} 1 & 1 & -\beta_1 \\ 1 & -\beta_2 & 1 \\ -\beta_3 & 1 & 1 \end{bmatrix}$;$\boldsymbol{u} = \begin{bmatrix} u_R & u_G & u_B \end{bmatrix}^T$;$\boldsymbol{I} = \begin{bmatrix} I_1 & I_2 & I_3 \end{bmatrix}^T$。矩阵 $\boldsymbol{A}$

只受参数 β_1、β_2、β_3 影响,与图像本身没有关系。根据 β_1、β_2 和 β_3 的定义,它们之

间满足如下关系：

$$2 + \beta_1 + \beta_2 + \beta_3 - \beta_1\beta_2\beta_3 = 0 \qquad (5\text{-}15)$$

因此我们有 $\det(\boldsymbol{A}) = 0$，$\mathrm{rank}(\boldsymbol{A}) = 2$。根据线性代数理论，方程(5-14)有无数解，其解空间由自由解空间和任一特解构成，且自由解空间的自由度为1，即

$$\boldsymbol{u} = \boldsymbol{u}_s + \alpha \boldsymbol{u}_0 \qquad (5\text{-}16)$$

式中：$\boldsymbol{u}_0$ 为归一化的自由解，满足 $\boldsymbol{A}\boldsymbol{u}_0 = \boldsymbol{0}$，$\|\boldsymbol{u}_0\| = 1$，$\alpha \in \mathbf{R}$；$\boldsymbol{u}_s$ 为方程任一特解。方程(5-14)的一个自由解可表示为

$$\begin{aligned}\boldsymbol{u}_0' &= [\,\beta_1\beta_2 - 1 \quad 1 + \beta_1 \quad 1 + \beta_2\,] \\ &= \log(K_R K_G K_B) \cdot [\,\log(K_R) \quad \log(K_G) \quad \log(K_B)\,]\end{aligned} \qquad (5\text{-}17)$$

相应地，归一化的自由解可由下式获得：

$$\boldsymbol{u}_0 = \frac{1}{\|\boldsymbol{u}_0'\|}\boldsymbol{u}_0' \qquad (5\text{-}18)$$

从公式(5-17)和公式(5-18)可以发现，自由解由光照环境参数 β_1、β_2、β_3 唯一确定，与图像本身没有任何关系，且自由解的方向由光照变化比率，即某一反射表面在日光下的 RGB 值与其在天空散射光下的 RGB 值的比决定。

给定方程(5-14)的任一特解 $\boldsymbol{u}_s$ 和一个归一化的自由解 $\boldsymbol{u}_0$，根据方程(5-16)和线性代数理论里的知识，我们定义 $\boldsymbol{u}_p$：

$$\begin{cases} \boldsymbol{u}_p = \boldsymbol{u}_s + \alpha_p \boldsymbol{u}_0 \\ \alpha_p = -\langle \boldsymbol{u}_s, \boldsymbol{u}_0 \rangle \end{cases} \qquad (5\text{-}19)$$

式中：$\langle \cdot, \cdot \rangle$ 代表向量内积；$\boldsymbol{u}_p$ 是方程(5-14)的特解。可以进一步证明，$\boldsymbol{u}_p$（满足 $\boldsymbol{u}_p \perp \boldsymbol{u}_0$）具有唯一性，它是方程(5-14)的唯一特解(证明过程见定理5.1)。

对于像素的 log-RGB 向量值 $\boldsymbol{u}$，不管该像素位于阴影区域还是非阴影区域，它都是方程(5-14)的一个解。现对该图像像素 log-RGB 向量值 $\boldsymbol{u}$ 定义如下分解过程：

$$\boldsymbol{u} = \boldsymbol{u}_p + \alpha \boldsymbol{u}_0 \qquad (5\text{-}20)$$

式中：$\alpha = \langle \boldsymbol{u}, \boldsymbol{u}_0 \rangle$；$\boldsymbol{u}_p$ 是方程(5-14)的唯一特解，满足 $\boldsymbol{u}_p = \boldsymbol{u} - \alpha \boldsymbol{u}_0$。因为 $\boldsymbol{u}_p \perp \boldsymbol{u}_0$，我们把该分解称为单像素正交分解。从上述推导可以知道，自由解 $\boldsymbol{u}_0$ 能表征光照比率，与光照的环境参数 β_1、β_2、β_3 相关；而特解 $\boldsymbol{u}_p$ 垂直于自由解 $\boldsymbol{u}_0$，具有光照不变性质。这意味着，对于任一给定像素，不管该像素受何种光照照射，我

们对该像素的像素值做正交分解,都可以得到一个垂直于自由解并且不受光照影响的唯一特解 $\boldsymbol{u}_\mathrm{p}$,如图 5-4 所示。

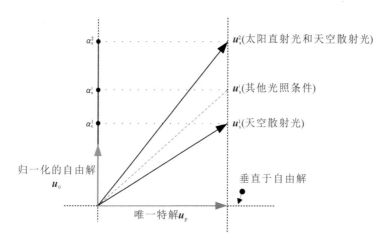

图 5-4　正交分解示例

定理 5.1　设 $\boldsymbol{A}$ 为一个 3×3 的矩阵,满足 $\mathrm{rank}(\boldsymbol{A}) = 2$,另设 $\boldsymbol{b}$ 是一个非零的三维向量,则线性方程组

$$\boldsymbol{Au} = \boldsymbol{b} \tag{5-21}$$

存在一个唯一特解 $\boldsymbol{u}_\mathrm{p}$,且 $\boldsymbol{u}_\mathrm{p}$ 与该线性方程组的自由解垂直。

证明:

(1)存在性证明。

由 $\mathrm{rank}(\boldsymbol{A}) = 2$ 和 $\boldsymbol{b} \neq \boldsymbol{0}$ 可知,线性方程组(5-21)的自由解空间的自由度为 1。设 $\boldsymbol{u}_\mathrm{s}$ 是该线性方程组的一个特解,$\boldsymbol{u}_0$ 是该线性方程组的一个归一化的自由解,也即 $\boldsymbol{Au}_\mathrm{s} = \boldsymbol{b}$,$\boldsymbol{Au}_0 = \boldsymbol{0}$ 并且 $\| \boldsymbol{u}_0 \| = 1$。现按照如下公式可求解方程组(5-21)的另一个解:

$$\boldsymbol{u}_\mathrm{p} = \boldsymbol{u}_\mathrm{s} - \langle \boldsymbol{u}_\mathrm{s}, \boldsymbol{u}_0 \rangle \boldsymbol{u}_0 \tag{5-22}$$

在公式(5-22)两端同时乘以 $\boldsymbol{u}_0$(内积运算):

$$\langle \boldsymbol{u}_\mathrm{p}, \boldsymbol{u}_0 \rangle = \langle \boldsymbol{u}_\mathrm{s}, \boldsymbol{u}_0 \rangle - \langle \boldsymbol{u}_\mathrm{s}, \boldsymbol{u}_0 \rangle \langle \boldsymbol{u}_0, \boldsymbol{u}_0 \rangle = \langle \boldsymbol{u}_\mathrm{s}, \boldsymbol{u}_0 \rangle - \langle \boldsymbol{u}_\mathrm{s}, \boldsymbol{u}_0 \rangle = 0$$

则有 $\boldsymbol{u}_\mathrm{p} \perp \boldsymbol{u}_0$。由于线性方程组(5-21)的自由解空间的自由度为 1,可知 $\boldsymbol{u}_\mathrm{p}$ 与线性方程组(5-21)的任意非零的自由解都垂直。

(2)唯一性证明。

由 $\mathrm{rank}(\boldsymbol{A}) = 2$ 和 $\boldsymbol{b} \neq \boldsymbol{0}$ 可知,线性方程组(5-21)的解可以分解为任一特解

和自由解空间(自由度为 1),即

$$u = u_p + \alpha u_0 \qquad (5\text{-}23)$$

式中:$\alpha \in \mathbf{R}$。设线性方程组(5-21)存在另一个特解 u'_p,其满足 $u'_p \perp u_0$ 和 $u'_p \neq u_p$,则根据公式(5-23)可知

$$u'_p = u_p + \alpha' u_0 \qquad (5\text{-}24)$$

在公式(5-24)两端同时乘以 u_0(内积运算),则有

$$\langle u'_p, u_0 \rangle = \langle u_p, u_0 \rangle + \alpha' \langle u_0, u_0 \rangle$$

由于 $u_p \perp u_0$,$u'_p \perp u_0$,且 $\| u_0 \| = 1$,可得 $0 = 0 + \alpha'$,也即 $\alpha' = 0$。

公式(5-24)和 $\alpha' = 0$ 证明,线性方程组(5-21)与自由解空间垂直的特解是唯一存在的。

2. β_1、β_2、β_3 参数分析及光照不变图像

上述方法的正交分解效果取决于参数 β_1、β_2、β_3 的变化情况。由公式(5-17)和公式(5-18)可知,参数 β_1、β_2、β_3 与物体表面的反照率无关,只受光照条件(室外光源的 SPD)的影响,也即取决于天顶角(时间)和空气的气溶胶指数(天气状态)。而阴影大多产生在晴朗天气条件下,天气晴朗时,空气的气溶胶指数比较固定,故 β_1、β_2、β_3 主要取决于天顶角。我们可以利用光谱仪来测量不同天顶角或者不同天气条件下光源的 SPD,也可以通过光学软件如 Modtran、Smarts2 来模拟计算。表 5-1 所示为 β_1、β_2、β_3 在不同天顶角下的值。表 5-1 表明,SPD 在天顶角为 20°~80°时都比较稳定。实际应用中,天顶角(拍摄时间)是已知的,这些参数也随之确定。SPD 的稳定变化也表明,在大部分场景下(除了部分在暮光或者黎明时),即使拍摄时间未知,我们也可以用 SPD 的平均值来近似。此外,我们也可以采用类似于熵最小化方法来自动确定 β_1、β_2、β_3 参数。

表 5-1　不同天顶角下的 β_1、β_2、β_3 参数值

参数	20°	30°	40°	50°	60°	70°	80°	均值
β_1	2.353	2.321	2.299	2.371	2.648	2.520	2.473	2.557
β_2	1.963	1.963	1.977	1.982	1.925	1.996	1.985	1.889
β_3	1.745	1.767	1.770	1.716	1.604	1.617	1.652	1.682

由上可知,我们提出的正交分解算法在大部分情况下是适用的。图 5-5 所示为一个正交分解示例:给定一幅光照不均匀的图像(见图 5-5(a)),对其按照式(5-20)进行正交分解,我们可以得到一幅消除光照影响的彩色图像,即彩色

光照不变图像(见图 5-5(b)),而相应的变化信息则记录在光照变化图像 α(见图 5-5(c))中。

(a)   (b)   (c)

图 5-5　正交分解示例

3. 颜色复原和无阴影图像

上述由正交分解模型得到的彩色光照不变图像虽然保持了部分彩色信息,但它们不是纯正意义上的无阴影彩色图像,不利于后续算法的处理与应用。在这里,我们将在该彩色光照不变图像的基础上,提出一种简单的颜色复原算法,实现单幅图像的无阴影图像自动生成。

对表 5-1、方程(5-14)和公式(5-17)进行分析,可以发现,方程(5-14)的自由解在不同天顶角(20°~80°)下均接近于向量$[1 \quad 1 \quad 1]^{\mathrm{T}}$。而由正交分解公式(5-20)可知,如果某一向量 $\boldsymbol{u}$ 满足 $\boldsymbol{u} \approx \alpha \boldsymbol{u}_0$,则对其进行正交分解后得到的光照不变量 $\boldsymbol{u}_{\mathrm{p}}$ 几乎为零。这意味着,一个 RGB 向量越接近 log-RGB 空间中的中性面,对其进行正交分解后损失的颜色信息越多。为了恢复这些损失掉的颜色信息,我们提出一个颜色复原算法,主要校正位于 RGB 颜色空间上中性面的向量所丢失的颜色信息。

给定一个 RGB 图像 $\boldsymbol{v}(x,y) = [v_{\mathrm{R}}(x,y) \quad v_{\mathrm{G}}(x,y) \quad v_{\mathrm{B}}(x,y)]^{\mathrm{T}}$。其中:$x=1,2,\cdots,M$;$y=1,2,\cdots,N$;$N$ 和 M 分别代表图像宽度和高度。我们定义

$$\boldsymbol{u}(x,y) = [\log(v_{\mathrm{R}}(x,y)+14) \quad \log(v_{\mathrm{G}}(x,y)+14) \quad \log(v_{\mathrm{B}}(x,y)+14)]^{\mathrm{T}}$$

$$(5\text{-}25)$$

对 $\boldsymbol{u}(x,y)$ 按照公式(5-20)进行正交分解,有

$$u(x,y) = u_\mathrm{p}(x,y) + \alpha(x,y)u_0 \tag{5-26}$$

式中:$u_\mathrm{p}(x,y)$ 是像素 (x,y) 的光照不变量;$\alpha(x,y) \in \mathbf{R}$。对于 log-RGB 图像 u,我们定义像素集 S:

$$S = \left\{ (x,y) \mid \left\| \frac{u(x,y)}{\|u(x,y)\|} - u_0 \right\| \leqslant \varepsilon \right\} \tag{5-27}$$

式中:像素集 S 表示图像 u 中所有接近于中性面的像素集合;参数 ε 根据经验设置为 0.15;$x=1,2,\cdots,M$;$y=1,2,\cdots,N$。随后计算参数向量:

$$T = \frac{1}{G} \sum_{(x,y) \in S} \left[u_0 - \frac{u(x,y)}{\|u(x,y)\|} \right] \tag{5-28}$$

式中:G 是像素集 S 中总的像素个数;参数向量 T 表征像素集 S 中的向量 u 与自由解向量 u_0 之间的平均偏差。根据此偏差,相应的光照不变量 u_p 所需的颜色校正向量为

$$u_\mathrm{c}(x,y) = \|u_\mathrm{p}(x,y)\| \cdot \left(\frac{u_\mathrm{p}(x,y)}{\|u_\mathrm{p}(x,y)\|} + \frac{1}{K \left\| \frac{u(x,y)}{\|u(x,y)\|} - u_0 \right\|^3 + 1} T \right)$$

$$\tag{5-29}$$

如果 $u(x,y) = \alpha(x,y)u_0$,则其所需的颜色校正向量为 $u_\mathrm{c}(x,y) = u_\mathrm{p}(x,y) + T$。该颜色校正向量主要用来校正位于像素集 S 中的像素。函数 $\dfrac{1}{K \left\| \dfrac{u(x,y)}{\|u(x,y)\|} - u_0 \right\|^3 + 1}$ 用于减少该校正向量对像素集 S 外其他像素的影响,其中参数 K 的值按照经验设置为 0.02。

完成上述校正后,我们分别将 log 空间的图像 u_c 和 u_p 经过指数变化转换到原始的 RGB 颜色空间,得到的图像为 $u_\mathrm{c}^\mathrm{RGB}$ 和 $u_\mathrm{p}^\mathrm{RGB}$。经过校正得到的图像 $u_\mathrm{p}^\mathrm{RGB}$ 与原始阴影图像有相似的颜色信息,而图像 $u_\mathrm{c}^\mathrm{RGB}$ 与原始阴影图像有相似的亮度。我们在不同场合和不同光照下进行了大量实验,实验结果验证了此论点的正确性。

最后的无阴影图像可以由 $u_\mathrm{c}^\mathrm{RGB}$ 中的亮度分量和 $u_\mathrm{p}^\mathrm{RGB}$ 中的颜色分量组合而成。我们在 Lab(L 表示亮度,a 和 b 表示颜色对立维度)颜色空间完成此合成。分别将图像 $u_\mathrm{c}^\mathrm{RGB}$ 和 $u_\mathrm{p}^\mathrm{RGB}$ 从 RGB 颜色空间转换到 Lab 颜色空间,得到图像 $u_\mathrm{c}^\mathrm{Lab}$ 和 $u_\mathrm{p}^\mathrm{Lab}$:

$$\begin{cases} \boldsymbol{u}_{\mathrm{c}}^{\mathrm{Lab}}(x,y) = \begin{bmatrix} L_{\mathrm{c}}(x,y) & a_{\mathrm{c}}(x,y) & b_{\mathrm{c}}(x,y) \end{bmatrix}^{\mathrm{T}} \\ \boldsymbol{u}_{\mathrm{p}}^{\mathrm{Lab}}(x,y) = \begin{bmatrix} L_{\mathrm{p}}(x,y) & a_{\mathrm{p}}(x,y) & b_{\mathrm{p}}(x,y) \end{bmatrix}^{\mathrm{T}} \end{cases} \tag{5-30}$$

则相应地,在 Lab 空间中的无阴影图像 $\boldsymbol{u}_{\mathrm{f}}^{\mathrm{Lab}}$ 可由下式得到:

$$\boldsymbol{u}_{\mathrm{f}}^{\mathrm{Lab}}(x,y) = \begin{bmatrix} L_{\mathrm{c}}(x,y) & a_{\mathrm{p}}(x,y) & b_{\mathrm{p}}(x,y) \end{bmatrix}^{\mathrm{T}} \tag{5-31}$$

该基于正交分解的复原算法 5-1 的整体流程如图 5-6 所示。

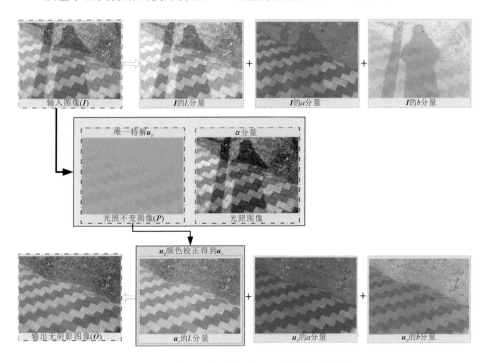

图 5-6　基于正交分解的无阴影图像生成流程

注:图中第一行代表颜色空间转换,即将原始 RGB 颜色空间的图像转换到 Lab 颜色空间;转换后的三个分量只是用作参考标准进行展示,给我们的算法得到的无阴影图像作为对比参考,在实际算法中并没有用到。

算法 5-1　基于正交分解的无阴影图像生成算法。

输入:原始图像 $\boldsymbol{I}$,参数 K_{II}。

输出:无阴影图像 $\boldsymbol{O}$。

符号标记:

$\boldsymbol{u},\boldsymbol{u}_{\mathrm{c}},\boldsymbol{u}_{\mathrm{p}}$:log-RGB 颜色空间中的图像。

$\boldsymbol{u}_{\mathrm{p}}^{\mathrm{RGB}},\boldsymbol{u}_{\mathrm{c}}^{\mathrm{RGB}}$:RGB 颜色空间中的图像。

$\boldsymbol{u}_{\mathrm{p}}^{\mathrm{Lab}},\boldsymbol{u}_{\mathrm{c}}^{\mathrm{Lab}},\boldsymbol{u}_{\mathrm{f}}^{\mathrm{Lab}}$:Lab 颜色空间中的图像。

算法:

1. 对 I 进行 log 变换,得到其 log-RGB 颜色空间中的图像 u;

2. 根据公式(5-20)对图像 u 进行正交变换,得到光照不变图像 u_p,其中 $u_p = u - \langle u, u_0 \rangle u_0$;

3. 根据公式(5-27)和公式(5-28)计算参数向量 T,这个参数向量是用来校正原图中位于中性面的颜色信息的;

4. 根据公式(5-29)对 u_p 进行颜色校正,得到 u_c;

5. 通过指数变换将 u_p 和 u_c 转换回 RGB 颜色空间,分别得到 u_p^{RGB} 和 u_c^{RGB},u_p^{RGB} 和原图有相似的色彩分量,而 u_c^{RGB} 和原图有相似的光照分量;

6. 将 u_p^{RGB} 和 u_c^{RGB} 从 RGB 颜色空间转换到 Lab 颜色空间,得到 u_p^{Lab} 和 u_c^{Lab};

7. 根据公式(5-30)和公式(5-31)将 u_c^{Lab} 的光照分量和 u_p^{Lab} 的色彩分量组合,得到在 Lab 颜色空间的无阴影图像 u_f^{Lab};

8. 将 u_f^{Lab} 转换到 RGB 颜色空间,得到最终的无阴影图像 O。

更多的实验结果可以参考本小节的实验部分。从实验结果可知,该方法得到的无阴影图像在去除光照影响的同时,也较好地保留了图像的色彩和纹理信息。值得注意的是,不像现有的阴影去除算法,先完成阴影检测,后恢复阴影部分的光照,我们的算法对全图进行操作,即原图上不管是强光照下的像素还是弱光照下的像素,都被该正交分解算法投射到同一光照水平,因此该算法得到的无阴影图像和原图像相比有些灰暗。

4. 实验结果分析

为了验证单像素正交分解模型的有效性,我们针对室外图像与现有的主流算法分别就彩色光照不变图像和无阴影图像进行了对比实验。这些室外图像包含不同光照条件下生成的不同形状的阴影图像(软影、投影或者自影等)。我们首先选取了两个全自动的阴影去除算法(一个基于统计学基础(Guo et al.,2013),一个基于物理机理(Yang et al.,2012))和一个需要人机交互(Arbel et al.,2011)的阴影去除算法来对比,以验证我们的算法在阴影去除上的有效性。随后,将我们的算法得到的光照不变图像和北京理工大学沈建冰等人的算法(Shen et al.,2011)得到的本征图像进行对比,进一步验证了我们所提的正交分解模型既能得到无阴影图像,也能得到具有一致反照率的彩色光照不变图像。

如图 5-7 所示,我们的算法得到无阴影图像要优于 Guo 等人的算法和

Yang 等人的算法的结果。而 Guo 等人的算法因为误检测(见图 5-7(b)(d)(e))或不恰当的光照恢复算法(见图 5-7(a)(c)),得到的无阴影图像不太理想。图 5-7(e)中纹理复杂,阴影分布也毫无规则,Guo 等人的算法将非阴影部分错误判断为阴影,其阴影去除效果较差。而当图像阴影亮度较低或者当阴影遍布于整个场景中(见图 5-7(a)~(e))的时候,Yang 等人的算法得到的无阴影图像比较模糊。如图 5-7(e)所示,Yang 等人的算法得到的结果中水的纹理变得模糊,一些细小的物体,如树叶等也会因为双边滤波而变得模糊。

输入图像　　　　Guo等人的算法结果　Yang等人的算法结果　　我们的算法结果

图 5-7　我们的算法与 Guo 等人的算法和 Yang 等人的算法的结果比较

表 5-2 所示为各个阴影去除算法对图 5-7 的运行时间。所有实验均基于 Intel(R)Core(TM)i3-2120 的计算机,其主频为 3.3 GHz,内存容量为 2 GB。

Guo 等人的算法和 Yang 等人的算法分别用 Matlab 和 C++实现,为公平起见,我们分别用 Matlab 和 C++来实现我们的算法。表 5-2 表明,因为不需要复杂的统计学习和滤波等算子,我们的算法的运行时间明显小于 Guo 等人的算法和 Yang 等人的算法的运行时间。

表 5-2　三个不同的阴影去除算法的运行时间　　　　　　　　(单位:s)

图像(分辨率)	a (287×163)	b (682×453)	c (496×334)	d (498×332)	e (500×475)
Guo 等人的算法(Matlab)	36.36	138.63	158.2786	286.5894	6.48e+003
我们的算法(Matlab)	0.13	0.78	0.384	0.386	0.546
Yang 等人的算法(C++)	0.171	0.94	0.602	0.614	0.75
我们的算法(C++)	0.041	0.187	0.119	0.092	0.157

除了上述与全自动阴影去除算法的比较,我们进一步将我们的算法与一个需要人机交互的阴影去除算法(Arbel et al.,2011)进行了比较。该算法需要用户手工标记阴影和非阴影区域所在位置(见图 5-8(b))。该算法不需要用户绘制全部的阴影区域,只需用户采样部分阴影和非阴影点,随后采用 SVM 算法和区域增长方法求得阴影区域。图 5-8 给出了我们的算法与 Arbel 等人的算法的阴影去除结果的比较。从图 5-8(d)(e)可以看出,借助人机交互,Arbel 等人的算法能准确检测出阴影区域的位置,但是其阴影去除结果仍然不理想,而我们的算法在去除阴影的同时也较好保持了边缘信息。

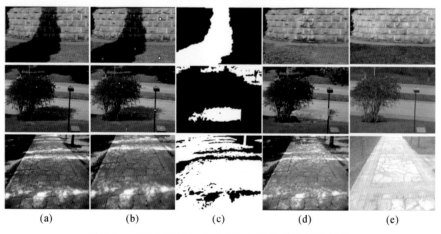

(a)　　　　(b)　　　　(c)　　　　(d)　　　　(e)

图 5-8　我们的算法与 Arbel 等人的算法结果的比较

(a)原图;(b)Arbel 等人的算法所需用户标记示例,其中红圈和白圈分别代表阴影和非阴影区域;(c)Arbel 等人的算法的阴影检测结果;(d)Arbel 等人的算法的阴影去除结果;(e)我们的算法的阴影去除结果

图 5-9 和图 5-10 给出了我们的算法在更多室外图像上的结果。对于每幅原始的室外阴影图像,图 5-9 和图 5-10 展示了相应的彩色光照不变图像、彩色光照变化图像(即 α 图像)和最终的无阴影图像。

上述用来做对比的 Guo 等人的算法、Yang 等人的算法和 Arbel 等人的算法都是专门为阴影去除设计的,它们只能恢复局部阴影区域的光照,而不能得到具有一致反照率的光照不变图像。接下来,我们将进一步证明,我们的彩色光照不变图像具有反照率一致性。

如图 5-11 所示,这些测试的图像是在四种不同光照条件下拍摄得到的,光照条件分别为日光(见图 5-11(a))、部分太阳直射光(见图 5-11(b))、部分天空散射光(见图 5-11(c))、天空散射光(见图 5-11(d))。我们选取图 5-11(a)所示的图像作为参考图像,比较不同方法得到的本征图像和无阴影图像的结果差异。如果一个方法具有"本征性质",那么其对上述四种光照图像进行处理后得到的结果应该大致相同,或者其得到的四幅图像之间的差异至少比原始图像序列之间的差异更少。在此次实验中,我们分别计算了基于正交分解模型得到的彩色光照不变图像的差异和经过颜色复原后得到的无阴影图像的差异,作为比较,我们也给出了 Shen 等人(2011)的算法得到的本征图像的结果。我们选取均方根误差(RMSE)和相对误差(RMSE/被测量图像颜色范围)作为测量指标。如图 5-11 第三行所示,基于正交分解模型得到的四幅彩色光照不变图像基本上是一致的。这进一步证明,无论光照条件如何,利用我们所提的正交分解模型均能得到具有一致反照率的图像。

表 5-3 列出了不同图像间存在的误差。以日光和全天空散射光条件下拍摄的图像为例,我们得到的彩色光照不变图像将原始图像之间存在的均方根误差从 101.85 降低到 4.67,而相对误差也从 39.94% 降至 5.70% 。即使在对光照不变图像进行颜色复原操作之后,我们的无阴影图像之间的均方根误差(24.88)也仍然远远小于原始图像之间的误差。而 Shen 等人的算法获得的本征图像之间的差异仍然较大,为 86.36。这些定性和定量的实验结果均表明,我们的彩色光照不变图像比 Shen 等人得到的图像具有更好的本征性质。相应地,基于我们的彩色光照不变图像进行颜色复原后得到的无阴影图像也在一定程度上保持了这种本征性质。

输入图像　　　　彩色光照不变图像　　　　α图像　　　　无阴影图像

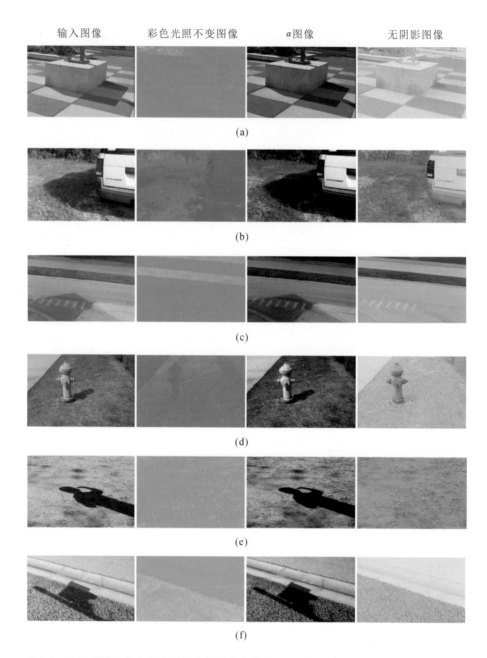

(a)

(b)

(c)

(d)

(e)

(f)

图 5-9　我们的算法在含有投影的室外图像上的结果(示例图片中包含软阴影和硬阴影)

(a)地面投射阴影为主体的图像;(b)草地投射阴影为主体的图像;(c)柔和的地面投射阴影为主体的图像;

(d)柔和的草地投射阴影为主体的图像;(e)(f)黑色阴影图像

输入图像　　　　彩色光照不变图像　　　　α图像　　　　无阴影图像

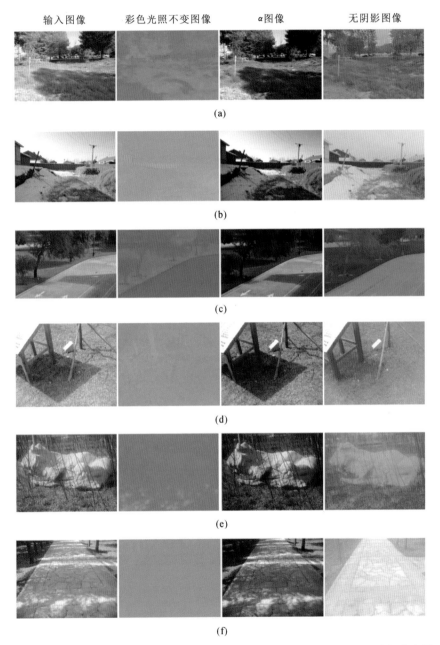

(a)

(b)

(c)

(d)

(e)

(f)

图 5-10　我们的算法在更多室外复杂阴影上的结果（示例图中既包含投影也包含自影）

（a）草地投射阴影、树叶投射阴影、树和树叶自身的阴影混合的复杂图像；（b）干枯草地投射阴影、雪、建筑物自身的阴影混合的复杂图像；（c）草地投射阴影、地面投射阴影、树和树叶自身的阴影混合的复杂图像；（d）草地投射阴影、柔和的细棒投射阴影、棒自身的阴影混合的复杂图像；（e）棒投射阴影、石头投射阴影、石头自身阴影混合的复杂图像；（f）树叶投射阴影、地面投射阴影、树干自身的阴影混合的复杂图像

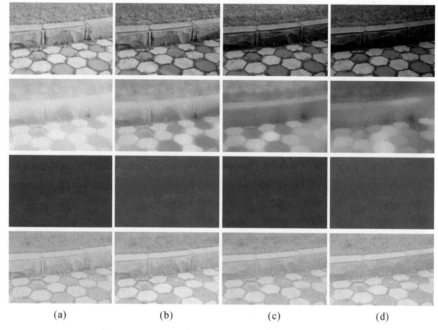

| (a) | (b) | (c) | (d) |

图 5-11   同一场景不同光照条件下拍摄的图像

注:图中第一行为原图,第二行为 Shen 等人的算法得到的本征图像,
第三行是我们的算法得到的彩色光照不变图像,第四行是我们的算法得到的无阴影图像。

表 5-3   不同图像间的均方根误差和相对误差

图像	RMSE			相对误差/(%)		
	a 与 b	a 与 c	a 与 d	a 与 b	a 与 c	a 与 d
原始图像	45.96	80.03	101.85	18.02	31.39	39.94
Shen 等人的算法的本征图像	45.17	72.67	86.36	17.71	28.50	33.87
我们的算法的光照不变图像	4.98	4.49	4.67	5.79	5.22	5.70
我们的算法的无阴影图像	15.12	17.87	24.88	6.00	7.45	9.99

我们的算法的彩色光照不变图像和无阴影图像可以通过直接求解一个像素线性方程组得到,算法实时性强。此外,基于我们提出的正交分解模型得到的无阴影图像能在去除阴影的同时,较好地保持原图的纹理信息。基于正交分解模型得到的彩色光照不变图像能得到具有一致反照率的图像,具有本征性质,且通过调整 α 信息,该彩色光照不变图像能用来完成重光照等任务。

5.2　本征光照分解空间

本节旨在为图像表示提供一种新的颜色空间。如图 5-12 所示,新的颜色空间有三个通道,每个通道都有其自身的物理意义:图像被分解为固有反射比(前两个通道)和光照信息(第三个通道)。因此,该空间可以直接进行几种光照相关应用,如阴影去除、提取和重光照。此外,新的颜色空间可以与其他颜色空间(如 RGB 颜色空间)直接转换。该空间通过本征信息和光照信息来构建,它与 RGB 颜色空间双向表示,更便于进行光照处理,更适用于"直接"的光照处理。

新的光照颜色空间是基于前面介绍的阴影线性模型建立的。对于三通道 RGB 彩色图像,从阴影线性模型和公式(5-12)可知如下关系成立:

$$\begin{cases} L_R + L_G - \beta_1 L_B = I_1 \\ L_R - \beta_2 L_G + L_B = I_2 \\ -\beta_3 L_R + L_G + L_B = I_3 \end{cases} \tag{5-32}$$

且有

$$\begin{cases} L_H = \log(F_H + 14) \\ \beta_1 = \dfrac{\log(K_R) + \log(K_G)}{\log(K_B)} \\ \beta_2 = \dfrac{\log(K_R) + \log(K_B)}{\log(K_G)} \\ \beta_3 = \dfrac{\log(K_G) + \log(K_B)}{\log(K_R)} \end{cases}$$

式中:K_R、K_G、K_B 为环境参数,主要与天顶角和气溶胶指数相关,其值是在当前光照条件下,同一反射面的阴影外与阴影内的像素值之比;F_H 为像素值;I_1、I_2、I_3 则为本征值。公式(5-32)说明了在同一光照环境下,同反射面上不同光强区域的 RGB 值均满足该式,即光照恒常。然而公式(5-32)中三个方程线性相关,有无穷组解,其解的表达形式为

$$\begin{cases} L_R = \dfrac{\log(K_R)}{\log(K_B)} L_B + \dfrac{\log(K_R)}{\log(K_R) + \log(K_G) + \log(K_B)} \Delta I_1 \\ L_G = \dfrac{\log(K_G)}{\log(K_B)} L_B + \dfrac{\log(K_G)}{\log(K_R) + \log(K_G) + \log(K_B)} \Delta I_2 \end{cases} \tag{5-33}$$

式中:$\Delta I_1 = I_1 - I_3$;$\Delta I_2 = I_1 - I_2$;L_B 是自由变量。

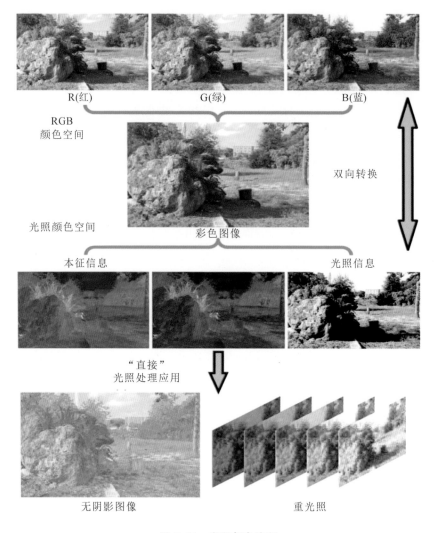

R(红) G(绿) B(蓝)

RGB
颜色空间

双向转换

光照颜色空间

彩色图像

本征信息 光照信息

"直接"
光照处理应用

无阴影图像 重光照

图 5-12 光照颜色空间

5.2.1 本征线与光照等级曲面

公式(5-33)定义了对于一个给定的 I，三个通道 log-RGB 值之间的关系，它们在 (L_R, L_G, L_B) 的三维空间中构成一条直线，我们将这条直线定义为本征线(intrinsic line)，它确定了一组 log-RGB 值的固有特性。当 I 变化时，我们得到无穷多的本征线，且它们斜率相同，即 $\dfrac{\log(K_R)}{\log(K_B)} = \dfrac{\log(K_G)}{\log(K_B)}$，因此本征线是平行的，它们的区别在于截距，截距由 ΔI_1 和 ΔI_2 的值控制。理论上，每条本征线对应一个不同的反射比。在新的颜色空间中,较大的值对应较高的光照强度,而且 ΔI_1 和 ΔI_2 构成了表示本征信息属性的两个通道。

考虑到在不一致光照条件下的某一特定反射比,由于光照强度的不同,反射比上像素的 log-RGB 值也会有所不同,但它们分布在同一条本征线上。如果将所有像素的 log-RGB 值设置为一个特定的值,那么整个反射比处在相同的光照强度下。这个过程可以看作通过增加一个方程使得公式(5-33)所表示的方程组满秩,从而得到此方程组的一个特解。为简便起见,方程可设计为

$$\log(K_R)L_R + \log(K_G)L_G + \log(K_B)L_B = T \qquad (5\text{-}34)$$

式中:T 是一个特定的值。几何上,式(5-34)定义了一个平面,该平面穿过并垂直于本征线。因此,将所有像素投影到这个平面上,每个反射比都处在相同的光照强度下。当 T 的值改变时,我们得到一系列平行平面。图 5-13(a)给出了一个本征线和光照水平表面的可视化示例。理想情况下,每个平面为所有反射比定义了一个统一的相对光照强度级别,这相当于为衡量每个本征线上的光照强度定义了一个刻度。

然而,由于 T 不能很好地反映不同反射比之间的照明等级关系,垂直平面对光照等级平面系统来说不够合理。我们选择一个随机的等级平面(简化二维视图 5-13(b)中较粗的线表示的平面)作为例子。平面与每条本征线(绿色圆点和绿色十字)的交点得到的颜色应该在相同的相对光照等级上。然而,对于截距绝对值较大的本征线(绿色圆点),颜色的亮度可能接近最大值,因为 max (L_R,L_G,L_B) 接近 log-RGB 值的定义上界(通过图中的绿色虚线测量),而对于截距绝对值较小的本征线(绿色十字),亮度可能仅达到该范围的中间值。在这种情况下,同一等级平面上的两种颜色的亮度相差较大,这就偏离了定义光照等级平面的目的。

图 5-13(c)所示的是一个更加合理的光照等级平面系统。在相同的光照等级下,来自不同本征线(绿色圆点)的颜色具有非常相似的亮度。这个新的平面系统的建立从引入一个新的变量 ζ 开始。对于由 $\Delta I = (\Delta I_1, \Delta I_2)$ 标识的每一条本征线,ζ 值和 max(L_R,L_G,L_B) 具有一一对应关系。我们设置 $\zeta=1$ 时,max (L_R,L_G,L_B) 达到 log-RGB 值的上界;我们设置 $\zeta=0$ 时,max(L_R,L_G,L_B) 达到 0。$\zeta=1$ 和 $\zeta=0$ 时对应的 L_H 值分别用 $M_{LH}^{\Delta I}$ 和 $m_{LH}^{\Delta I}$ 表示。那么 L_H 和 ζ 之间的关系为

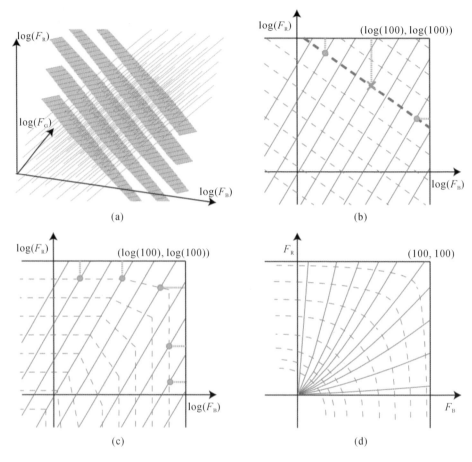

图 5-13　本征线(蓝色实线)和光照水平表面(红色虚线)

(a)log-RGB 空间中垂直平面的三维视图;(b)图(a)的简化二维视图;

(c)log-RGB 空间中非线性曲面的二维视图;(d)线性 sRGB 空间中非线性曲面的二维视图

$$L_H(\zeta) = m_{LH}^{\Delta I} + \zeta(M_{LH}^{\Delta I} - m_{LH}^{\Delta I}) \tag{5-35}$$

为了更好地解释光照等级与 sRGB 值之间的对应关系,在图 5-13(d)中,将本征线和光照等级平面从 log-RGB 空间转换到线性 sRGB 空间。注意到 $\zeta \in (-\infty, 0)$ 的无限区间对应于 $F_H \in (0, 1)$ 的区域,这是 sRGB 空间在光照方面非常微小且无关紧要的区域。

这一系列光照曲面是非线性的,通过将 T 定义为 ζ 的函数并且用 ΔI 来参数化,我们有

$$T(\zeta) = \frac{\sum K^2}{\log(K_{\mathrm{B}})}(m_{\mathrm{LB}}^{\Delta l} + \zeta(M_{\mathrm{LB}}^{\Delta l} - m_{\mathrm{LB}}^{\Delta l})) + \frac{1}{\sum K}(\log^2(K_{\mathrm{R}})\Delta I_1 + \log^2(K_{\mathrm{G}})\Delta I_2)$$

$$(5\text{-}36)$$

式中：$\sum K = \log(K_{\mathrm{R}}) + \log(K_{\mathrm{G}}) + \log(K_{\mathrm{B}})$；$\sum K^2 = \log^2(K_{\mathrm{R}}) + \log^2(K_{\mathrm{G}}) + \log^2(K_{\mathrm{B}})$；$M_{\mathrm{LB}}^{\Delta l}$ 和 $m_{\mathrm{LB}}^{\Delta l}$ 分别代表每条本征线上 $\zeta=1$ 和 $\zeta=0$ 时的 L_{B} 值。我们由式(5-34)可得

$$\log(K_{\mathrm{R}})L_{\mathrm{R}} + \log(K_{\mathrm{G}})L_{\mathrm{G}} + \log(K_{\mathrm{B}})L_{\mathrm{B}} = T(\zeta) \qquad (5\text{-}37)$$

式中：$T(\zeta)$ 所构成的曲面称为光照等级曲面(lighting level surface)，意味着每条本征线与同一个切面相交得到的像素值都处于同一个光照强度下；$\zeta \in [0,1]$ 就像一个标尺，反映了光照强度值，被定义为光照等级索引(lighting level index)，并被当作新颜色空间的第三条通道。

5.2.2 本征-光照颜色空间

新的颜色空间由本征值和光照强度值构成，故定义为本征-光照颜色空间(intrinsic-lighting color space)，它与 RGB 空间具有一一映射关系。联立公式(5-31)与公式(5-37)进行求解，得到 $(L_{\mathrm{R}}, L_{\mathrm{G}}, L_{\mathrm{B}})$ 与 $(\Delta I_1, \Delta I_2, \zeta)$ 的关系，即

$$\begin{bmatrix} \Delta I_1 \\ \Delta I_2 \\ T(\zeta) \end{bmatrix} = \begin{bmatrix} \dfrac{\sum K}{\log(K_{\mathrm{R}})} & 0 & \dfrac{\sum K}{\log(K_{\mathrm{B}})} \\ 0 & \dfrac{\sum K}{\log(K_{\mathrm{G}})} & \dfrac{\sum K}{\log(K_{\mathrm{B}})} \\ \log(K_{\mathrm{R}}) & \log(K_{\mathrm{G}}) & \log(K_{\mathrm{B}}) \end{bmatrix} \begin{bmatrix} L_{\mathrm{R}} \\ L_{\mathrm{G}} \\ L_{\mathrm{B}} \end{bmatrix} \qquad (5\text{-}38)$$

如果我们将 sRGB 空间的域定义为 $\{\mathscr{F}_H > 0, H = \{\mathrm{R}, \mathrm{G}, \mathrm{B}\}\}$(光学意义上)，式(5-38)中，$\log(\cdot)$ 函数是单调且可微的，另外，光照等级曲面 $T(\zeta)$ 在空间中是密集的，并且没有任何交点。因此，这两种关系建立了 sRGB 值与 $(\Delta I_1, \Delta I_2, \zeta)$ 值之间的双射映射(见图 5-14)。将单个 sRGB 图像转换为新表示形式时，每个通道的含义都很清楚，其中 ΔI_1 和 ΔI_2 提供了本征值，这些本征值反映了每个像素的本征信息(不受光照影响)，ζ 则记录了场景的光照分布情况。

当环境系数 $(K_{\mathrm{R}}, K_{\mathrm{G}}, K_{\mathrm{B}})$ 给定时，$(\Delta I_1, \Delta I_2, \zeta)$ 根据本征信息和光照等级构

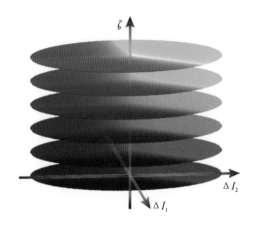

图 5-14　本征-光照颜色空间的颜色分布可视化

成一个新的三通道颜色空间。因此,我们将新的空间命名为 IL(本征-光照)颜色空间。

$$
\begin{bmatrix} L_{\mathrm{R}} \\ L_{\mathrm{G}} \\ L_{\mathrm{B}} \end{bmatrix} =
\begin{bmatrix}
\dfrac{\log(K_{\mathrm{R}})(\log^2(K_{\mathrm{G}})+\log^2(K_{\mathrm{B}}))}{\sum K \sum K^2} & -\dfrac{\log(K_{\mathrm{R}})\log^2(K_{\mathrm{G}})}{\sum K \sum K^2} & \dfrac{\log(K_{\mathrm{R}})}{\sum K^2} \\[4mm]
-\dfrac{\log(K_{\mathrm{G}})\log^2(K_{\mathrm{R}})}{\sum K \sum K^2} & \dfrac{\log(K_{\mathrm{G}})(\log^2(K_{\mathrm{R}})+\log^2(K_{\mathrm{B}}))}{\sum K \sum K^2} & \dfrac{\log(K_{\mathrm{G}})}{\sum K^2} \\[4mm]
-\dfrac{\log(K_{\mathrm{B}})\log^2(K_{\mathrm{R}})}{\sum K \sum K^2} & -\dfrac{\log(K_{\mathrm{B}})\log^2(K_{\mathrm{G}})}{\sum K \sum K^2} & \dfrac{\log(K_{\mathrm{B}})}{\sum K^2}
\end{bmatrix}
\cdot \begin{bmatrix} \Delta I_1 \\ \Delta I_2 \\ T(\zeta) \end{bmatrix}
$$

$$(5\text{-}39)$$

5.2.3　基于本征-光照空间的本征图像与光照分解

从光照角度看,阴影去除是将整个场景置于一个均匀的光照强度下,重光照则可视为在同一场景中设置不同的照明分布,这两个任务的基本目的是估计整个场景在均匀光照下的真实光照等级。

光照等级平面是在每条本征线上衡量相对光照强度的尺度。但是即使一个场景的所有反射比在理想情况下都具有相同的光照强度,由于同色异谱现象的存在,不同反射比产生的颜色也可能在不同的光照等级平面上(不同的 ζ 值)。为了统一场景的光强,我们需要估计所有对应的本征线的本征光照等级 ζ^*。ζ^* 反映了真实光照环境下所有图像像素的光照等级。我们将这组最优值张成的曲面 $S(\zeta^*)$ 定义为本征光照轮廓曲面,它预测了场景中所有可能反射比的光照等级。

图 5-15 给出了一个 24 色色板的合成示例。其中,图(b)是图(a)在每个色块上具有相同阴影强度的部分的阴影图像。在图(i)中,阴影内外 24 种颜色的 IL 空间坐标由对应颜色的点表示。如图所示,同一色块内的每对阴影内外颜色都具有相同的$(\Delta I_1, \Delta I_2)$值。此外,由于增加了相同的阴影强度,所有阴影对在 ζ 上都有相似的差异。本征光照轮廓曲面 $S(\zeta^*)$ 由真彩色(用ζ^*)张成,或者说在本合成示例中由阴影外颜色(用较大的 ζ)张成。图(c)是将所有 ζ 设置为相同的特定值得到的 RGB 图像,图(e)是将 ζ 设置为ζ^* 得到的 RGB 图像。图(d)(f)为提取的阴影强度图像。比较图(c)(e)与图(a),可以看到 ζ^* 的优点是相当明显的。虽然所有的阴影都被移除,但是图(c)中的大部分颜色都失真了,尤其是第 4 行的单色,而图(e)则完美地保留了所有的颜色。图(f)正确反映了所有色块都以相同的阴影强度进行阴影处理的结果。此外,通过上下调节本征光照轮廓曲面,得到不同光照环境下的无阴影图像,如图(g)(h)所示。

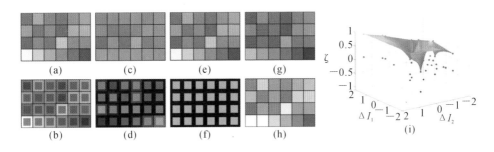

图 5-15 24 色色板的合成示例

(a)24 色色板图像;(b)带有相同强度阴影的色板图像;(c)设定均匀光照等级 ζ=0.816 时的 RGB 结果图像;

(d)通过图(c)提取的阴影强度图像;(e)利用本征光照等级ζ^* 时的 RGB 结果;

(f)通过图(e)提取的阴影强度图像;(g)ζ=ζ^* −0.2 时的 RGB 结果;(h)ζ=ζ^* +0.2 时的 RGB 结果;

(i)在 IL 空间中表示的颜色以及本例中的本征光照轮廓曲面 $S(\zeta^*)$

由于噪声、纹理、光照条件不均匀等原因,自然图像比图 5-15 中的合成图像要复杂得多。主要问题表现在两个方面:本征值的偏差和光照强度的色散。本征值的偏差是由各种扰动引起的。理论上,相同反射比的像素应该具有相同的本征值 I,这样它们的 log-RGB 值就完全位于相同的本征线上。然而,在现实世界中,它们实际上连续地分布在真正的本征线周围的一个小区域内。因此,为了将相同反射比的像素分组用于估计ζ^*,不应该将这些像素分配到直线上，而应该将它们划分为 N 个束 $\{I\}_n, n=1,2,\cdots,N$，相应的本征等级估计值用 ζ_n^* 表示。这一目标是通过对 $(\Delta I_1, \Delta I_2)$ 值应用聚类方法（例如 K-means 方法）来实现的，聚类的参数 N 取决于聚类算法。

光照强度的色散扰动主要是由入射光线或反射的轻微波动引起的。因此，来自相同束 $\{\zeta\}_n$ 的 ζ 值会分布在一个相对较宽的范围内，而不是只有阴影内外两个值。但是，对于一个反射比，阴影内外像素之间的 ζ 值通常存在较大的间隙，因此 $\{\zeta\}_n$ 应该分布在一个或两个簇中。图 5-16 给出了 $\{\zeta\}_n$ 分布的四种典型情况，其中图（c）展示了阴影内外像素数量近似相等的情况，图（d）展示了几乎所有的像素都在阴影外的情况，图（e）展示了阴影外像素占绝大多数的情况，而图（f）则展示了大多数像素处于阴影内的情况。正如预期的那样，$\{\zeta\}_n$ 的分布可以用两种高斯函数的混合来表示。因此，我们采用混合高斯（MoG）模型来分析 $\{\zeta\}_n$。两个高斯函数的期望值中较低的为阴影内的 ζ，而较高的为阴影外的 ζ_n^*。

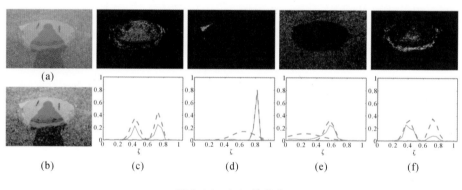

图 5-16　$\{\zeta\}_n$ 的分布

（a）输入图像；（b）ζ 图像；（c）（d）（e）（f）四种典型的分布情况：第一行为具有相似本征值 I
的像素在图像中的位置；第二行是 $\{\zeta\}_n$（蓝色实线）和拟合高斯曲线（红色虚线）的分布

在应用中，ζ^* 可以作为合成无阴影图像的替代通道。如图 5-17 所示，IL 空间 $(\Delta I_1, \Delta I_2, \zeta)$ 可以转换为 RGB 空间。用 ζ^* 替换 ζ，则 $(\Delta I_1, \Delta I_2, \zeta^*)$ 可以提供无阴影的彩色图像。根据 ζ 和 ζ^* 之间的差异，提取阴影强度，从而实现"检测"阴影区域。这实现了将一幅图像分解为一个本征图像和一个阴影图像的目标。

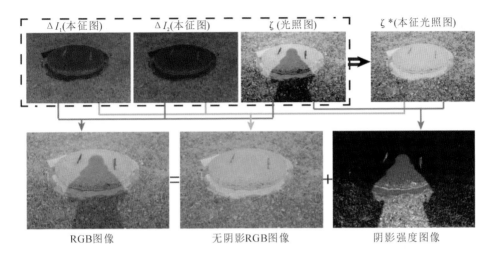

图 5-17　IL 空间和 RGB 空间之间的变换

5.2.4　实验结果分析

为了利用 IL 空间获得无阴影的彩色图像,我们的目标有三个:①去除给定图像中的阴影;②还原场景的"真实"色彩;③显示原始图像的阴影强度。在接下来的实验中,所有的图像都采用了常用的格式,如 BMP、JPG、PNG 等,因此,基于我们的算法的设计原理,首先需要进行反伽马校正。

首先将我们的算法(IL 空间)与 Guo 等人的算法在 Guo 等人的数据集中的室外图像上进行比较。在两个指标上进行比较:①阴影去除区域的恢复偏差,我们的算法得到的恢复偏差平均值为 17.86,Guo 等人的算法得到的恢复偏差平均值为 41.60(24 位 RGB);②阴影区域检测精度,我们的算法得到的精度平均值为 93.0%,Guo 等人的算法得到的精度平均值为 86.7%。结果如表 5-4 所示。我们的算法在两个测量指标上都优于 Guo 等人的算法。此外,我们的算法的检测精度甚至被低估了,因为我们的算法检测到了更多的微小阴影区域,例如叶子、草和沙子所形成的阴影区域,这些区域通常不会被 Guo 等人的算法检测到,也不会在基准(ground truth)中进行标记。

表 5-4　我们的算法与 Guo 等人的算法的结果比较(RGB 范围:0～255)

比较对象	恢复偏差平均值	检测精度平均值
我们的算法	17.86	93.0%
Guo 等人的算法	41.60	86.7%

图 5-18 给出了三种算法的更多可视化比较。我们的算法和 Yang 等人的算法比 Guo 等人的算法具有更好的阴影去除效果。这种差异也可以通过我们的算法的阴影强度图像与 Guo 等人的算法的阴影掩模图像的比较得出。我们的算法提供了比 Guo 等人的算法更为精确的阴影区域,特别是对于一些微小的阴影区域。与传统的方法不同,如在 Guo 等人的算法中阴影的去除依赖于阴影检测的结果,我们的算法在得到阴影区域的同时也得到了阴影的去除结果。因此,它更稳健,特别是在多个不连接的阴影区域的情况下。与 Yang 等人的算法相比,我们的算法在阴影去除和色彩恢复效果上都有优势。

(a)　　　　(b)　　　　(c)　　　　(d)　　　　(e)　　　　(f)

图 5-18　我们的算法与 Guo 等人的算法、Yang 等人的算法的结果比较

(a)输入图像;(b)Guo 等人的算法的结果;(c)Yang 等人的算法的结果;

(d)我们的算法的结果;(e)Guo 等人的算法的阴影检测结果;(f)我们的算法得到的阴影强度图像

在本征光照等值面的概念中,"等值"的含义是在给定场景中,分布在该等值面上的颜色处在相同的光照强度下。因此,一个估计出的本征光照等值面可以与其他图像共享,使场景的新图像处于相同的光照条件下。图 5-19 给出了一个简单的例子,第一个输入的无阴影图像(见图 5-19(a))是通过估计其本征等值面计算得到的,而后面的三个无阴影图像(见图 5-19(b)(c)(d))则是通过将原始图像直接嵌入光照曲面得到的。具体地,对于每个图像,通道 ΔI_1 和 ΔI_2 的值都保持不变,而 ζ^* 值是通过由

图 5-19(a)提供的本征等值面的插值计算得到的。这样不仅能将具有不同的阴影(见图 5-19(b))或不同光照条件(见图 5-19(c))的类似的场景处理成具有与图 5-19(a)一样光照环境的类似的场景,而且对于仅具有相似反射比组合(见图 5-19(d))的完全不同的场景也是有效的。这个实验还表明,$\triangle I_1$ 和 $\triangle I_2$ 是保持光照不变的本征信息。

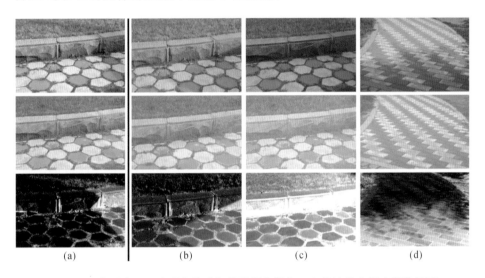

| (a) | (b) | (c) | (d) |

图 5-19 将具有不同光照条件或场景的图像嵌入一个估计的本征光照等值面

重光照指在同一场景中设置不同的照明分布来模拟不同的光照。在 IL 空间表示中,可以通过直接调节照明通道 ζ 来实现重新照明效果。图 5-20 给出了用于模拟从阴云到晴朗的照明条件的两个重新照明图像序列。通过从原始照明条件 ζ_0 加上或减去均匀照明变化 $\mathrm{d}\zeta$ 来获得每个重新照明图像。照明条件为 ζ_0 的原始图像被重新照明为光照等级分别为 $\zeta_0-0.4$、$\zeta_0-0.2$、$\zeta_0-0.1$ 和 $\zeta_0+0.2$ 的图像。

对于有轻微阴影的场景(见图 5-20 第一行),所有像素的光照强度总体上从低到高变化。但是对于阴影较重的场景(见图 5-20 第二行),当光照环境变亮时,阴影区域应该变得更暗。这是由于在这种情况下,阳光直射较强,散射的光线较弱,因此阴影区域内外像素的光照强度沿相反方向变化。我们的光照重新处理不仅仅是简单的对比度增强,而是基于物理光学,使图像与现实情况相一致,使效果更加真实。

| $\zeta-0.4$ | $\zeta-0.2$ | $\zeta-0.1$ | ζ_0 | $\zeta_0+0.2$ |

图 5-20　模拟从阴云到晴朗的照明条件的两个重新照明图像序列

本章参考文献

ARBEL E, HEL-OR H. 2011. Shadow removal using intensity surfaces and texture anchor points[J]. IEEE Transactions on Pattern Analysis and Machine Intelligence, 33(6): 1202-1216.

BARROW H G, TENENBAUM J M. 1978. Recovering intrinsic scene characteristics from images[J]. Computer Vision Systems: 3-26.

GUO R Q, DAI Q Y, HOIEM D. 2013. Paired regions for shadow detection and removal[J]. IEEE Transactions on Pattern Analysis and Machine Intelligence, 35(12): 2956-2967.

SHEN J B, YANG X S, JIA Y D, et al. 2011. Intrinsic images using optimization[C] // Proceedings of the 2011 IEEE Conference on Computer Vision and Pattern Recognition. Washington D. C. : IEEE Computer Society: 3481-3487.

TIAN J D, TANG Y D. 2011. Linearity of each channel pixel values from a surface in and out of shadows and its applications[C] // Proceedings of the 2011 IEEE Conference on Computer Vision and Pattern Recognition. Washington D. C. : IEEE Computer Society: 985-992.

YANG Q X, TAN K-H, AHUJA N. 2012. Shadow removal using bilateral filtering[J]. IEEE Transactions on Image Processing, 21(10): 4361-4368.

第 6 章
阴影及反光去除

在图像光照处理任务中,局部光照处理主要集中在阴影处理和反光处理两个方面。现有的阴影去除算法一般分为两步:阴影定位和阴影去除。这些算法首先借助阴影检测或者利用人机交互定位阴影区域,然后或借助梯度域重建实现阴影去除(如 Finlayson et al.,2006;Liu et al.,2008),或直接在图像像素域进行阴影去除(如 Gong et al.,2014;Arbel et al.,2011;Khan et al.,2016)。在本章中,我们首先介绍一种基于阴影线性模型的图像像素域阴影去除算法,然后介绍一种基于深度学习的端对端的阴影去除算法,无须依赖阴影检测。与第5章中通过本征图像分解来直接恢复一幅无阴影图像不同,本章中的阴影去除算法不会改变非阴影区域的像素值。

反射光成分中的镜面反射分量产生的高光区会掩盖物理表面的纹理细节,消除图像中的高光区并恢复高光区的纹理细节目前仍是具有挑战性的研究课题。本章提出了一种在自然光照环境下简单且有效的高光区判定与消除方法。该方法首先利用暗通道原理对图像的高光区进行初步判定,然后基于高光区域的偏振信息来获得偏振镜消除高光的旋转角度,最后通过对 RAW 数据信息进行色彩恢复,得到消除高光后的图像。

6.1　基于线性模型的阴影去除

本节将介绍如何应用线性模型去除图像中的阴影。根据阴影线性模型我们已经知道:

$$F_H = \kappa_H f_H + \mu_H \tag{6-1}$$

式中:f_H 表示某个通道的阴影像素值;F_H 表示对应的非阴影背景像素值;κ_H、μ_H

为线性模型的参数。显然,在已知阴影区域的基础上,如果得到线性模型参数,那么就可将阴影像素值恢复成非阴影像素值,从而达到阴影去除的目的。如图6-1所示,我们首先利用垂直于阴影边界的线段上的对应点来估计式(6-1)中的线性参数,其中红线表示阴影外部,蓝线表示阴影内部。

$$\frac{1}{M}\sum_{i=1}^{M}F_{H_i} = \kappa_H(\frac{1}{M}\sum_{i=1}^{M}f_{H_i}) + u_H \qquad (6\text{-}2)$$

式中:M 表示对应点的采样数目。公式(6-2)实际上是利用阴影像素的平均值和非阴影像素的平均值来估计线性参数。首先,对采样点取平均操作不改变其线性特性。其次,在实际图像中,有些对应点可能不在一个反射面上,取平均操作能够对这些噪声点起到平滑作用。

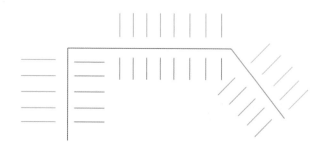

图 6-1 估计线性参数的线段

由于我们有两个线性参数需要确定,但只有一个方程,我们通过计算天顶角为 $20°\sim70°$ 时的 SPD 平均值来固定常数项,然后利用公式(6-2)确定比例参数。全影由天空散射光照射产生,而半影由部分太阳直射光和天空散射光混合照射产生,这就造成全影和半影的参数有少许不同,进而造成在边界临近处的阴影去除不甚理想,因此,我们最后要在垂直于阴影边缘方向进行一个简单的中值滤波来平滑阴影去除后的边界效应。图 6-2 给出了一个阴影去除结果,表明阴影能被较好地去除。

在图 6-3 中,我们将自己的研究结果和卡内基梅隆大学的 Lalonde 等学者于 2010 年发表在计算机视觉著名国际会议 ECCV 上的研究成果(Lalonde et al.,2010)进行了比较。据我们所知,Lalonde 等人的方法是第一个可以对复杂单幅图像中的阴影进行检测和去除的方法,该方法通过机器学习来检测阴影,然后通过求解偏微分方程的数学方法对阴影进行去除。从总体上说,我们的结果要优于 Lalonde 等人的结果,我们的方法在去除阴影的同时可以更好地保留

图 6-2　基于线性模型的阴影去除结果

阴影区域的纹理和细节。Lalonde 等人的方法导致阴影区域比较模糊,甚至会造成非阴影区域的模糊,比如图 6-3 第二行中间的图像中,房屋下方站立的人被完全模糊了。

图 6-3　我们的方法和 Lalonde 等人的方法的结果比较

注:图中第一列为原图像,第二列为 Lalonde 等人的方法的结果,第三列为我们的方法的结果。

6.2 基于深度学习的阴影去除

本节结合阴影形成机理和深度学习技术,提出一种基于深度学习的端到端的光照模型 DeshadowNet 来同时处理室内、室外局部光照变化中的阴影问题。相较于浅层模型依靠人工经验设计阴影去除算法,深度学习能够利用大数据自动学习特征,刻画阴影与无阴影图像数据之间存在的丰富内在信息。现有的阴影去除算法大多包含检测阴影、判断本影和半影区域、设计图像重构算法计算阴影补偿量三个步骤。而 DeshadowNet 将这些步骤整合到一起,直接从单幅阴影图像中学习其阴影补偿量。DeshadowNet 通过对三个相互作用的子神经网络的联合训练隐式地将阴影检测嵌入阴影去除算法,解决了现有的阴影去除算法过度依赖阴影检测和人工特征的问题。我们所提出的基于深度学习的光照模型,首次实现了物理成像机理与深度学习技术的融合,无须依赖任何先验假设,稳定性强,实用性高,不受光照环境和天气影响,为光照处理领域的其他问题和底层图像处理算法提供了新的研究思路。

根据(Arbel et al.,2011;Gryka et al.,2015;Liu et al.,2008)等文献所述,一幅无阴影图像 I_{ns} 可以看成一幅阴影图像 I_s 和阴影补偿量 S_m 的逐像素点积,因此有

$$I_{ns} = S_m \cdot I_s \tag{6-3}$$

式中: I_{ns} 表示无阴影图像数据信息; I_s 表示阴影图像数据信息。阴影补偿量 S_m 代表恢复无阴影图像所需要补偿的光照量。

如前所述,我们致力于探索一个端到端的全自动的阴影去除算法来解决上述问题。直接从单幅阴影图像中学习其阴影补偿量,利用该阴影补偿量即可按照公式(6-3)直接计算相应的无阴影图像。

近年来深度学习在学术界和工业界得到越来越广泛的应用,它在图像识别和一些底层的图像处理等领域获得了巨大的成功。受此影响,我们提出一个端到端的多尺度嵌入神经网络来解决阴影去除问题。该深度网络采用多上下文嵌入机制,融合了高层语义信息、中层外形特征和底层细节信息。该多上下文嵌入机制通过对三个相互作用的子神经网络的联合训练来实现。这三个子神经网络分别为全局定位子网络(G-Net)、外形建模子网络(A-Net)和语义建模

子网络(S-Net)。其中 G-Net 提取阴影特征以描述场景中的全局结构信息和高层语义信息。而 A-Net 和 S-Net 分别从 G-Net 的浅层和深层中提取外形特征和语义信息,并结合图像中的局域细节信息实现最终的阴影补偿量预测。该多上下文嵌入神经网络框架如图 6-4 所示。

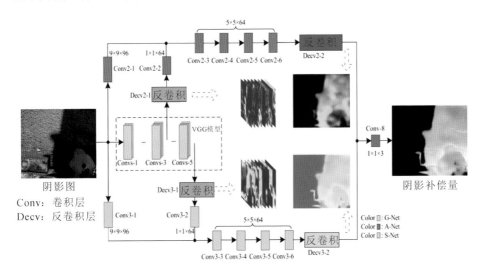

图 6-4 多上下文嵌入神经网络框架

为了训练和验证阴影去除算法的有效性,我们进一步构建了较大规模的阴影去除数据集。尽管在过去几十年内,已经有许多研究人员对阴影去除算法进行了研究,但是现有公开的阴影去除数据集仍然有限。其中,Guo 等人(2013)提出的阴影去除数据集是国际上现有数量最大的数据集,也是最常被研究人员用来衡量阴影去除算法性能的测试集之一。但是该数据集仅包含 76 个阴影和无阴影图像对。为了便于评估阴影去除算法的有效性,促进该领域的研究,我们构建了一个大规模的阴影去除数据集 SRD(包含 3088 个阴影和无阴影图像对)。据我们所知,SRD 是阴影去除领域第一个大规模的数据集。

我们利用 Canon 5D Mark Ⅱ 相机、三脚架和一个无线遥控器来拍摄阴影和无阴影图像对。将相机设定在手动拍摄模式,并采用固定的曝光参数,利用不同物体来遮挡光源,先拍摄一幅阴影图像;随后我们去掉遮挡源,拍摄一幅对应的无阴影图像。这样的设定可以最大限度地减小阴影和无阴影图像对之间的光照差异。我们从下述四个角度来扩大 SRD 的多样性。

(1)光照。在不同的光照条件下拍摄阴影图像和其对应的无阴影图像,使得该数据集可同时包含软阴影和硬阴影。特别地,分别在多云天气和晴朗天气下,在一天的不同时刻(如黎明、黄昏、正中午、上午和下午等)进行拍摄。如图6-5所示,前两对图像包含硬阴影,而第三对到第五对图像包含软阴影。

（2）场景。在不同的场景拍摄图像,如在公园、校园中,公寓旁、街道上,山上和海边等处拍摄。

（3）反照率。将阴影投射到不同语义区域,使得阴影去除数据集包括多样的反照率,如图6-5中最后两对阴影和无阴影图像所示。

（4）轮廓。采用具有不同图形和形状的遮挡物来投射具有不同轮廓和不同半影宽度的阴影,如图6-5中第四对和第五对阴影和无阴影图像所示。

图6-5　SRD中一些阴影和其对应的无阴影图像

我们接下来分析 DeshadowNet 的网络配置细节,随后给出其详细的训练过程。

1. 多上下文卷积框架

一种精确的阴影补偿量预测方法,不但需要从全局角度对整个图像的内容进行了解,也需要借助图像细节信息去精确地估算阴影补偿量。因此在 DeshadowNet 中,我们分别设计三个相互作用的子网络来实现这两个功能。第一个子网络 G-Net 以单幅阴影图像为输入,提取该图场景中的全局结构和高层语义信息。而另外两个子网络 A-Net 和 S-Net,分别从 G-Net 网络中的浅层和深层卷积组中提取外形特征和语义特征信息,并结合图像中局域的细节信息来估量阴影补偿量。

G-Net:全局定位子网络。G-Net 构建在现有的图像识别网络 VGG16 模型的基础之上(Simonyan et al.,2014)。最新研究表明,一个在图像分类任务上利用大量数据集完全训练好的卷积神经网络(convolutional neural networks,CNN)模型可以推广到其他数据集甚至其他任务上,如语义分割和深度图预测。因此,在 G-Net 中,我们采用预训练好的 VGG16 模型中的卷积层,并利用阴影补偿量预测任务对其进行牵引学习,使其能够实现阴影补偿量预测的功能。

VGG16 模型包含 13 个 3×3 的卷积层(5 组卷积组)和 3 个全连接层,每组卷积层中分别包含一个最大池化层和下采样层。这 5 组卷积组和相应的下采样层大大提高了网络的感受野,因此也能够很好地表征场景中的全局结构信息和高层语义信息。然而,5 个最大池化层相当于给图像进行了 32 倍的下采样,导致最终得到的特征图比较粗糙。因此,在 G-Net 中我们并没有直接采用 VGG16 模型的网络结构,而是将最后 2 组卷积组的最大池化层中的步长设为 1 以得到较为稠密的特征图。除了这个改动,我们也利用一个 1×1 的卷积层来代替 VGG16 模型网络中的全连接层,这样我们的网络模型就能以全卷积的方式来运行。

A-Net:外形建模子网络。S-Net:语义建模子网络。在用 G-Net 提取全局的阴影特征后,我们借助多上下文信息,进一步设计了两个并行和互补的子网络(A-Net 和 S-Net)来实现阴影补偿量的精确预测。G-Net 中每个卷积组之后跟着最大池化层,因此越是深层的卷积组,其感受野越大。G-Net 的深层卷积组擅长捕获高级语义信息,但深层卷积组的特征图较为粗糙,无法实现精准定位。而 G-Net 的浅层卷积组,能捕获更多的局部外形信息,但是这些捕获的局部外形信息无法直接应用到最终预测中。为了更好地定位阴影区域,并精确预测阴影补偿量的细节信息,我们在 G-Net 的基础上进一步设置一个考虑多上下文语义信息的网络机制。该多上下文网络机制从 G-Net 中提取两种不同级别的特征信息,并将其传输到两个并行的子网络 A-Net 和 S-Net 中。具体来说,A-Net 从 G-Net 的浅层卷积组中提取外形特征信息,结合图像局部细节信息,有助于模拟阴影补偿量的外形特征;而 S-Net 从 G-Net 的深层卷积组中提取高层语义信息,结合图像细节信息,能够模拟阴影补偿量的高层语义信息。子网络 A-Net 和 S-Net 最后由一个卷积层结合,实现最终的阴影补偿量的预测。

图 6-6 给出了 DeshadowNet 的一些可视化中间结果。以图 6-6(b)所示的中层外形特征图为输入,A-Net 能够粗略预测阴影补偿量并且模拟阴影补偿量的外形特征(如包和墙的颜色)。而 S-Net 在高层语义信息(见图 6-6(c)中的物体和阴影)指导下能够精确地预测阴影补偿量。相比于 A-Net,S-Net 预测的阴影补偿量更为精确,能得到更为精细的轮廓信息,S-Net 得到的具有精确轮廓的结果如图 6-6(e)所示,A-Net 得到的结果如图 6-6(d)所示。这些中间结果表明浅层和深层的卷积组在最终的阴影补偿量预测上是相辅相成的。我们将在实验部分进一步分析不同子网络的性能。

为了避免过拟合和局域最小值的问题,我们在每层卷积层后面加上 dropout 层,并且用参数化的修正线性单元(PReLU)(He et al.,2015)代替所有的修正线性单元(ReLU)。与 ReLU 不同,PReLU 的参数是自动学习和更新的,它的定义如下:

$$p(x_i) = \begin{cases} x_i, & x_i \geqslant 0 \\ ax_i, & x_i < 0 \end{cases} \tag{6-4}$$

式中:x_i 是激活函数 p 在每个通道 i 的输入;a 是该函数所需学习的参数。

2. 模型训练与算法实现

一幅阴影图像 I_s 和其对应的阴影补偿量 S_m 之间的关系由公式(6-3)决定。在训练时,我们将其转换到 log 空间:

$$\log(I_{ns}) = \log(S_m) + \log(I_s) \tag{6-5}$$

给定一对阴影和无阴影图像,我们首先根据公式(6-5)计算其阴影补偿量 S_m。阴影去除算法的目的可以转换为学习阴影和其对应的阴影补偿量之间的映射函数:

$$S_m = F(I_s, \Theta) \tag{6-6}$$

式中:Θ 代表 DeshadowNet 所需学习的参数。采用 log 空间的均方误差作为损失函数:

$$L(\Theta) = \frac{1}{K} \sum_{i=1}^{K} \left\| \log(F(I_s^i, \Theta)) - \log(S_m^i) \right\| \tag{6-7}$$

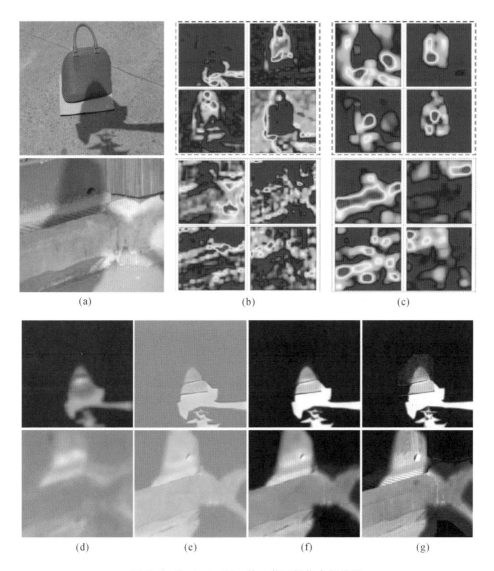

图 6-6　DeshadowNet 的一些可视化中间结果

(a)原始阴影图像;(b)G-Net 中层特征图;(c)G-Net 中 Conv5 层的特征图;

(d)A-Net 得到的结果;(e)S-Net 得到的结果;(f)DeshadowNet 的最终阴影补偿量输出;

(g)从公式(6-3)及阴影和无阴影图像对计算得到的 ground truth 阴影补偿量

式中:K 是每批训练过程中总的训练样本数。我们采用反向传播的梯度下降法 (stochastic gradient descent,SGD)来训练这个损失函数。

1)训练策略

(1)多阶段训练策略。分两个阶段训练 DeshadowNet：先分别训练外形和语义网络（G-Net＋A-Net 和 G-Net＋S-Net），随后用一个卷积层将这两个网络结合起来并联合训练最终的 DeshadowNet 网络。

(2)多尺度训练策略。全卷积网络的结构形式使得 DeshadowNet 可以接受分辨率为 $8n \times 8n$ 的任意图像。为了使得网络具有尺度不变性（He et al.，2014），分别采用粗、中、细三种不同尺度的图像，即粗尺度 64×64 图像、中尺度 128×128 图像、细尺度 224×224 图像来训练 DeshadowNet。

(3)人工合成阴影去除数据集。为了减少过拟合、加快收敛速度，事先采用大量的人工合成的阴影去除数据集对 DeshadowNet 进行预训练。与文献（Gryka et al.，2015）中类似，我们采用计算机图形学中的阴影渲染技术（Maya技术）人工生成大量的阴影与无阴影图像对。通过改变场景中光源、使用不同遮挡物和投射面，生成了约 60000 对大小为 640×480 的阴影和无阴影图像。我们采用文献（Griffin et al.，2007）中的 256 个分割好的物体当作遮挡物，并从网络上收集了超过 1000 张无阴影的真实图像当作投射面。

(4)数据增强。采用图像平移、翻转和裁剪三个策略扩充现有的训练数据集，避免过拟合。

2)算法实现

DeshadowNet 采用卷积神经网络框架 Caffe（Jia et al.，2014）进行编程实现。本章中所有的网络模型都是在一个单 NVIDIA Tesla K40m GPU 上训练和测试的。本章所提的网络需要训练 3～5 周的时间才能收敛。DeshadowNet网络的详细配置如表 6-1 所示，输入是一幅 $8n \times 8n$ 的阴影图像，输出是同尺寸的阴影补偿量，其中 n 是任一非零自然数。在表 6-1 中，我们将 n 设为 56，并进行 1/2 下采样，也就是说，输入图像的大小为 224×224。采用均值 $\mu = 0$、均方差 $\sigma = 0.001$ 的高斯随机变量来初始化 A-Net 和 S-Net 中的所有卷积层。训练过程中，将动力设为 0.9，权重衰减设为 0.0005。将 G-Net 网络的学习率设为 10^{-5}，其余网络的学习率设为 10^{-4}，并且随着训练的进行使学习率逐渐降低。尽管训练该网络所需花费的时间略长，但是在测试阶段，仅需 0.3 s 即可实现一个分辨率为 640×480 的图像的阴影去除。

表 6-1   DeshadowNet 网络的详细配置

卷积层名	卷积层 1	卷积层 2	卷积层 3	卷积层 4	卷积层 5	反卷积层 2-1	反卷积层 3-1
卷积层数	2	2	3	3	3	1	1
通道数	64	128	256	512	512	256	256
卷积核	3×3	3×3	3×3	3×3	3×3	8×8	8×8
步长	1	1	1	1	1	4	4
补零数	1	1	1	1	1	2	2
池化核	2×2	2×2	2×2	2×2	2×2	—	—
池化步长	2	2	2	1	1	—	—
输出尺寸	112×112	56×56	28×28	28×28	28×28	112×112	112×112

G-Net 对应上表左侧标注。

卷积层名	卷积层 2-1 (卷积层 3-1)	卷积层 2-2 (卷积层 3-2)	卷积层 2-3 (卷积层 3-3)	卷积层 2-4 (卷积层 3-4)	卷积层 2-5 (卷积层 3-5)	卷积层 2-6 (卷积层 3-6)	反卷积层 2-2 (反卷积层 3-2)
通道数	96	64	64	64	64	64	3
卷积核	9×9	1×1	5×5	5×5	5×5	5×5	4×4
步长	1	1	1	1	1	1	2
补零数	4	—	2	2	2	2	1
池化核	3×3	—	—	—	—	—	—
池化步长	2	—	—	—	—	—	—
输出尺寸	112×112	112×112	112×112	112×112	112×112	112×112	224×224

A-Net (S-Net) 对应上表左侧标注。

3. 实验与分析

我们采用在 Lab 颜色空间的均方根误差(root-mean-square error, RMSE)和结构相似度(structure similarity index, SSIM)作为评估指标来衡量算法优劣。RMSE 直接衡量复原的无阴影图像和真实的无阴影图像每个像素间的误差,而 SSIM 考虑图像的结构信息,更贴近人类视觉系统的衡量方式。

图 6-7 给出了几种不同阴影去除算法在不同类型阴影图像上的去除效果。

为了更直观地比较不同算法的性能,我们在每个图像的左上角标记了该图像在不同阴影区域(阴影、无阴影和整个图像区域)与真实图像相关区域之间的 RMSE 值。前三行图像(见图 6-7(a)(b)(c))显示了不同算法在含有阴影跨越不同语义区域的情况下的阴影去除效果。Guo 等人的算法和 Gong 等人的算法虽然能够去除某一特定语义区域的阴影,但是无法去除其他语义区域的阴影,而我们的算法由于考虑了多上下文语义、外形和细节信息,在这些情况下均能较好地去除阴影。图 6-7(d)(e)包含不同半影长度的阴影。Guo 等人的算法和 Gong 等人的

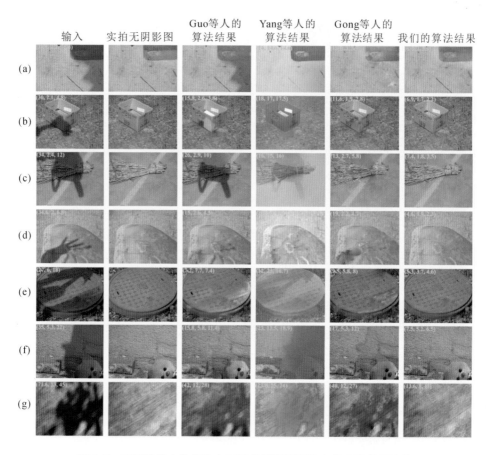

图 6-7　不同阴影去除算法在不同类型阴影图像上的去除效果比较

算法无法准确地检测这些具有不同半影长度的阴影区域。与我们的算法一样，Yang 等人的算法也能够直接得到一幅无阴影图像，而不依赖阴影检测。但是Yang 等人的算法在去除阴影的同时也会改变非阴影区域的颜色信息。图 6-7(f)(g)给出了一些复杂场景下不同算法的阴影去除结果。图 6-7(f)中阴影跨越多语义区域(墙壁、砖头和小熊)，图 6-7(g)中阴影分布非常复杂。更多复杂场景下的阴影去除结果(包括自阴影、遥感图像等)如图 6-8 所示。这些定性和定量的结果对比实验表明，我们提出的算法可以在有效地恢复高质量无阴影图像的同时保留原图的纹理色彩等信息，也能处理横跨不同语义区域的复杂阴影。

表 6-2 和表 6-3 分别给出了不同阴影去除算法在三个测试数据集(UIUC数据集(Guo et al.，2012)、LRSS 数据集(Gryka et al.，2015)和我们自己的

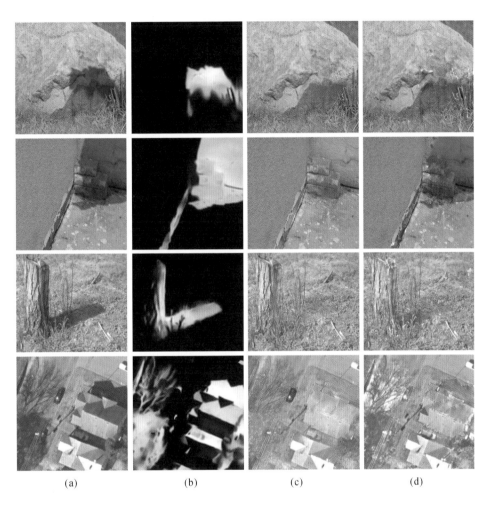

(a)   (b)   (c)   (d)

图 6-8　更多复杂场景下的阴影去除结果

(a)阴影图;(b)阴影补偿量;(c)我们的算法结果;(d)Gong 等人的算法结果

SRD 测试数据集)上的 RMSE 和 SSIM 分析结果。表 6-2 中:RMSE 值越小表
示阴影去除效果越好;第三列显示的是原始阴影图像和真实无阴影图像之间的
误差,最好和次好的结果分别用红色和蓝色标记。表 6-3 中:SSIM 值越大表示
阴影去除效果越好;第三列显示的是原始阴影图像和真实无阴影图像之间的误
差,最好和次好的结果分别用红色和蓝色标记。从表中可以看出,我们提出的
算法取得了最好的阴影去除效果。

表 6-2　RMSE 定量分析结果

数据集	区域	原始	Guo	Yang	Gong	Gryka	Khan	DeshadowNet
UIUC	阴影	42	13.9	21.6	11.8	13.9	12.1	9.6
	无阴影	4.6	5.4	20.3	4.9	7.6	5.1	4.8
	整个图像	13.7	7.4	20.6	6.6	9.1	6.8	5.9
LRSS	阴影	44.45	31.58	23.35	22.27	—	—	14.21
	无阴影	4.1	4.87	19.35	4.39	—	—	4.17
	整个图像	17.73	13.89	20.70	10.43	—	—	7.56
SRD	阴影	42.38	29.89	23.43	19.58	—	—	11.78
	无阴影	4.56	6.47	22.26	4.92	—	—	4.84
	整个图像	14.41	12.60	22.57	8.73	—	—	6.64

表 6-3　SSIM 定量分析结果

数据集	区域	原始	Guo	Yang	Gong	Gryka	DeshadowNet
UIUC	阴影	0.6227	0.9228	0.8757	0.9551	0.9418	0.9751
	无阴影	0.9861	0.9811	0.9230	0.9839	0.9695	0.9859
	整个图像	0.8975	0.9669	0.9114	0.9769	0.9627	0.9832
LRSS	阴影	0.6194	0.7905	0.8814	0.8723	—	0.9518
	无阴影	0.9882	0.9813	0.9226	0.9863	—	0.9888
	整个图像	0.8637	0.9169	0.9087	0.9478	—	0.9763
SRD	阴影	0.5403	0.7381	0.8601	0.8695	—	0.9487
	无阴影	0.9843	0.9685	0.8735	0.9790	—	0.9823
	整个图像	0.8687	0.9087	0.8700	0.9509	—	0.9735

DeshadowNet 由三个子网络 G-Net、A-Net 和 S-Net 组成。为了进一步分析每个子网络的性能，我们对 DeshadowNet 进行了三种变体模型的研究，并在 UIUC 数据集上进行了一系列实验验证。这三种变体模型是：仅包含 S-Net（或 A-Net，由于没有 G-Net，A-Net 和 S-Net 相同）的模型，包含 G-Net 和 A-Net 的模型，包含 G-Net 和 S-Net 的模型。表 6-4 给出了这三种变体模型在 UIUC 数据集上的阴影去除结果（用 RMSE 指标衡量）。可以发现，这三种变体模型的效果均比 DeshadowNet 的要差。如果没有 G-Net，仅仅采用 S-Net，算法的性能相对较差，阴影区域的 RMSE 为 14.2；与之相对应，G-Net ＋ S-Net 在阴影区域的 RMSE 为 10.3。这进一步验证了深度网络中嵌入机制的有效性，G-Net 分别为 A-Net 和 S-Net 提供了中层外形信息和高层语义信息。

表 6-4　DeshadowNet 三种变体模型在 UIUC 数据集上的阴影去除结果（RMSE）

区域	S-Net	G-Net+A-Net	G-Net+S-Net	DeshadowNet
阴影	14.2	11.85	10.3	**9.6**
无阴影	5.85	5.04	4.82	**4.8**
整个图像	7.90	6.7	6.2	**5.9**

图 6-9 给出了这三种变体模型的定性分析结果。G-Net＋S-Net 融合高层语义信息和底层细节信息，能得到较为精确的阴影补偿量（见图 6-9(d)）。而 G-Net＋A-Net结合中层外形特征和底层细节信息，仅得到粗略尺度的阴影补偿量，但是有助于模拟预约补偿量的外形特征，即图 6-9(c)所示阴影补偿量的像素值更为精确，但是轮廓细节信息与图 6-9(d)相比较为粗糙。因此在 DeshadowNet 中，我们将这三类上下文信息结合起来，用于实现更为精细和准确的阴影补偿量预测（见图 6-9(e)）。

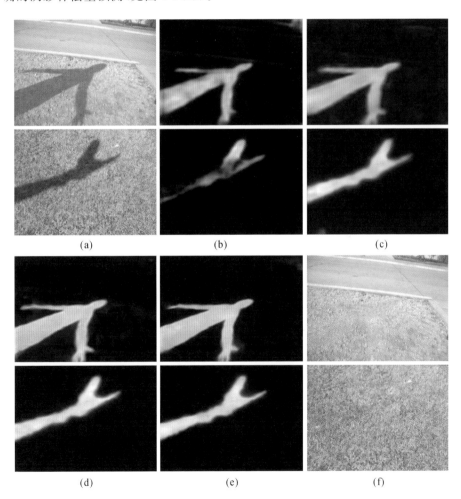

(a)　　　　　　　　(b)　　　　　　　　(c)

(d)　　　　　　　　(e)　　　　　　　　(f)

图 6-9 DeshadowNet 三种变体模型的定性分析结果

(a)阴影图像；(b)由 S-Net 得到的阴影补偿量；(c)由 G-Net＋A-Net 得到的阴影补偿量；(d)由 G-Net＋S-Net 得到的阴影补偿量；(e)由 DeshadowNet 得到的阴影补偿量；(f)DeshadowNet 最终阴影去除结果

6.3　反光去除

镜面反射分量通常会破坏图像质量,从而影响计算机视觉算法的鲁棒性。因此对于计算机视觉,镜面反射分量(即反光)的去除是非常有必要的。目前的大部分反光去除方法都是基于双色反射模型的,它们首先在一块图像区域内寻找一个漫反射像素,然后把这个漫反射像素传播到该图像区域并且计算出镜面反射分量。由于缺乏全局信息,寻找的漫反射色度并非总是准确的,因此镜面反射分量也不能够完全去除。

双色反射模型是最早用来对复杂的反射面进行建模的(Shafer,1985),并且它已经广泛地应用到反光去除中。依据双色反射模型,物体上某个像素的颜色由漫反射和镜面反射线性组合而成,即

$$I(\boldsymbol{x}) = D(\boldsymbol{x}) + S(\boldsymbol{x}) = m_\mathrm{d}(\boldsymbol{x})\varLambda(\boldsymbol{x}) + m_\mathrm{s}(\boldsymbol{x})\varGamma(\boldsymbol{x}) \tag{6-8}$$

式中:$m_\mathrm{d}(\boldsymbol{x})$ 和 $m_\mathrm{s}(\boldsymbol{x})$ 分别是漫反射和镜面反射系数,它们依赖于像素在场景中的位置;$\varLambda(\boldsymbol{x})$ 和 $\varGamma(\boldsymbol{x})$ 分别表示漫反射和镜面反射色度,它们是由物体本身材料的属性所决定的,其中 $\varGamma(\boldsymbol{x})$ 也通常被认为是光源色度。

6.3.1　基于偏振滤波片的反光检测与去除

基于偏振滤波片的高光消除方法是一种物理光学方法,此物理方法基于在反射光成分中,镜面反射光的偏振量远大于漫反射的偏振量这个原理,借助于相机偏振镜控制系统,利用不同偏振镜角度的偏振图像中高光区的图像信息来获得偏振镜消除高光的旋转角度,进而获得消除高光的图像。我们首先设计并实现了相机上偏振镜的旋转控制系统,接着利用暗通道先验方法获得高光图像的主要高光区。在主要高光区识别基础上,我们根据物理学中消除偏振光的原理来实现自然光照条件下的高光消除。具体地,利用偏振镜旋转控制系统自主获得三幅不同偏振角度下的图像,并根据 Stokes 参量之间的关系来处理三幅图像高光区的 RAW 数据信息,以此获得偏振镜准确消除高光的旋转角度。最后,根据偏振镜消除高光的旋转角度获得该角度的 RAW 图像,并对 RAW 图像进行色彩恢复,获得高光消除图像。该方法不需要固定光源方向或者已知光源色度等其他复杂的实验条件,对图像的颜色信息利用较少,这样就大大降低

了算法复杂度。

我们实验所用的相机为 Canon 60D。对于数码相机,图像的原始数据信息(RAW 数据信息)与 JPEG 相比记录了更多的场景信息,图像保留了更宽广的色域和动态范围,是最原始的未被处理的数据。基于这些优点,我们在高光消除算法中处理的信息都为图像的 RAW 数据信息。

1. 高光区识别

为了实现图像高光区的自动识别,我们首先基于暗通道先验的原理来获得图像的镜面反射分量。暗通道先验是由 He 等人(2009)首次提出的,并很好地应用于单幅图像去雾。利用该方法对大量室外无雾清晰图像进行统计,发现图像的非天空区域中某些像素总会至少有一个颜色通道的值很低。受此启发,我们考虑到在非天空图像的高光区中,三个颜色通道的强度值都很高,而非高光区的像素总会有一个颜色通道具有很低的强度值,因此高光区就可以利用暗通道方法来进行识别。图像 $\boldsymbol{I}$ 的暗通道图像 $\boldsymbol{I}_{\mathrm{dark}}$ 可以定义为

$$\boldsymbol{I}_{\mathrm{dark}}(x) = \min_{y=\Omega(x)} \left(\min_{H \in \{\mathrm{R,G,B}\}} (\boldsymbol{I}_H(y)) \right) \tag{6-9}$$

式中: $\Omega(x)$ 表示以像素 x 为中心的一个窗口。根据暗通道的定义我们可以获得如图 6-10(b)所示的暗通道图像。通过暗通道提取操作,我们可以看出图像的高光区已经被凸显出来,但是整幅图像边缘比较模糊,高光区周围具有较多无关紧要的纹理细节。针对这个问题,我们利用 Xu 等人(2011)的零模平滑方法对图 6-10(b)进行处理,该方法可以有效地锐化边缘,并抑制低强度的纹理细节。图 6-10(c)为图 6-10(b)经过该方法处理后得到的图像。为了获得最终高光区的图像,我们利用均值偏移(mean shift)算法对图 6-10(c)进行图像分割,并将分割后最亮的区域选择出来,图 6-10(d)中红色方框内的区域即为高光区选择的结果。

2. Stokes 参量与偏振图像

Stokes 参量法是一种常见的表示偏振光的方法,Stokes 参量通常描述为

$$\boldsymbol{S} = \begin{bmatrix} S_0 & S_1 & S_2 & S_3 \end{bmatrix}^{\mathrm{T}} \tag{6-10}$$

用一个结合 x-y 坐标空间场景的四维列向量来表示 Stokes 参量,可以写成

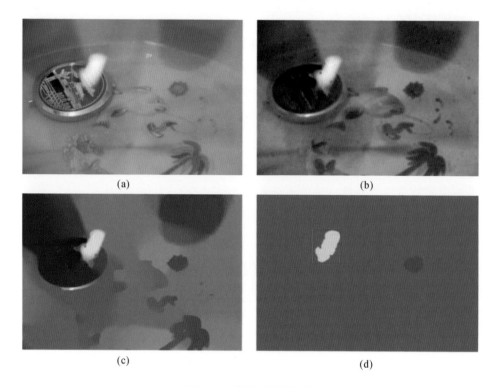

图 6-10　高光区选择过程

(a)高光图像；(b)暗通道图像；(c)零模平滑处理图像；(d)高光区域 Mean Shift 分割

$$\boldsymbol{S}(x,y) = \begin{bmatrix} S_0(x,y) \\ S_1(x,y) \\ S_2(x,y) \\ S_3(x,y) \end{bmatrix} = \begin{bmatrix} I(x,y,0^\circ) + I(x,y,90^\circ) \\ I(x,y,0^\circ) - I(x,y,90^\circ) \\ I(x,y,45^\circ) - I(x,y,-45^\circ) \\ I_{\mathrm{L}}(x,y) - I_{\mathrm{R}}(x,y) \end{bmatrix} \quad (6\text{-}11)$$

式中：$I(x,y,-45^\circ)$、$I(x,y,0^\circ)$、$I(x,y,45^\circ)$ 及 $I(x,y,90^\circ)$分别代表偏振镜在
-45°、0°、45° 及 90°获得的偏振图像原始数据；$I_{\mathrm{L}}(x,y)$、$I_{\mathrm{R}}(x,y)$分别代表左旋
和右旋圆偏振光数据。假设用字母 C 表示高光区，那么高光区的 Stokes 参量
可以表示为

$$\boldsymbol{S}_{\mathrm{C}}(x,y) = \begin{bmatrix} S_{\mathrm{C}0}(x,y) \\ S_{\mathrm{C}1}(x,y) \\ S_{\mathrm{C}2}(x,y) \\ S_{\mathrm{C}3}(x,y) \end{bmatrix} = \begin{bmatrix} I_{\mathrm{C}}(x,y,0^\circ) + I_{\mathrm{C}}(x,y,90^\circ) \\ I_{\mathrm{C}}(x,y,0^\circ) - I_{\mathrm{C}}(x,y,90^\circ) \\ 2I_{\mathrm{C}}(x,y,45^\circ) - I_{\mathrm{C}}(x,y,-45^\circ) \\ I_{\mathrm{CL}}(x,y) - I_{\mathrm{CR}}(x,y) \end{bmatrix} \quad (6\text{-}12)$$

该式可以进一步写成

$$
\boldsymbol{S}_{\mathrm{C}}(x,y)=\begin{bmatrix}S_{\mathrm{C}0}(x,y)\\S_{\mathrm{C}1}(x,y)\\S_{\mathrm{C}2}(x,y)\\S_{\mathrm{C}3}(x,y)\end{bmatrix}=\begin{bmatrix}I_{\mathrm{C}}(x,y,0°)+I_{\mathrm{C}}(x,y,90°)\\I_{\mathrm{C}}(x,y,0°)-I_{\mathrm{C}}(x,y,90°)\\2I_{\mathrm{C}}(x,y,45°)-I_{\mathrm{C}}(x,y,0°)-I_{\mathrm{C}}(x,y,90°)\\I_{\mathrm{CL}}(x,y)-I_{\mathrm{CR}}(x,y)\end{bmatrix}
$$

$$(6\text{-}13)$$

我们可以获得高光区 C 中偏振角度 θ 对图像强度的影响,即

$$I_{\mathrm{C}}(x,y,\theta)=\frac{1}{2}S_{\mathrm{C}0}(x,y)+\frac{1}{2}S_{\mathrm{C}1}(x,y)\cos2\theta+\frac{1}{2}S_{\mathrm{C}2}(x,y)\sin2\theta$$

$$(6\text{-}14)$$

我们考虑到,通过偏振镜旋转消除高光后,高光区的亮度值最小,此时的角度 θ 即为偏振镜消除高光需要旋转的角度,表示为

$$I=\min_{\theta}I_{\mathrm{C}}(x,y,\theta)\quad \theta=0°,1°,2°,\cdots,180°\qquad(6\text{-}15)$$

具体实现过程如图 6-11 所示。

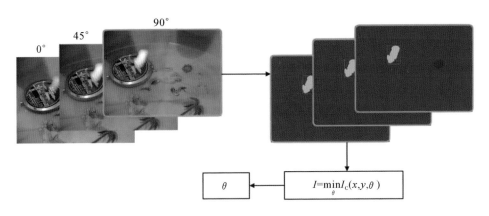

图 6-11 获取偏振镜消除高光角度的过程

3. 高光消除图像的彩色信息恢复

目前我们已知消除高光偏振镜的旋转角度 θ,而此时获得的图像是不具有色彩信息的 RAW 图像。为了生成相机最终呈现的彩色图像,我们对 RAW 图像进行色彩信息的恢复。

为了实现场景的准确复现,我们对原始 RAW 图像进行如图 6-12 所示的色彩恢复过程。首先,我们对 RAW 原始数据图像进行线性处理,因为某些相

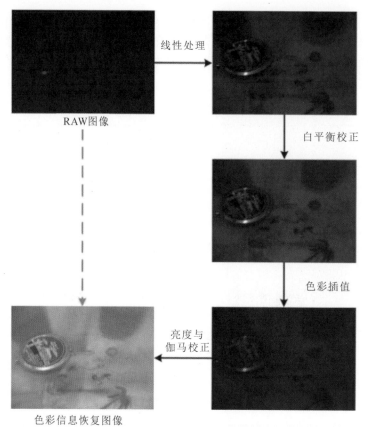

图 6-12　色彩恢复过程

机的 RAW 数据信息并不完全与像素上的照度成线性关系。接着对线性化后的图像进行白平衡校正,这里的白平衡校正指的是将 R、G、B 三个通道的值乘以不同的增益系数,以此来弥补三个滤光片不同光谱敏感度带来的影响。形成彩色图像的关键一步就是进行色彩插值,经过色彩插值后,原来的灰度图就转换为三通道彩色图像,但是图像的亮度依然较低并且有色差。为了呈现最后的设备无关图,我们对色彩插值之后的图像进行亮度与伽马校正。经过以上步骤,我们就可以恢复消除高光的图像。

4. 实验结果

为了验证我们的方法的可行性,我们在 Canon 60D 的基础上分别在室内和室外进行取景实验,并将实验结果与文献(Shen et al.,2013)和(Yang et al.,2010)的结果进行对比,对比结果如图 6-13 所示。

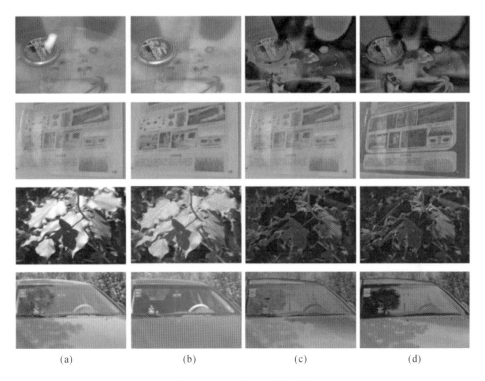

(a)　　　　　　　　(b)　　　　　　　　(c)　　　　　　　　(d)

图 6-13　消除高光结果对比

(a)高光图像;(b)我们的方法;(c)Shen 等人的方法;(d)Yang 等人的方法

图 6-13(a)中前两行为自然光照环境下的室内高光图像,后两行为自然光照条件下的室外高光图像。图 6-13(b)所示为利用我们的高光消除方法获得的结果。从图 6-13(b)(c)(d)中可以很明显地看出,无论针对室内还是室外的高光图像,我们的方法都可以有效消除自然光照条件下的高光,并且成功恢复高光区掩盖的纹理细节,而 Shen 等人的方法和 Yang 等人的方法的高光消除结果产生了颜色畸变,并不适用于自然光照条件下高光的消除工作。所以,针对自然光照环境下高光的消除工作,我们的方法取得了不错的效果。

6.3.2　基于图像全局信息的反光去除

基于公式(6-8),大多数镜面反射的去除方法首先在局部块中寻找合适的漫反射色度 $\Lambda(\boldsymbol{x})$,然后在这个局部块中进行传播,从而恢复 $m_{\mathrm{s}}(\boldsymbol{x})$ 或 $m_{\mathrm{d}}(\boldsymbol{x})$。由于缺乏全局信息,只有在给出精确的漫反射色度时,这些方法才能够准确地分离出反射分量。为了解决以上问题,我们从双色反射模型出发推导出了一种全局的彩色线约束，利用这种约束就可以对图像上的高光进行去除。利用全局信息不仅能够找到最佳的漫反射色度，而且能够有效地处理纹理图像，对于较大区域的反光区域也有较好的处理能力。通过将图像除以其三通道值之和，我们可以得到其色度图像：

$$\tilde{I}(\boldsymbol{x}) = \frac{I(\boldsymbol{x})}{\sum\limits_{H \in \{R,G,B\}} I_H(\boldsymbol{x})} \tag{6-16}$$

将式(6-8)代入式(6-16)，我们可以得到

$$\tilde{I}(\boldsymbol{x}) = \frac{m_{\mathrm{d}}(\boldsymbol{x})}{\sum\limits_{H \in \{R,G,B\}} I_H(\boldsymbol{x})} \Lambda_H(\boldsymbol{x}) + \frac{m_{\mathrm{s}}(\boldsymbol{x})}{\sum\limits_{H \in \{R,G,B\}} I_H(\boldsymbol{x})} \Gamma_H(\boldsymbol{x}) \tag{6-17}$$

式中：反射色度通常被规范化为1，即 $\sum\limits_{H \in \{R,G,B\}} \Lambda_H(\boldsymbol{x}) = 1$，$\sum\limits_{H \in \{R,G,B\}} \Gamma_H(\boldsymbol{x}) = 1$。

那么 $\sum\limits_{H \in \{R,G,B\}} I_H(\boldsymbol{x}) = m_{\mathrm{d}}(\boldsymbol{x}) + m_{\mathrm{s}}(\boldsymbol{x})$，我们可以将式(6-17)进一步写为

$$\tilde{I}(\boldsymbol{x}) = \Gamma(\boldsymbol{x}) + \alpha(\boldsymbol{x})(\Lambda(\boldsymbol{x}) - \Gamma(\boldsymbol{x})) \tag{6-18}$$

式中：$\alpha(\boldsymbol{x}) = \dfrac{m_{\mathrm{d}}(\boldsymbol{x})}{m_{\mathrm{d}}(\boldsymbol{x}) + m_{\mathrm{s}}(\boldsymbol{x})}$。

在式(6-18)中，光源色度 $\Gamma(\boldsymbol{x})$ 对一幅图像来说是固定的；$\alpha(\boldsymbol{x})$ 可以被认为是漫反射色度 $\Lambda(\boldsymbol{x})$ 和光源色度 $\Gamma(\boldsymbol{x})$ 的融合系数，它随材质、光照、角度的变化而变化。具有相同漫反射色度 $\Lambda(\boldsymbol{x})$ 的像素聚集在一起，使式(6-18)可以表示成一条三维直线，那么 $\tilde{I}(\boldsymbol{x})$ 就可表示成由不同漫反射色度组成的彩色线集合。对于整幅图像而言，不同的漫反射色度代表不同的直线，那么所有直线的交点就是光源色度。

在图 6-14 中，(b)是我们合成的反光图像，(c)是其对应的真实图像，(a)描绘了反光图像(b)在色度空间的分布。我们可以发现，反光图像中的红和蓝两种色度在色度空间交于一点，通过直线拟合，我们可以得出两条直线的交点为 $[0.342 \quad 0.342 \quad 0.316]^{\mathrm{T}}$，这个交点也就是所谓的光源色度，而实际的光源色度为 $\left[\dfrac{1}{3} \quad \dfrac{1}{3} \quad \dfrac{1}{3}\right]^{\mathrm{T}}$，这与我们计算得到的光源色度是基本一致的。在自然场景下，我们也可以通过聚类和直线拟合得到一幅图像的漫反射色度和光源色度。在反射色度已知的情况下，我们就可以计算出一幅图像的镜面反射分量和漫反射分量。

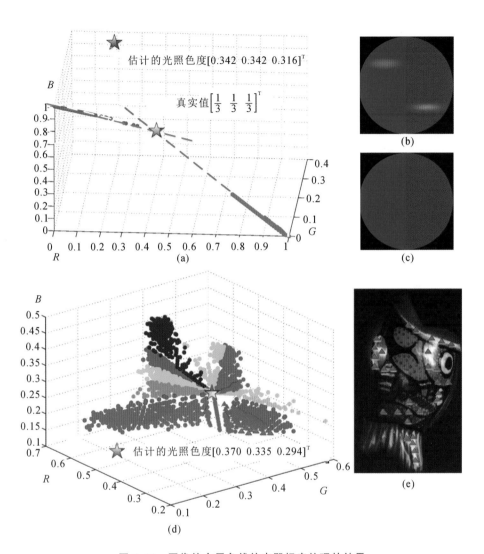

图 6-14　图像的全局色线约束即相应处理的结果

(a)反光图像在色度空间的分布；(b)我们合成的反光图像；(c)反光图像(b)对应的真实图像；

(d)自然图像(e)在规范化的颜色空间的颜色分布；(e)自然图像

1. 图像像素聚类

下面介绍如何对图像像素进行聚类，从而得到拟合的不同色度直线。首先
定义 $\tilde{I}_d(\boldsymbol{x})$ 为

$$\tilde{I}_d(\boldsymbol{x}) = \tilde{I}(\boldsymbol{x}) - \Gamma(\boldsymbol{x}) = \alpha(\boldsymbol{x})(\Lambda(\boldsymbol{x}) - \Gamma(\boldsymbol{x})) \tag{6-19}$$

式中：$\tilde{I}_d(\boldsymbol{x})$ 是像素到光源色度的方向向量。为了得到准确的 $\Gamma(\boldsymbol{x})$，将其初

化为 $\begin{bmatrix} \dfrac{1}{3} & \dfrac{1}{3} & \dfrac{1}{3} \end{bmatrix}^{\mathrm{T}}$。随后,通过计算彩色线的交点对光源色度 $\Gamma(\boldsymbol{x})$ 进行校正。对于已知的光源色度 $\Lambda(\boldsymbol{x})$,距离 $\left\|\tilde{I}_{\mathrm{d}}(\boldsymbol{x})\right\|_2$ 仅仅由 $\alpha(\boldsymbol{x})$ 决定。为了更好地对图像像素进行聚类,将直角坐标系(RGB 空间)转换到极坐标系,那么 $\tilde{I}_{\mathrm{d}}(\boldsymbol{x})$ 可以表示为

$$\tilde{I}_{\mathrm{d}}(\boldsymbol{x}) = (r(\boldsymbol{x}), \theta(\boldsymbol{x}), \varphi(\boldsymbol{x})) \tag{6-20}$$

式中

$$\begin{cases} \theta(\boldsymbol{x}) = \arctan \dfrac{\Lambda_{\mathrm{g}}(\boldsymbol{x}) - \Gamma_{\mathrm{g}}}{\Lambda_{\mathrm{r}}(\boldsymbol{x}) - \Gamma_{\mathrm{r}}} \\[4mm] \varphi(\boldsymbol{x}) = \arctan \dfrac{\Lambda_{\mathrm{b}}(\boldsymbol{x}) - \Gamma_{\mathrm{b}}}{\sqrt{(\Lambda_{\mathrm{r}}(\boldsymbol{x}) - \Gamma_{\mathrm{r}})^2 + (\Lambda_{\mathrm{g}}(\boldsymbol{x}) - \Gamma_{\mathrm{g}})^2}} \\[4mm] r(\boldsymbol{x}) = \alpha(\boldsymbol{x}) \sqrt{(\Lambda_{\mathrm{r}}(\boldsymbol{x}) - \Gamma_{\mathrm{r}})^2 + (\Lambda_{\mathrm{g}}(\boldsymbol{x}) - \Gamma_{\mathrm{g}})^2 + (\Lambda_{\mathrm{b}}(\boldsymbol{x}) - \Gamma_{\mathrm{b}})^2} \end{cases} \tag{6-21}$$

我们可以看出:一个像素的颜色仅仅由 $\theta(\boldsymbol{x})$ 和 $\varphi(\boldsymbol{x})$ 所决定,并且和距离 $r(\boldsymbol{x})$ 无关。$r(\boldsymbol{x}) = \left\|\tilde{I}_{\mathrm{d}}(\boldsymbol{x})\right\|_2$ 表示像素到光源的欧氏距离,它决定了像素受镜面反射的影响程度。因此我们使用 $\Lambda^{\mathrm{P}}(\boldsymbol{x}) = \begin{bmatrix} \theta(\boldsymbol{x}) & \varphi(\boldsymbol{x}) \end{bmatrix}^{\mathrm{T}}$ 来聚类图像像素。两个像素 x 和 y 之间的色度距离可以用 L_1 范数表示:

$$d_{\Lambda}(\boldsymbol{x}, \boldsymbol{y}) = \left\| \Lambda^{\mathrm{P}}(\boldsymbol{x}) - \Lambda^{\mathrm{P}}(\boldsymbol{y}) \right\|_1 \tag{6-22}$$

如果两个像素之间的距离小于某个给定的阈值 T,那么它们就属于同一类。当每个像素都被分类之后,计算每一类的均值,并用其作为 K-近邻(KNN)算法的初始值进行重新聚类。其中参数 $\theta(\boldsymbol{x})$ 和 $\varphi(\boldsymbol{x})$ 的范围分别是 $[0, 2\pi]$ 和 $[0, \pi]$,此处我们根据经验设置 $T \in \left[\dfrac{\pi}{6}, \dfrac{\pi}{3}\right]$。实际上,令 $T \in \left[\dfrac{\pi}{6}, \dfrac{\pi}{3}\right]$ 可以很好地处理大部分高光图像。如果 T 太小,聚类的数目就会增多,这将会导致图像中的镜面反射成分不能够被完全去除。反之,如果 T 太大,聚类的数目就会减少,图像中的镜面反射就会被过分割,从而导致图像太暗。

2. 图像的镜面反射分离

我们的镜面反射分离方法主要由三个步骤组成。首先,将输入由 RGB 直角

坐标系转换到球面坐标系,然后利用反射不变量 $\theta(\boldsymbol{x})$ 和 $\varphi(\boldsymbol{x})$ 将图像像素聚类在一起。随后,为每一类拟合一条直线,并计算交点,估计光源色度。最后,根据每一个像素到光源色度的距离,可以逐像素去除图像上的镜面反射成分。镜面反射去除的前两步已经讨论过,这里只介绍第三步,即如何进行镜面反射成分的去除。

经过前两步的处理,我们已经获得了彩色线和光源色度 $\Gamma(\boldsymbol{x})$。令 $\tilde{I}_\mathrm{d}(\boldsymbol{x}) = \tilde{I}(\boldsymbol{x}) - \Gamma(\boldsymbol{x})$,并将其转换到球面坐标获得距离 $r(\boldsymbol{x})$。对于给定的彩色线(某一色度类别),$r(\boldsymbol{x})$ 依赖于 $\alpha(\boldsymbol{x})$:

$$r(\boldsymbol{x}) = \alpha(\boldsymbol{x}) \left\| \Lambda(\boldsymbol{x}) - \Gamma(\boldsymbol{x}) \right\|_2, \quad 0 \leqslant \alpha(\boldsymbol{x}) \leqslant 1 \tag{6-23}$$

由于 $\alpha(\boldsymbol{x}) = \dfrac{m_\mathrm{d}(\boldsymbol{x})}{m_\mathrm{d}(\boldsymbol{x}) + m_\mathrm{s}(\boldsymbol{x})}$,$\alpha(\boldsymbol{x}) = 1$ 代表了聚类像素的不同漫反射色度,而且 $\alpha(\boldsymbol{x}) = 1$ 对应距离最远的像素,即 $r_\mathrm{max}(\boldsymbol{x})$,有

$$r_\mathrm{max}(\boldsymbol{x}) = \max_{x \in C} \{r(\boldsymbol{x})\} \tag{6-24}$$

式(6-24)表示对每一类 C 估计其最大距离。根据式(6-23)和式(6-24),每一点的融合系数 $\alpha(\boldsymbol{x})$ 可以逐像素进行估计:

$$\alpha(\boldsymbol{x}) = \frac{r(\boldsymbol{x})}{r_\mathrm{max}(\boldsymbol{x})} \tag{6-25}$$

为了抑制图像噪声,最终的漫反射系数 $\alpha(\boldsymbol{x})$ 需要经过一个 5×5 中值滤波,滤波模板的大小是经过多次实验得到的。在实际计算过程当中,为了防止镜面反射被过分割,可以替换式(6-25)中的 $r_\mathrm{max}(\boldsymbol{x})$,而使用

$$r_\mathrm{median}(\boldsymbol{x}) = \operatorname*{median}_{\boldsymbol{x} \in C} \{r(\boldsymbol{x})\} \tag{6-26}$$

根据式(6-18),色度空间的漫反射成分 $\tilde{D}(\boldsymbol{x})$ 可以表示为

$$\tilde{D}(\boldsymbol{x}) = \tilde{I}(\boldsymbol{x}) - (1 - \alpha(\boldsymbol{x}))\Gamma(\boldsymbol{x}) \tag{6-27}$$

根据式(6-16),随后将 $\tilde{D}(\boldsymbol{x})$ 转换回 RGB 颜色空间,因此漫反射成分为

$$D(\boldsymbol{x}) = \tilde{D}(\boldsymbol{x}) \sum_{H \in \{R,G,B\}} I_H(\boldsymbol{x}) \tag{6-28}$$

那么,镜面反射可以通过减去漫反射得到:

$$S(\boldsymbol{x}) = I(\boldsymbol{x}) - D(\boldsymbol{x}) \tag{6-29}$$

图像镜面反射分离算法如下。

算法 6-1 图像镜面反射分离算法。

输入:高光图像 $I(x)$。

输出:漫反射 $D(x)$,镜面反射 $S(x)$。

算法流程:

1.聚类图像像素,根据式(6-22)进行;

2.为每一类拟合直线并计算光源色度 $\Gamma(x)$;

3.计算到 $\Gamma(x)$ 的距离 $r(x)$,根据式(6-16)、式(6-19)、式(6-20)进行;

4.为每一类估计最远距离 $r_{\max}(x)$;

5.估计漫反射色度 $\alpha(x)$,根据式(6-25)进行;

6.分离镜面反射,根据式(6-27)、式(6-28)、式(6-29)进行。

3.实验结果

图 6-15 展示了反光去除结果,我们的方法利用全局的反射信息计算漫反射分量和镜面反射分量,可以处理反光区域较大的情况,以及较好地处理含有

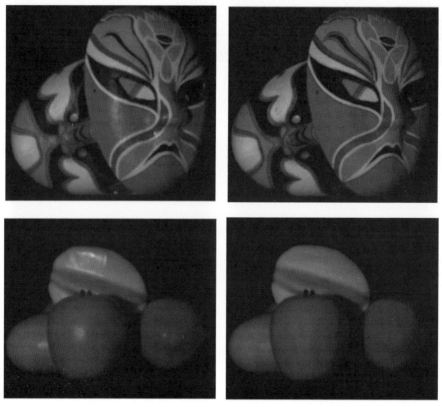

图 6-15　我们的方法对室内图像的反光去除结果

复杂纹理的图像。图 6-16 展示了两幅在实际场景下拍摄的图像(在自然光照下拍摄的莲花和汽车)用不同的方法进行反光去除的结果比较,其中图(d)是我们的方法的处理结果。Yang 等人的方法(2015)、Shen 等人的方法(2013)可以移除两幅图像所有的镜面反射,但它们都会不同程度地破坏纹理等细节,比如荷叶上的纹理和车窗上的标签。我们所提出的方法利用彩色线的全局(非局部)色度信息计算漫反射分量和镜面反射分量,能够清晰地分离镜面反射,并能很好地保留微小细节。

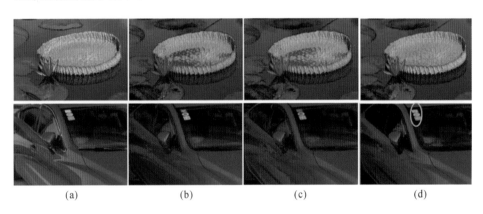

(a)　　　　　　(b)　　　　　　(c)　　　　　　(d)

图 6-16　室外场景下两幅真实图像反光去除的结果比较

(a)输入图像;(b)Yang 等人的方法;(c)Shen 等人的方法;(d)我们的方法

本章参考文献

ARBEL E,HEL-OR H. 2011. Shadow removal using intensity surfaces and texture anchor points[J]. IEEE Transactions on Pattern Analysis and Machine Intelligence,33(6):1202-1216.

FINLAYSON G D,HORDLEY S D,LU C,et al. 2006. On the removal of shadows from images[J]. IEEE Transactions on Pattern Analysis and Machine Intelligence,28(1):59-68.

GONG H,COSKER D P. 2014. Interactive shadow removal and ground truth for variable scene categories[C] // Proceedings of the British Machine Vision Conference. Nottingham:1-11.

GRIFFIN G,HOLUB A,PERONA P. 2007. Galtech-256 object category dataset[DB/OL]. [2018-08-01]. http://authors. library. caltech. edu/7694.

GRYKA M,TERRY M,BROSTOW G J. 2015. Learning to remove soft shadows[J]. ACM Transactions on Graphics,34(5):153. 1-153. 15.

GUO R Q, DAI Q Y, HOIEM D. 2013. Paired regions for shadow detection and removal[J]. IEEE Transactions on Pattern Analysis and Machine Intelligence,35(12):2956-2967.

HE K M,ZHANG X Y,REN S Q,et al. 2014. Spatial pyramid pooling in deep convolutional networks for visual recognition[J]. IEEE Transactions on Pattern Analysis and Machine Intelligence,37(9):1904-1916.

HE K M,ZHANG X Y,REN S Q,et al. 2015. Delving deep into rectifiers: surpassing human-level performance on imagenet classification[C] // IEEE International Conference on Computer Vision. Santiago:1026-1034.

JIA Y Q, SHELHAMER E, DONAHUE J, et al. 2014. Caffe: convolutional architecture for fast feature embedding[DB/OL]. [2018-07-06]. arxiv. org/abs/1408. 5093.

KHAN S H,BENNAMOUN M,SOHEL F,et al. 2016. Automatic shadow detection and removal from a single image[J]. IEEE Transactions on Pattern Analysis and Machine Intelligence,38(3):431-446.

LALONDE J F,NARASIMHAN S G,EFROS A A. 2010. What do the sun and the sky tell us about the camera? [J]. International Journal of Computer Vision,88(1):24-51.

LIU F,GLEICHER M. 2008. Texture-consistent shadow removal[C] // Proceedings of the 10th European Conference on Computer Vision:Part Ⅳ. Berlin:Springer-Verlag:437-450.

SHAFER S A. 1985. Using color to separate reflection components[J]. Color Research and Application,10(4):210-218.

SHEN H L, ZHENG Z H. 2013. Real-time highlight removal using intensity ratio[J]. Applied Optics,52(19):4483-4493.

SIMONYAN K,ZISSERMAN A. 2014. Very deep convolutional networks for large-scale image recognition[DB/OL]. [2018-08-01]. arxiv. org/abs/1409. 1556.

XU L,LU C,XU Y,et al. 2011. Image smoothing via L0 gradient minimization[J]. ACM Transactions on Graphics,30(6):61-64.

YANG Q X,TANG J H,AHUJA N. 2015. Efficient and robust specular highlight removal[J]. IEEE Transactions on Pattern Analysis and Machine Intelligence,37(6):1304-1311.

YANG Q X,TAN K-H,AHUJA N. 2012. Shadow removal using bilateral filtering[J]. IEEE Transactions on Image Processing,21(10):4361-4368.

YANG Q X,WANG S N,AHUJA N. 2010. Real-time specular highlight removal using bilateral filtering[C]//DANIILIDIS K,et al. Proceedings of the 11th European Conference on Computer Vision. Berlin:Springer:87-100.

第 7 章
雨雪建模与去除

雨、雪、雾等坏天气常常会严重影响成像质量,降低机器人视觉系统的稳定性。为了使机器人视觉系统在坏天气下有较好的鲁棒性,针对雨、雪、雾的建模与去除十分有必要。近年来,科研工作者提出了许多去雨雪和去雾算法。与单幅图像就能去雾不同的是,对雨雪的处理大多从视频着手,视频中相邻帧的信息冗余有助于雨雪的检测和去除。随着深度学习技术的发展,近几年也出现了一些基于深度学习的单幅图像去雨雪算法,但去除效果尚难以媲美视频去除算法,这是因为对于雨、雪比较大的情况,场景不仅仅被雨、雪遮挡,而且被雨、雪所模糊。因此对场景深处的雨、雪很难检测和处理。相比于雾和雨的去除,由于雪花特征的复杂性,例如各种各样的大小、形状、不均匀的密度分布和很低的透明度,雪花的去除更加困难。在本章中,我们首先介绍一种基于场景背景全局低秩特性和匹配运动物体局部低秩特性的雪花去除算法,然后介绍一种基于矩阵分解的雨雪去除算法,我们将雨雪场景分为四层,分别是背景层、稀疏雨雪层、稠密雨雪层和运动物体层,使得去雨雪模型对不同的雨雪场景均具有适应能力。最后,我们从雪的模型出发,设计了一种能够在单幅图像上检测和去除雪花的深度学习网络,提出了一种将雪模型和深度学习融合的去雪算法。

7.1 基于全局和局部低秩分解的雪花去除

对于雨雪视频,通常可以认为场景的背景是固定不变的,即使场景背景有所移动,我们也可以通过现有的配准算法进行对齐。那么对雨雪场景来说,背景的相似性是有低秩特性的,我们可以通过低秩表达的方式进行背景重建,这样就能获得比较清晰的背景。此外,对于场景中的运动物体,一般其形态变化较为缓慢,那么将不同帧中的运动物体堆放在一起的时候,它们也就具有了低秩特性,同样使用矩阵分解的方式,就可以获得去除雨雪后的前景。如图 7-1 所示,我们的模型为了分别提取静止背景和运动前景,同时考虑了全局和局部的低秩特性。主要思想是通过如下两个低秩分解的步骤将输入视频分解为静止背景、运动前景和雪花:①在整个帧中提取具有全局低秩分量的静止背景;②对匹配的部分块进行局部低秩分解,提取运动前景。在第②步中,为了更好地从运动的前景中分离雪花,我们还考虑了雪花的特征,如白色、小尺寸和背景到雪花像素增加值的限制等,将飘落的雪花和运动的物体分开。最后,将静止背景和运动前景结合生成去雪视频。

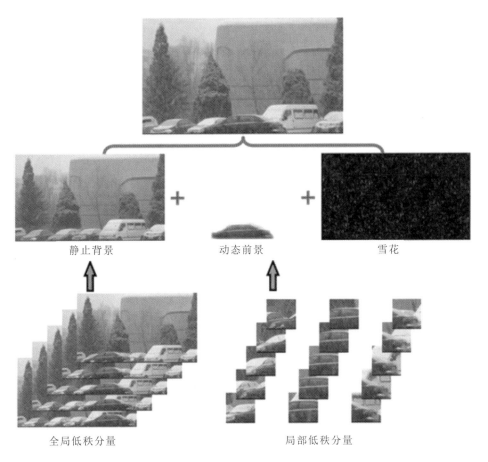

图 7-1　低秩分解法去除雪花

7.1.1 模型建立

我们将 K 帧的雨雪视频 $F = \{f_k\}_{k=1}^{K}$ 分解为静态背景、运动物体和下落的雪：

$$f_k = \text{st}_k + \text{mv}_k + \text{sn}_k \tag{7-1}$$

通常来说，$ST = \{\text{st}_k\}_{k=1}^{K}$ 为静态背景，并且一般被运动物体 $MV = \{\text{mv}_k\}_{k=1}^{K}$ 和雪花 $SN = \{\text{sn}_k\}_{k=1}^{K}$ 所遮挡。我们将视频中的每一帧都写成列向量形式，并将它们排列成矩阵：视频 $\boldsymbol{I} = [\text{vec}(f_1) | \text{vec}(f_2) | \cdots | \text{vec}(f_k)]$，静态背景 $\boldsymbol{S} = [\text{vec}(\text{st}_1) | \text{vec}(\text{st}_2) | \cdots | \text{vec}(\text{st}_k)]$，运动物体 $\boldsymbol{M} = [\text{vec}(\text{mv}_1) | \text{vec}(\text{mv}_2) | \cdots | \text{vec}(\text{mv}_k)]$，以及雪花 $\boldsymbol{E} = [\text{vec}(\text{sn}_1) | \text{vec}(\text{sn}_2) | \cdots | \text{vec}(\text{sn}_k)]$。根据以上所述，静态背景和对准后的运动物体都具有低秩特性，此外下落的雪花具有稀疏特性，那么我们可以将雪花去除问题建模为主成分分析（PCA）问题：

$$\min_{\boldsymbol{S},\boldsymbol{M},\boldsymbol{E}} \text{rank}(\boldsymbol{S}) + \lambda_1 \text{rank}(\eta(\boldsymbol{M})) + \lambda_2 \|\boldsymbol{E}\|_0$$
$$\text{s.t.} \quad \boldsymbol{I} = \boldsymbol{S} + \boldsymbol{M} + \boldsymbol{E} \tag{7-2}$$

式中：$\eta(\,\cdot\,)$ 为视频局部变换，也就是通过旋转和平移将视频中的运动部分进行对齐。因为低秩和 L_0 范数都是非凸、非连续性的问题，并且很难直接求解，所以我们将上述模型进行松弛，得到以下问题：

$$\min_{\boldsymbol{S},\boldsymbol{M},\boldsymbol{E}} \|\boldsymbol{S}\|_* + \lambda_1 \|\eta(\boldsymbol{M})\|_* + \lambda_2 \|\boldsymbol{E}\|_1$$
$$\text{s.t.} \quad \boldsymbol{I} = \boldsymbol{S} + \boldsymbol{M} + \boldsymbol{E} \tag{7-3}$$

7.1.2 静态背景抽取

根据以上所述，静态背景 $\boldsymbol{S}$ 是视频 $\boldsymbol{I}$ 中的低秩成分，它可以通过上述问题的子问题进行求解：

$$\min_{\boldsymbol{S},\boldsymbol{M},\boldsymbol{E}} \|\boldsymbol{S}\|_* + \lambda \|\boldsymbol{L}\|_1$$
$$\text{s.t.} \quad \boldsymbol{I} = \boldsymbol{S} + \boldsymbol{L} \tag{7-4}$$

式中：$\boldsymbol{L}$ 包含了运动物体和雪花两部分，即 $\boldsymbol{L} = \boldsymbol{M} + \boldsymbol{E}$。上面的核范数问题可以通过增广拉格朗日乘子算法（augmented Lagrangian method，ALM）进行求解。

我们将上述问题进一步改写为

$$L = \left\| S \right\|_* + \left\| L \right\|_1 + \langle Y, I - S - L \rangle + \frac{\mu}{2} \left\| I - S - L \right\|_F^2 \qquad (7\text{-}5)$$

式中:Y 是拉格朗日乘子;μ 是一个正常数。ALM 通过迭代的优化拉格朗日函数来求解最优值。因此,上述模型的最优值可以通过迭代求解以下三个变量获得:

$$S_{i+1} = \underset{S}{\arg\min}(S, L_i, Y_i)$$

$$L_{i+1} = \underset{S}{\arg\min}(S_{i+1}, L, Y_i) \qquad (7\text{-}6)$$

$$Y_{i+1} = Y_i + \mu_i L(S_{i+1}, L_{i+1})$$

如图 7-2 所示,输入视频经过低秩重建后,背景上的雪花可以很好地去除,我们下一步利用低秩特性对运动物体前的雪花进行滤除。

图 7-2　静态背景低秩重建结果

7.1.3　运动前景的分离

经过背景重建之后,剩余部分 L 是运动物体部分和雪花的混合,如何滤除运动物体前面的雪花是我们目前面临的问题。虽然物体在各个帧中的位置有所变化,但是它们的形态变化很小,通过局部的平移和变换操作 $\eta(\cdot)$,我们可以将各个帧中的运动物体对准在一起,这样它们就具有了低秩特性。利用低秩特性,我们就可以滤除运动物体上的雨雪。运动前景分离的子问题可以表达为

$$\underset{M,E}{\min} \left\| \eta(M) \right\|_* + \lambda \left\| E \right\|_1$$
$$\text{s.t.} \quad L = M + E \qquad (7\text{-}7)$$

图 7-3 展示了不同帧中运动物体的对准过程,经过对准之后,我们将得到

的低秩矩阵进行分解,以滤除运动物体上的雪花。从图中可以看到,我们的方法可以有效地滤除运动物体上的雨雪。

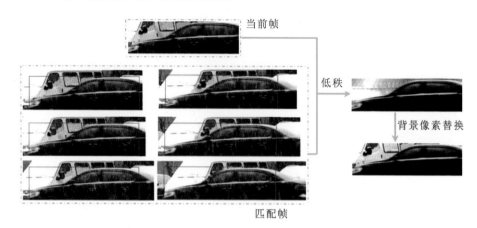

图 7-3 不同帧中运动物体的对准过程

处理运动前景的困难在于对准运动的部分并一起提取它们的低秩结构。因为在视频帧中物体的运动方式是多变的,所以估计一个统一的 η 函数十分困难。因此,基于块的方法被用来移除视频中降落的雪花。首先将 L 从矩阵的形式转化为帧序列的形式,例如,$\mathrm{MS}=\{\mathrm{ms}_k\}_{k=1}^K$。令 $\mathrm{MS}=\mathrm{MV}+\mathrm{SN}$,表示移动物体和降落雪花的混合。在这里,首先利用 Zhou 等人(2013)的文章中提到的方法分割这些动态的部分。然后,我们从运动目标中将雪花移除。在这一步中,我们考虑了雪花特有的属性,例如,雪花具有小的尺寸和窄的像素值波动范围。运动前景区域是 $\mathrm{MS}=\{\mathrm{ms}_k\}_{k=1}^K$。

每一帧生成一些区域块作为运动物体的最小的矩形边界框。每一个块记为 $p_{i,j,k}$,其中下标 i 表示第 i 个块,j 表示这个块的中心像素,k 表示帧数。我们在每帧中寻找与当前帧中的块相似的块。在这里,我们采用简单有效的平均绝对差值(mean absolute difference,MAD)算法来进行块匹配操作。

$$\mathrm{MAD}_{x_0,y_0}(x,y) = \frac{1}{n_x \times n_y} \sum_{i=0}^{W-1} \sum_{j=0}^{H-1} \mid p_k(x_0+i, y_0+j) \\ - p_{k+1}(x_0+x+i, y_0+y+j) \mid \quad (7\text{-}8)$$

对于一个 $n_x \times n_y(W \times H)$ 大小的像素块,(x_0, y_0) 和 (x_0+x, y_0+y) 分别代表当前块和对比帧。我们假设在时域中搜索到 m 个相似的块,令所有匹配的块的像素作为一个 $(n_x \times n_y) \times m$ 的矩阵 $\boldsymbol{P}_{j,k}$。通过这种方法,定义 $\boldsymbol{P}_{j,k}$ 为

$$\boldsymbol{P}_{j,k} = \begin{bmatrix} p_{1,j,k} & p_{2,j,k} & \cdots & p_{m,j,k} \end{bmatrix}^{\mathrm{T}}, \quad p_{i,j,k} \in \mathbb{R}^2, \quad i = 1,2,\cdots,m \quad (7\text{-}9)$$

$\boldsymbol{P}_{j,k}$ 的矩阵形式为

$$\boldsymbol{P}_{j,k} = \boldsymbol{M}_{j,k} + \boldsymbol{E}_{j,k} \quad (7\text{-}10)$$

式中：$\boldsymbol{M}_{j,k}$ 表示潜在的没雪的矩阵块，例如运动的物体；$\boldsymbol{E}_{j,k}$ 表示降落的雪花。因为矩阵 $\boldsymbol{M}_{j,k}$ 中所有的列向量都具有相似的潜在图像结构，所以 $\boldsymbol{M}_{j,k}$ 应该是一个低秩矩阵，现在这一步中的子问题仍然可以当作一个鲁棒的 PCA 问题，表示为

$$\min_{\boldsymbol{M},\boldsymbol{E}} \left\| \boldsymbol{M} \right\|_* + \lambda \left\| \boldsymbol{E} \right\|_1$$

$$\text{s. t.} \quad \boldsymbol{P} = \boldsymbol{M} + \boldsymbol{E} \quad (7\text{-}11)$$

图 7-3 所示的就是在匹配块上应用低秩矩阵分解获得无雪运动背景的过程。因为移动物体 $\boldsymbol{M}$ 之外的区域没有低秩属性（每个块不同），所以它们会被背景像素代替以避免产生失真效果。最终将移动的前景粘贴到静止的背景中就可以获得移除雪花的结果。

7.1.4 实验结果

我们展示并对比了我们的方法和其他雪花去除方法对一些有不同程度的降雪的场景的处理结果。利用我们的方法去除雪花后，场景变得清晰，能见度得到很大提高。图 7-4 展示了一个包含中等程度降雪的静态视频的雪花去除效果。我们还将我们的处理结果和 Sakaino（2012）的结果进行了比较。Sakaino 的方法对于静态相机和固定场景来说简单而有效。它提取了视频序列中饱和度最大的像素。图 7-4 中场景的景深变化很大。因此，雪花的大小从小到大不等。雪花靠近镜头和相机曝光集成效应，会产生眩光（见图 7-4 中第一行左下角图像）。该问题能通过我们的方法解决，而无法通过 Sakaino 的方法解决。

图 7-5 显示了一些雪花去除难度具有挑战性的视频经过处理后的结果，它们包括较多的前景对象、运动背景和大雪。对于每个视频，我们展示了其中的两个帧。第一个视频包含了汽车和行人等移动物体；第二个视频包含一辆快速行驶的汽车和一辆慢速行驶的汽车；第三个和第四个视频由移动中的摄像机拍摄，并伴有很大的降雪。总体来说，我们的方法用于处理这些具有挑战性的视

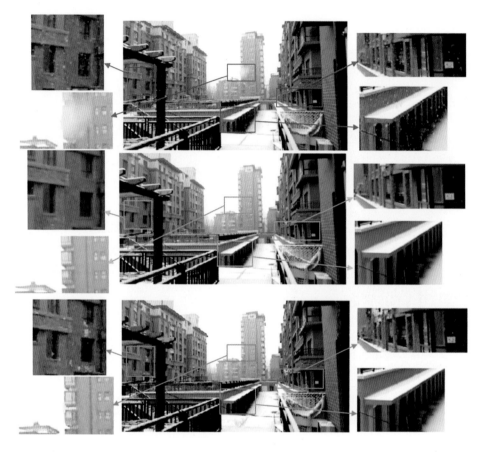

图 7-4 中等程度降雪的静态视频去雪结果比较

注:第一行为输入图像;第二行为我们的方法的去雪结果;第三行为 Sakaino 的方法的去雪结果。

频时取得了更好的结果。Kang 等人(2012)的方法的处理结果很模糊,并且残留了很多雪花。Kim 等人(2015)的方法对第一个视频的处理结果不如我们的结果清晰,对第二个视频的处理结果中快速行驶的汽车后侧有失真,对其他两个视频的处理结果中雪花未完全移除。

图 7-6 显示了两个合成降雪场景的雪花去除结果,第一行为视频 1 输入帧,第二行为视频 2 输入帧。我们的方法的结果接近真值,而其他方法要么无法清除所有雪花,要么得到模糊的结果。表 7-1 显示了使用结构相似性(SSIM)和峰值信噪比(PSNR)评价指标对这两个视频处理结果的定量比较。从表中我们可以看到我们的方法结果最好。

输入帧　　　　　　我们的方法　　　　Kang等人的方法　　　　Kim等人的方法

图 7-5　雪花去除难度具有挑战性的视频经过处理后的结果与比较

图 7-6   针对两个合成降雪场景的雪花去除结果对比

表 7-1   四种方法的 SSIM 和 PSNR 评价指标对比

评价对象	Sakaino 的方法	Kang 等人的方法	Kim 等人的方法	我们的方法
视频 1（SSIM）	0.8192	0.8963	0.8555	**0.9723**
视频 1（PSNR）	23.8006	27.5255	26.5437	**29.2197**
视频 2（SSIM）	0.8020	0.8014	0.7929	**0.9540**
视频 2（PSNR）	22.8949	24.6913	24.7875	**31.0505**

7.2   基于矩阵分解的雨雪去除方法

传统的雨雪去除算法通常认为雨滴或雪花在场景中是稀疏的，因此这些算法基于雨滴或雪花的亮度变化、下落方向及形状，将雨滴或雪花检测出来。虽然对于小的雨雪和相对静态的场景，这些传统的方法是有效的，但是它们难以应对较大的雨雪、高动态场景及相机移动的情况。在较大雨雪的天气和其他复杂场景下，雨和雪同时呈现出稀疏和稠密的特性。从直观上来说，场景不仅被稀疏的雨雪遮挡，而且被稠密的难以检测到的雨或雪所模糊。以一个高动态雨雪场景为例，图 7-7 展示了一般雨雪天气情况下雨雪的组成：稀疏雨雪 S_s，稠密雨雪 S_d，背景 B 及前景 F。已知的雨雪去除算法可以检测到稀疏的雨雪，但是稠密的雨雪 S_d 将会使检测失效，因此雨雪的去除也会失败。据我们所知，已知的雨雪去除方法没有考虑稠密的雨雪 S_d，这是它们难以应对较大雨雪天气和复杂场景的原因。我们根据矩阵分解的技术将输入视频分为低秩背景、运动物体、稀疏雨雪和稠密雨雪四个部分。背景通常是低秩的，这样我们可以重建出一个清晰的背景。运动物体和稀疏雨雪都是稀疏的，但是它们所引起的背景变化不一样,我们打算利用 MRF(Markov random field,马尔可夫随机场)模型将它们分别提取出来。对于稠密雨雪,我们假设它们的分布为高斯分布。

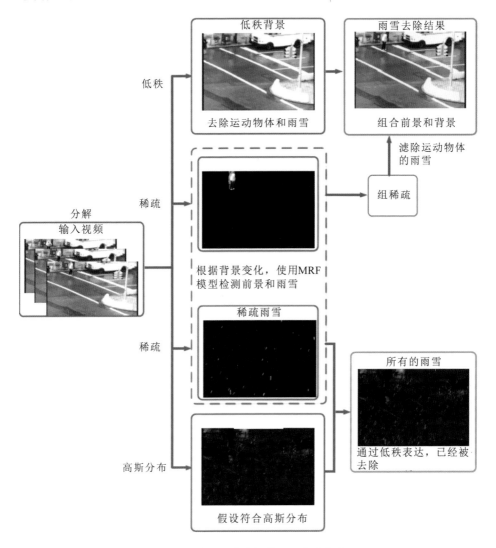

图 7-7 基于矩阵分解的雨雪去除方法

7.2.1 模型概述

我们的模型认为一个输入视频由稀疏雨雪 $\boldsymbol{S}_s$、稠密雨雪 $\boldsymbol{S}_d$、背景 $\boldsymbol{B}$ 及前景 $\boldsymbol{F}$ 组成,表示为

$$\boldsymbol{I} = \boldsymbol{B} + \boldsymbol{S}_d + \boldsymbol{S}_s + \boldsymbol{F} \tag{7-12}$$

针对视频中的每一部分,我们分别做相应的处理。在动态的雨雪场景中,虽然存在雨雪引起的亮度波动和运动物体带来的场景变化,但是所有的背景之间是线性相关的,因此背景 $\boldsymbol{B}$ 是低秩的,即

$$\text{rank}(\boldsymbol{B}) \leqslant \kappa \tag{7-13}$$

式中:κ 是一个常数,它只和背景的复杂程度有关。稠密的雨雪 $\boldsymbol{S}_\text{d}$ 很难被检测到,并且将会模糊整个场景,它很难用一个准确的物理模型来描述。这里我们假设 $\boldsymbol{S}_\text{d}$ 服从高斯分布:

$$P(\boldsymbol{S}_\text{d}) = \frac{1}{(\sqrt{2\pi}\sigma_\text{d})^N} \exp\left(-\frac{\left\|\boldsymbol{S}_\text{d}\right\|_\text{F}^2}{2\sigma_\text{d}^2}\right) \tag{7-14}$$

式中:σ_d 是高斯分布的标准差;N 是图像像素的数量。

传统的去雨雪方法都是基于亮度变化、雨雪的下落方向及其形状来检测雨雪的。但是雨雪的下落方向和形状并不是固定的,一些靠近镜头或者远离镜头的稀疏雨雪往往具有较大或较小的形状,因此它们不会被检测到。我们使用马尔可夫模型可以很好地描述 $\boldsymbol{S}_\text{s}$ 的稀疏性和连续性。前景 $\boldsymbol{F}$,即运动物体,在视频中具有相似的结构,可以通过群组稀疏性来建模。参考文献(Candes et al.,2011;Zhou et al.,2013),我们通过解决如下矩阵分解问题来检测运动物体:

$$\min_{\boldsymbol{B},\boldsymbol{F},\boldsymbol{S}_\text{s},\boldsymbol{S}_\text{d}} \frac{1}{2\sigma_\text{d}^2} \left\|\boldsymbol{S}_\text{d}\right\|_\text{F}^2 + \eta \cdot \text{rank}(\boldsymbol{B}) + \lambda_1 \left\|\boldsymbol{S}_\text{s} + \boldsymbol{F}\right\|_0 + \left\|P(\boldsymbol{F})\right\|_\text{G}$$
$$\text{s.t.} \quad \boldsymbol{I} = \boldsymbol{B} + \boldsymbol{F} + \boldsymbol{S}_\text{s} + \boldsymbol{S}_\text{d} \tag{7-15}$$

式中:σ_d、η 和 λ_1 是调节参数。这些参数的正确选择将在后文中讨论。在获得前景 $\boldsymbol{F}$ 之后,算子 P 在前景上应用块匹配,随后矩阵范数 $\left\|P(\boldsymbol{F})\right\|_\text{G}$ 进行前景组稀疏。

为了处理由移动摄像机拍摄的动态场景,我们首先将相邻帧对准到目标帧。设 $\boldsymbol{I}_j \circ \tau_j$ 表示由矢量 τ_j 变换后的帧,那么,公式(7-12)变为 $\boldsymbol{I} \circ \tau = \boldsymbol{B} + \boldsymbol{F} + \boldsymbol{S}_\text{d} + \boldsymbol{S}_\text{s}$ 及 $\boldsymbol{I} \circ \tau = [\boldsymbol{I}_1 \circ \tau_1 \quad \boldsymbol{I}_2 \circ \tau_2 \quad \cdots \quad \boldsymbol{I}_n \circ \tau_n]$。我们还使用核范数来代替公式(7-15)中的秩运算符,最终的模型可以写为

$$\min_{\boldsymbol{B},\boldsymbol{E},\tau} \frac{1}{2\sigma_\text{d}^2} \left\|\boldsymbol{I} \circ \tau - \boldsymbol{B} - \boldsymbol{S}_\text{s} - \boldsymbol{F}\right\|_\text{F}^2 + \eta \cdot \left\|\boldsymbol{B}\right\|_* + \lambda \left\|\boldsymbol{S}_\text{s} + \boldsymbol{F}\right\|_0 + \left\|P(\boldsymbol{F})\right\|_\text{G}$$

$$\tag{7-16}$$

7.2.2　运动物体和雨雪的马尔可夫建模

在雨雪天气中运动物体很难处理。如果直接过滤帧而不知道其中运动物体的确切位置,通常会在运动物体上产生变形和伪影。为了避免这个问题,我们使用 MRF 模型检测移动对象以进行组稀疏过滤。由于存在稀疏异常值 S_s 和 F,公式(7-16)难以优化。设 M 是表征稀疏异常值的二值矩阵,$M_{ij} \in \{0,1\}$,有

$$M_{ij} = \begin{cases} 0, & I_{ij} \text{ 是背景} \\ 1, & I_{ij} \text{ 是稀疏前景或雨雪} \end{cases} \tag{7-17}$$

假设 $E = I \circ \tau - B$ 表示背景波动,只要 $E_{ij} \neq 0$,即 $M_{ij} \neq 0$,一定会有 $E_{ij} = F_{ij}$ 或 $E_{ij} = (S_s)_{ij}$ 以最小化公式(7-16)。因此,公式(7-16)可以写成

$$\min_{B,M} \frac{1}{2\sigma_d^2} \left\| (1-M) \odot E \right\|_F^2 + \lambda_1 \left\| M \right\|_1 + \eta \cdot \left\| B \right\|_* + \left\| (F) \right\|_G \tag{7-18}$$

式中:$\odot$ 表示逐像素乘法。当 B 和 τ 固定时,M 的最优化由 λ_1 和背景波动 E 确定。公式(7-18)可以进一步写成

$$\min_M \sum_{ij} \left(\lambda_1 - \frac{1}{2\sigma_d^2} (E_{ij})^2 \right) \cdot M_{ij} \tag{7-19}$$

当考虑相邻像素之间的依赖关系时,公式(7-19)可以重写为一阶 MRF:

$$\min_M \sum_{ij} \left(\lambda_1 - \frac{1}{2\sigma_d^2} (E_{ij})^2 \right) \cdot M_{ij} + \sum_{ij} \sum_{kl \in N_{ij}} \gamma \cdot \Psi(M_{ij} - M_{kl}) \tag{7-20}$$

式中:γ 是一个正则化参数;N_{ij} 是与 M_{ij} 相邻的像素;且

$$\Psi(x) = \begin{cases} 0, & x = 0 \\ 1, & x \neq 0 \end{cases} \tag{7-21}$$

虽然公式(7-20)可以将背景和稀疏异常值分开,但是 F 和 S_s 仍然很难区分。

运动物体在雨雪场景中非常难以处理,通常的做法是将运动物体分割出来进行单独滤波以避免振铃的出现。在我们的模型中,稀疏的部分有稀疏雨雪和运动物体两个部分,如何有效地分割这两个部分显得尤其重要。通过分析大量的雨雪视频,我们发现由运动物体和雨雪引起的背景波动强度相差很大。如图 7-8 所示,我们画出了在 100 帧之内一个有雨场景的背景波动情况。

我们可以发现,由于受到雨雪的影响,背景波动非常不规律,但是我们可以大概使用一个阈值 λ_1 来区分稀疏雨雪和背景。从 60 帧到 75 帧,有一个运动物

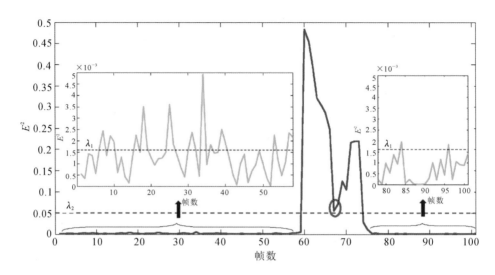

图 7-8　100 帧之内一个有雨场景的背景波动情况

体经过并引起了很大的波动,我们可以使用一个阈值 λ_2 来很轻易地分割出运动物体。为了区分 $\boldsymbol{F}$ 和 $\boldsymbol{S}_s$,我们将式(7-17)改写为

$$\overline{M}_{ij} = \begin{cases} 0, & I_{ij} \text{ 是背景} \\ 1, & I_{ij} \text{ 是稀疏的雨雪 } \boldsymbol{S}_s \\ 2, & I_{ij} \text{ 是运动物体 } \boldsymbol{F} \end{cases} \quad (7\text{-}22)$$

同时,我们还将公式(7-20)改写为多标签 MRF:

$$\min_{\overline{\boldsymbol{M}}} \boldsymbol{E}_d + \sum_{ij} \sum_{kl \in N_{ij}} \gamma \cdot \boldsymbol{\Psi}(\overline{M}_{ij} - \overline{M}_{kl}) \quad (7\text{-}23)$$

式中

$$\boldsymbol{E}_d = \begin{cases} \dfrac{1}{2\sigma_d^2} (E_{ij})^2, & \overline{M}_{ij} = 0 \\[2mm] \left| \lambda_1 - \dfrac{1}{2\sigma_d^2} (E_{ij})^2 \right|, & \overline{M}_{ij} = 1 \\[2mm] \left| \lambda_2 - \dfrac{1}{2\sigma_d^2} (E_{ij})^2 \right|, & \overline{M}_{ij} = 2 \end{cases} \quad (7\text{-}24)$$

上述模型可以通过逐步优化的方式进行求解。

如图 7-9 所示,图像中的稀疏的运动前景物体及雨雪都可以被马尔可夫模型准确地检测到,这些前景物体之间存在一定的相关性。为了应对帧与帧之间物体的变换和遮挡,我们使用块匹配算法对前景物体进行匹配。当相似的块被

图 7-9　稀疏的雨雪及运动物体均可以通过马尔可夫模型检测

摆放在一起时,这些块之间就具有了组稀疏特性,利用该特性就可以很好地滤除运动物体前面的雨雪。

7.2.3　运动物体的组稀疏性

利用局部或非局部滤波算法,现有方法通常以像素方式去除运动物体内的雨痕,该过程经常导致运动物体上的模糊和伪影。由于图像块在空间和时间中具有相似性(Dong et al.,2013;Ji et al.,2010),我们设计了一个群稀疏项来以逐块方式过滤运动物体。

基于从公式(7-23)获得的 $\overline{\boldsymbol{M}}$,运算符 $P(\boldsymbol{F})$ 首先从 $\boldsymbol{I}$ 中提取前景。然后,它将前景划分为重叠的区域,并在以参考区域为中心的特定搜索窗口内将类似的区域组合在一起。对于目标帧,仅在其两个相邻帧中搜索类似的区域,即三个连续帧。有关匹配的更多详细信息,请参阅 Dabov 等人(2007)的文章。然后我们利用伪矩阵范数 $\|\cdot\|_G$ 来寻求匹配过的图像块集合的组稀疏性,在处理图像块集合之后,我们通过加权平均方法将图像块贴回图像背景。

设 $(P(\boldsymbol{F}))_{i,j}$ 是 $P(\boldsymbol{F})$ 中的某个图像块集合,其参考图像块是第 i 帧中的第 j 个图像块。令 $\boldsymbol{Y}=(P(\boldsymbol{F}))_{i,j}$,根据群组结构稀疏性(Zoran et al.,2011),群组稀疏项 $\|\boldsymbol{Y}\|_G$ 可由下式求得:

$$(\boldsymbol{U},\boldsymbol{\Sigma},\boldsymbol{V})=\underset{\boldsymbol{U},\boldsymbol{\Sigma},\boldsymbol{V}}{\operatorname{argmin}}\left\|\boldsymbol{Y}-\boldsymbol{U}\,\boldsymbol{\Sigma}\,\boldsymbol{V}^{\mathrm{T}}\right\|_{\mathrm{F}}^{2}+\mu\sum_{i=1}^{r}\sigma_{i} \tag{7-25}$$

式中:$\boldsymbol{\Sigma}=\operatorname{diag}(\sigma_1,\sigma_2,\cdots,\sigma_r)(r=\operatorname{rank}(\boldsymbol{Y}))$。由于雨雪在空间和时间场中随机分

布,因此可以通过公式(7-25)去除运动物体前面的雨雪。

图 7-10 展示了基于矩阵分解的雨雪去除方法的结果,该方法不但可以去除背景中的雨雪,对于快速运动的物体(汽车),也可以很好地去除其前面的雨雪。该模型可以处理大部分的雨雪场景,但是对于一些复杂场景,如包含大量运动目标,运动目标往往不能够准确地被分割和匹配的场景,会导致视频恢复结果出现模糊。另外,采用矩阵分解的方式去除雨雪,也会带来计算量的增大。在随后的工作中我们将会尝试使用深度学习进行视频雨雪的去除,从而进一步提高算法的性能。

视频输入帧　　　　　　　Kim等人的方法　　　　　　我们的方法

图 7-10　基于矩阵分解的雨雪去除方法的结果

目标函数即式(7-16)是非凸的,并且难以一步获得解。因此,我们采用一种替代算法,将能量最小化分解为 B、τ、F 和 S_s。B 和 τ 的求解过程是凸(优化)问题,而 SOFT-INPUT 算法(Murray et al.,1987)已被证明对核范数优化问题有效。通过求解 S_s 和 F 从而得到 $\overline{M}$;基于 $\overline{M}$ 和 F 上的操作 P,然后通过式(7-25)过滤前景内的雨雪;结合清晰的背景和过滤后的前景,可得到最终去除雨雪后的结果。

在图 7-10 的第一行图像中,我们展示了一个动态的降雨场景。降雨场景中有几个移动物体具有不同的速度和方向。对于快速移动的物体即汽车,我们的方法可以很好地处理。我们的模型可以去除几乎所有的雪花。同时,我们设计的群稀疏模型可以过滤运动物体内的雨水条纹,避免了 Kim 等人的方法复原的结果之中运动物体的变形和伪影。图 7-10 的第二行是利用智能手机透过窗户拍摄的大雨场景。对于此场景,去除所有雨水条纹是具有挑战性的工作。降雨太大很容易导致背景模糊,但我们的方法可以去除几乎所有的雨水条纹,并且保留清晰背景。相比之下,Kim 等人的方法不能将该视频中运动车辆前方的降雨去除干净。

图 7-11 显示了两个合成降雨场景的雨水去除结果,第一行为街道 1 场景,第二行为街道 2 场景。首先我们使用 Garg 等人(2005)的文章中的技术合成降雨视频,我们只展示 Kim 等人的方法和我们的方法的处理结果。尽管 Kim 等人的方法可以消除大部分雨水条纹,但它无法处理宽阔明亮的雨水条纹。我们的方法将雨水条纹划分为稀疏条纹和密集条纹,并且可以通过模型检测去除几乎所有的雨水条纹。

无降雨视频(帧)　　　　合成降雨视频(帧)　　　　*Kim*等人的方法　　　　我们的方法

图 7-11　两个合成降雨场景的雨水去除结果

表 7-2 所示为通过视频的平均峰值信噪比(PSNR)对两个合成降雨场景进行的定量比较。我们的方法取得了较好的结果,可以消除几乎所有的雨水条纹。

表 7-2　两个合成降雨场景的平均 PSNR 比较

场景	Kim 等人的方法	我们的方法
街道 1	30.96	31.40
街道 2	29.03	29.62

7.3　基于深度学习的单幅图像雪花去除算法

本节从雪的模型出发,设计了一种能够在单幅图像上检测和去除雪花的深度学习网络,提出了一种雪模型和深度学习融合的去雪算法。首先我们根据雪的成像过程推导了一个简化的雪模型,然后设计了一个基于该模型的深度去雪网络,该网络由雪花检测子网络和雪花去除子网络串联组成。雪花检测子网络采用了残差学习网络,该网络可以准确地学习雪图像和无雪图像之间的差异。雪花去除子网络采用了密集连接的 U 形网络,可以保留背景的细节信息,提高去雪的准确度,缓解去雪过度导致背景细节丢失和去雪不彻底之间的矛盾。实验证明这种基于雪模型的深度去雪网络能够较好地检测和去除图像中的雪花。

从宏观角度考虑,雪花检测和去除所关注的图像区域相同,检测到的雪花可以引导雪花的去除。从雪的模型角度考虑,已知下雪图像、雪花和无雪图像之间存在一定的联系。因此,本节采用了一种串联的方式来检测和去除雪花,这样雪花的准确估计可以促进雪花的去除,雪花去除子网络通过反向传播也会调节雪花的检测效果,使得雪花检测和去除能够互相促进。

7.3.1　图像雪花模型

通常,雪花降落通过某一像素的时间远小于相机的曝光时间,因此相机拍摄到的下雪图像是快速运动的雪花和雪花遮挡的背景信息共同作用的结果(Garg et al. ,2004)。如图 7-12 所示,假设相机曝光时间为 T,雪花通过某一像素的时间为 τ,在拍摄时间 $[\tau,\tau+T]$ 内,雪花通过某一像素的过程,被雪花影响的像素光照强度由背景光照强度和雪花光照强度共同组成,即图像中受雪花影响的像素处的光照强度为

$$E_{d} = \int_{0}^{\tau} E_{s}\mathrm{d}t + \int_{\tau}^{T} E_{b}\mathrm{d}t \tag{7-26}$$

由于拍摄过程中背景几乎是静止的,所以可以认为 E_b 是一个常数,这样式(7-26)可以简化为

$$E_{d} = \tau \bar{E_{s}} + (T-\tau)E_{b} \tag{7-27}$$

式中:$\tau \bar{E_{s}}$ 是雪花通过某一像素时的亮度,可以用来描述动态的雪花 S;TE_{b} 是

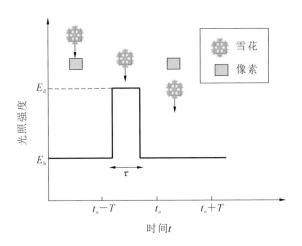

图 7-12 雪花成像过程示意图

在不受雪花影响时曝光时间 T 内背景的真实光照强度。因为相机的响应是线性的,即雪花和背景的亮度与它们的最终成像结果之间是线性关系,所以可以将上述模型展开为

$$\boldsymbol{I}_{s} = \boldsymbol{S} + \boldsymbol{I}_{b} - \tau\boldsymbol{E}_{b} \tag{7-28}$$

式中:$\boldsymbol{S} = \tau\overline{\boldsymbol{E}}_{s}$ 表示雪花层,它反映了雪花的位置和透明度信息;$\boldsymbol{I}_{b} = T\boldsymbol{E}_{b}$ 表示无雪的背景层;$\boldsymbol{I}_{s}$ 表示有雪的图像。最后两项可以合并为背景的衰减项,式(7-28)进一步简化为

$$\boldsymbol{I}_{s} = \boldsymbol{S} + K\boldsymbol{I}_{b} \tag{7-29}$$

式中:K 为背景衰减系数,$K = 1 - \tau/T$。

对于上述公式的求解,给定 $\boldsymbol{I}_{s}$,求解 $\boldsymbol{S}$ 和 $\boldsymbol{I}_{b}$ 属于不适定问题,可以将该问题转化为最大后验概率估计问题:

$$\underset{\boldsymbol{B},\boldsymbol{S}}{\arg\min} \left\| \boldsymbol{I}_{s} - \boldsymbol{S} - K\boldsymbol{I}_{b} \right\|_{2}^{2} + P_{b}(\boldsymbol{B}) + P_{s}(\boldsymbol{S}) \tag{7-30}$$

式中:$P_{b}(\boldsymbol{B})$、$P_{s}(\boldsymbol{S})$ 分别为背景和雪花先验。在传统方法中,这些先验可以是高斯模型、稀疏编码和低秩。在深度学习算法中,这些先验通过训练数据来拟合,并自动地内嵌到网络中。

7.3.2 雪数据集

雨雪天特殊的气候条件决定了拍摄有雪图像对应的无雪图像是非常困难的,但是有监督的深度学习需要大量的带标签数据,因此为了得到一个带标签的数据集,我们根据公式(7-29)合成了一个雪图像数据集。为了使合成的数据更接近真实的下雪图像,首先拍摄和从网络上下载有雪景但是没有雪花的背景图像,然后采用不同密度、形状、大小、透明度的白色粒子合成下雪图像。雪数据集包含了 2000 组下雪、背景和雪花图像,其中训练集包含了 1700 组,测试集包含了 300 组。图 7-13 所示为数据集中的部分下雪图像,从上到下每一行分别代表小雪、中雪和大雪图像。

图 7-13　数据集中的部分下雪图像

7.3.3　深度去雪网络

根据雪模型,雪花和背景是通过一种线性组合得到下雪的图像的。通常给定下雪图像后,雪花图像和背景图像都是未知的,因此雪模型的求解是一个不适定问题。那么,深度学习网络就需要同时估计这两个未知量。因此本小节采用两个功能模块来同时检测和去除雪花,并且采用串联的网络结构使雪花检测和去除可以互相促进。为了准确地学习雪图像和无雪图像之间的差异,雪花检测子网络采用了残差学习网络。雪花去除子网络采用了密集连接的 U 形网络。U 形网络可以较好地保留图像的细节,Dense block 特征复用的特点可以提升雪花去除子网络的准确性。文中将该联合检测和去除雪花的网络简称为 RS-UDNet,其结构如图 7-14 所示。

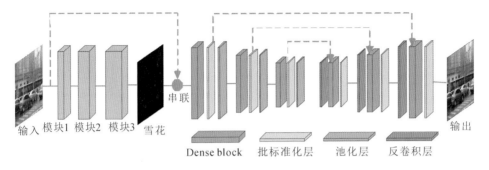

图 7-14 RS-UDNet 结构示意图

1. 雪花检测子网络

雪模型中 S 是动态雪花,它不仅包含了雪花的位置、形状等低层信息,还含有雪花的分布、透明度、密度等高层信息。所以在动态雪花的检测中,既要检测低层信息,也需要准确估计高层信息。通常,卷积神经网络的底层提取低层信息,高层提取语义信息,并且网络层数越多,提取的特征越丰富和抽象。但是简单地通过增加网络层数来提取高层的语义信息,会导致梯度消失、爆炸和退化等问题。因此,我们通过引入正则化和正规化中间层来预防梯度消失和爆炸。

梯度退化问题指随着网络层数的增加,模型在训练集上的准确度达到了饱和或有所下降。为了解决梯度退化问题,网络使用了残差学习的思想(He et al.,2016)。如果深层网络后面的层是恒等映射,那么模型就退化为一个浅层网络。直接让一些层拟合一个恒等映射函数 $H(x)=x$ 是比较困难的,如果把网络设计为 $H(x)=F(x)+x$,就可以转换为学习一个残差函数 $F(x)=H(x)-x$,只要 $F(x)=0$,就构成了一个恒等映射 $H(x)=x$,拟合残差通常会更加容易。残差学习示意图如图 7-15所示。

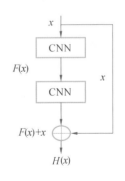

图 7-15 残差学习示意图

为了准确地估计雪花图像,雪花检测子网络采用了 30 层的残差网络来检测雪花。如图 7-16 所示,该网络包含了 3 个 10 层的残差学习模块,各学习模块之间通过 1×1 的卷积层来调整通道数,每个模块的通道数都是上一模块的 2

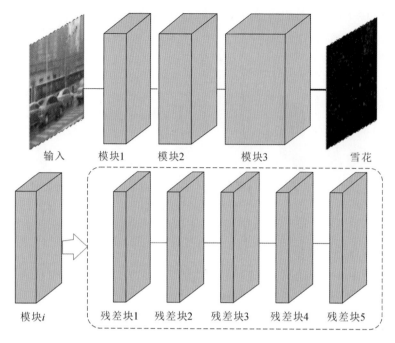

输入　　　模块1　　　模块2　　　模块3　　　　　雪花

模块i　　残差块1　残差块2　残差块3　残差块4　残差块5

图 7-16　雪花检测子网络

倍,每个模块包含 5 个残差块,每个残差块由两层 3×3 的卷积层构成,两层之间采用了残差的连接方式。

2. 雪花去除子网络

检测完雪花后,需要对雪花区域进行复原,为了在复原的同时较好地保留背景细节,我们采用由 Dense block 组成的 U 形网络(U-Net)来去除雪花。

U-Net(Ronneberger et al.,2015)是一种结构形似字母 U 的深度学习网络,其结构示意图如图 7-17 所示。U-Net 主要由两部分组成:收缩路径和扩展路径。收缩路径主要用来捕捉图像中的语义信息,而扩展路径则主要是为了对图像中所关注的部分进行精准定位。把收缩路径上提取到的高像素特征与扩展路径上新的特征图进行融合,可实现精准定位和最大限度地保留前面降采样过程中一些重要的特征信息。

Dense block(Huang et al.,2017)是一种最大化网络所有层之间信息流的网络,其结构示意图如图 7-18 所示。

它将网络中所有层都进行了两两连接,使网络中每一层都接受它前面所有层的特征作为输入,即任意层 l 的输入和输出间的关系可以表示为

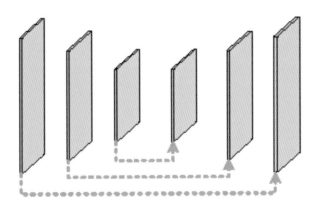

图 7-17　U-Net 结构示意图

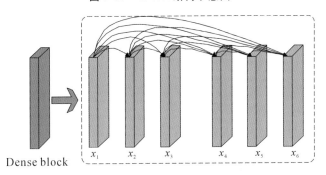

Dense block

图 7-18　Dense block 结构示意图

$$x_l = H_l([x_0, x_1, \cdots, x_{l-1}]) \tag{7-31}$$

式中: $[x_0, x_1, \cdots, x_{l-1}]$ 表示将前面所有层的输出串联到一起; H_l 表示第 l 层的映射函数。

Dense block 采用密集的连接方式使网络在反向传播时每一层都会接受其后所有层的梯度信号,所以不会发生随着网络深度的增加,靠近输入的卷积层的梯度变得越来越小的情况,减轻了训练过程中梯度消散的问题。同时,由于大量的特征被复用,因此使用少量的卷积核就可以生成大量的特征,最终使模型的尺寸比较小。

我们将 U-Net 和 Dense block 相结合,设计了一种雪花去除子网络——U-DenseNet。U-net 能更好地保留图像细节,而 Dense block 将低层特征复用到高层,提高了去雪的准确度,所以将它们结合后可缓解去雪过程中去雪过度导致背景细节丢失和去雪不彻底之间的矛盾。U-DenseNet 的网络结构如图 7-19 所示。

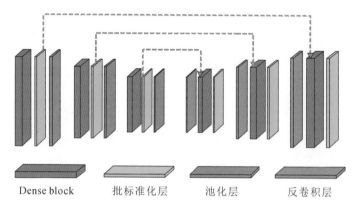

Dense block　　批标准化层　　池化层　　反卷积层

图 7-19 U-DenseNet 的网络结构

U-DenseNet 收缩路径由三个下采样模块构成,该模块包含 Dense block、批标准化层和池化层。其中批标准化层包含标准化操作和带 Relu 激活的卷积操作,池化层主要是对原始图像进行步长为 2 的降采样操作。U-DenseNet 扩展路径由三个对应的上采样模块构成。每个模块由反卷积层、Dense block 和批标准化层组成。首先,反卷积层与对应收缩路径上的特征图进行融合,然后进入 Dense block 进行卷积,最后 U-DenseNet 通过一层 1 * 1 的卷积层将任意数目的特征向量转换为三维的输出图像。

3. 网络优化

U-DenseNet 采用逐像素加权的均方误差损失作为损失函数:

$$L(\boldsymbol{\Theta}) = \frac{1}{N}\sum_{i=1}^{N}\left(\lambda_1 \left\| \hat{\boldsymbol{I}}_b^i - \boldsymbol{I}_s^i \right\|_2^2 + \lambda_2 \left\| \hat{\boldsymbol{S}}_i - \boldsymbol{S}_i \right\|_2^2\right) + \lambda_3 \left\| \boldsymbol{\Theta} \right\|_2^2 \quad (7\text{-}32)$$

式中:$\hat{\boldsymbol{I}}_b^i$ 和 $\hat{\boldsymbol{S}}_i$ 分别表示估计的无雪图像和雪花;λ_1、λ_2 和 λ_3 是平衡各损失间的权重;$\boldsymbol{\Theta}$ 是深度学习网络中的所有参数;N 代表训练集中包含的图像总数。整个训练过程就是通过误差反向传播来不停地更新网络,使损失函数值达到最小。训练时为了防止过拟合和梯度消失等问题,对数据通过旋转、裁剪和变换操作进行了增强,并在多数卷积层中都使用了泄漏、参数正则化和正规化操作。

整个 U-DenseNet 采用 TensorFlow 框架来实现,并通过惯性优化器和随机梯度下降法来优化目标函数。训练过程中使用均值为 0、方差为 0.01 的正态分布初始化所有的网络参数;惯性优化器的惯性系数为 0.9;网络参数衰减系数为 10^{-6};初始学习率为 10^{-2},每迭代 50 次下降 0.1,直到网络收敛。

7.3.4 实验结果

为了说明 RS-UDNet 去雪的有效性,我们在合成数据集上做了定量的分析实验,在真实图像上做了定性的实验,并且与目前已知最新的去雨雪算法做了比较。实验表明我们的方法在合成图像和真实图像上都取得了较好的去雪效果。

1. 合成图像对比实验

为了定性地评估去雪的效果,我们将自己的方法与 Fu 等人(2017)和 Zhang 等人(2018)的文章中介绍的方法进行了对比,并采用峰值信噪比(PSNR)和结构相似性(SSIM)作为评判标准。PSNR 和 SSIM 可以较好地衡量估计的无雪图像和真实无雪图像之间的差异。表 7-3 所示为在三种不同大小的雪图像和整个测试数据集上的测试结果,从表中可以看出,我们的方法去雪效果是最好的,在整个数据集上,PSNR 值比 Fu 等人的方法高出 2.25,SSIM 值比 Fu 等人的方法高出 0.06。为了直观地显示去雪的效果,随机从测试集中分别选择一幅小雪、中雪和大雪的去雪图像,如图 7-20 所示,图中显示了不同方法去雪的视觉效果,并在左上角标注了 PSNR 值和 SSIM 值。从图中看出,我们的方法可以去除不同类别的雪花,并较好地保留背景细节;Fu 等人和 Zhang 等人的方法虽然能去掉部分半透明的雪花,但是对全遮挡和尺寸较大的雪花几乎不能去除。

表 7-3 不同方法在数据集上的 PSNR 和 SSIM 比较

去雪方法	小雪		中雪		大雪		整个数据集	
	PSNR	SSIM	PSNR	SSIM	PSNR	SSIM	PSNR	SSIM
Fu 等人的方法	26.48	0.86	25.22	0.85	24.81	0.86	25.50	0.86
Zhang 等人的方法	23.48	0.81	23.03	0.79	21.52	0.78	22.68	0.79
我们的方法	29.78	0.93	27.56	0.92	25.91	0.91	27.75	0.92

2. 真实图像对比实验

为了进一步证明 U-DenseNet 在真实雪图像上的去雪效果,我们收集了一些真实的下雪图像,并在这些图像上对我们的方法与 Fu 等人(2017)和 Zhang 等人(2018)的方法进行了对比。图 7-21 所示为不同方法去雪的结果,从图中可以看出我们的方法可以去除不同形状、大小和透明度的雪花,而其他方法通常只能去除半透明的雪花。

输入的合成雪图像　原始无雪图像　　Fu等人的方法　　Zhang等人的方法　　我们的方法

图 7-20　不同方法对合成雪图像的去雪结果对比

输入的合成雪图像　　Fu等人的方法　　Zhang等人的方法　　我们的方法

图 7-21　不同方法对真实的下雪图像的去雪结果对比

本章参考文献

CANDES E J,LI X D,MA Y,et al. 2011. Robust principal component analysis? [J]. Journal of the ACM,58(3):11.

DABOV K,FOI A,KATKOVNIK V,et al. 2007. Image denoising by sparse 3-D transform-domain collaborative filtering[J]. IEEE Transactions on Image Processing,16(8):2080-2095.

DONG W S,SHI G G,LI X. 2013. Nonlocal image restoration with bilateral variance estimation:a low-rank approach[J]. IEEE Transactions on Image Processing,22(2):700-711.

FU X Y,HUANG J B,ZENG D,et al. 2017. Removing rain from single images via a deep detail network[C]// IEEE Conference on Computer Vision and Pattern Recognition. Honolulu,HI:1715-1723.

GARG K,NAYAR S K. 2004. Detection and removal of rain from videos [C] // Proceedings of the 2004 IEEE Computer Society Conference on Computer Vision and Pattern Recognition. Washington D. C. :528-535.

GARG K,NAYAR S K. 2005. When does a camera see rain? [C]// Tenth IEEE International Conference on Computer Vision. Beijing:1067-1074.

GARG K,NAYAR S K. 2006. Photorealistic rendering of rain streaks[J]. ACM Transactions on Graphics,25(3):996-1002.

HE K,ZHANG X Y,REN S Q,et al. 2016. Deep residual learning for image recognition[C]// IEEE Conference on Computer Vision and Pattern Recognition. Las Vegas,Nevada:770-778.

HUANG G,LIU Z,MAATEN L V D,et al. 2017. Densely connected convolutional networks [C] // IEEE Conference on Computer Vision and Pattern Recognition. Honolulu,HI:2261-2267.

JI H,LIU C Q,SHEN Z W,et al. 2010. Robust video denoising using low rank matrix completion[C]// IEEE Computer Society Conference on Computer Vision and Pattern Recognition. San Francisco:1791-1798.

KANG L W,LIN C W,FU Y H. 2012. Automatic single-image-based rain streaks removal via image decomposition[J]. IEEE Transactions on Image Processing,21(4):1742-1755.

KIM J H,SIM J Y,KIM C S. 2015. Video deraining and desnowing using temporal correlation and low-rank matrix completion[J]. IEEE Transactions on Image Processing,24(9):2658-2670.

MURRAY D W,BUXTON B F. 1987. Scene segmentation from visual motion using global optimization[J]. IEEE Transactions on Pattern Analysis and Machine Intelligence,9(2):220-228.

RONNEBERGER O,FISCHER P,BROX T. 2015. U-Net:convolutional networks for biomedical image segmentation[C]//International Conference on Medical Image Computing and Computer-Assisted Intervention. Switzerland: Springer International Publishing:234-241.

SAKAINO H. 2012. A semitransparency-based optical-flow method with a point trajectory model for particle-like video[J]. IEEE Transactions on Image Processing,21(2):441-450.

ZHANG H,PATEL V M. 2018. Density-aware single image de-raining using a multi-stream dense network[C] // IEEE Conference on Computer Vision and Pattern Recognition. Salt Lake City,UT:695-704.

ZHOU X W,YANG C,YU W C. 2013. Moving object detection by detecting contiguous outliers in the low-rank representation [J]. IEEE Transactions on Pattern Analysis and Machine Intelligence,35(3):597-610.

ZORAN D,WEISS Y. 2011. From learning models of natural image patches to whole image restoration[C] // IEEE International Conference on Computer Vision(ICCV). Barcelona:479-486.

第 8 章
图像去雾

在自然界中,由于光传播介质的非均匀性,可见光时常发生散射,主要的可见光散射环境包括雾、霾及水下环境。散射常破坏图像质量,降低图像清晰度及对比度,模糊目标特征,产生色偏,使场景信息无法获得准确的表达。由于大多数计算机视觉算法都是基于清晰的输入图像所研发的,因此在雾、霾及水下环境中,其性能大幅降低,甚至失效。可见光散射环境下的图像恢复算法作为消除可见光散射影响的重要手段,能够明显提高图像的清晰度、对比度,保持图像的纹理细节,恢复图像的真实色度,有效提升计算机视觉算法在雾、霾及水下环境中的准确性和稳定性。在第 8 章和第 9 章,我们将分别介绍图像去雾和水下图像去散射(去浑浊)技术。

目前,大多符合物理机制的散射环境图像恢复算法都基于由 McCartney (1976)提出,后经 Narasimhan 和 Nayar(2003)改进的雾环境成像模型,该模型可表示为

$$I(x) = t(x)J(x) + (1 - t(x))A \qquad (8\text{-}1)$$

式中:$I(x)$ 表示由相机拍摄的有雾图像信息;$J(x)$ 表示待恢复的无雾清晰图像信息;A 是一个全局常数参数,表示大气中的环境光(也称为天空光)的影响;$t(x)$ 是传播介质的透射率,它反映了场景反射光未受散射影响而到达相机的组分。该模型假设天空光同质,则 $t(x)$ 与场景深度成反比,可表示为

$$t(x) = \mathrm{e}^{-\beta d(x)} \qquad (8\text{-}2)$$

式中:β 为天空光散射系数;$d(x)$ 为每个场景表面点到相机的深度。

我们可以看到式(8-1)中存在三个未知量,因此散射环境下的图像恢复是一个病态的问题,其核心是如何高效、准确地求解透射率(或场景深度)。这是一项非常具有挑战性的任务。

He 等人提出了著名的暗通道先验方法,用来估计有雾图像的场景深度。运用暗通道先验方法,首先生成一个初始透射率图,再应用软抠图算法对初始透射率进行优化。该方法的去雾效果非常显著,不足在于软抠图算法的计算速度缓慢。为了提高计算速度,He 等人进一步提出了一个边缘保持平滑因子,即导向滤波。该滤波能够避免强边缘附近的梯度逆转现象。运用导向滤波优化初始透射率,算法的计算速度得到显著提高,恢复的结果质量也与软抠图算法相当。Berman 等提出了改进的 Color-Line 去雾算法,称为 Haze-Line。该算法假设一幅无雾图像是由几百个本征颜色近似生成的,并通过统计观察得出,在 RGB 颜色空间坐标系下,有雾图像中的辐射强度值均在其色彩本征辐射强度值与大气光强度值所连直线上,且随雾的浓度和目标距离的增减呈现出与大气光强度值的距离远近。因此该算法能够利用各像素辐射强度与色彩本征辐射强度的比值简单地近似得到初始透射率,后用正则化方法对透射率进行优化。该算法在大多情况下能够得到理想且色彩真实自然的去雾结果,但在大气光亮度比场景目标亮度高出过多时,该算法常常失效。

8.1 基于隐区域分割和权重 L_1 范数正则化的图像去雾

8.1.1 基于区域分割的透射率粗估计

由于暗通道先验是由不包含天空的室外清晰图像统计而得的,因此当场景目标本身反射强度近似于大气光强度或者目标表面没有阴影覆盖时,暗通道先验将会失效。这主要是因为在亮区域(天空、浓雾及亮度较高的区域,统称为亮区域)像素各通道值均很高,不符合暗通道先验室外清晰图像总有至少一个通道值接近于零的假设。从暗通道先验的假设可知

$$J_d(x) = \min_H(\min_{x \in \Omega(y)}(J_H(x)) = 0 \qquad (8\text{-}3)$$

式中:J_d 表示图像 J 的暗通道信息;H 表示图像颜色通道;$\Omega(y)$ 是以 y 为中心的局部区域。对式(8-1)两端取最小值可得

$$\min_H(\min_{x \in \Omega(y)}(\frac{I_H(x)}{A_H})) = t(x)\min_H(\min_{x \in \Omega(y)}(\frac{J_H(x)}{A_H})) + (1 - t(x)) \qquad (8\text{-}4)$$

由式(8-3)和式(8-4)可得

$$t(x) = \frac{1 - \min_{H}(\min_{x \in \Omega(y)}(\frac{I_H(x)}{A_H}))}{1 - \frac{J_d(x)}{A}} \tag{8-5}$$

式中：$\Omega(y)$ 表示最小化滤波的窗口；$J_d(x)$ 表示清晰无雾图像中像素 x 最小的通道值。暗通道先验认为，图像中的所有 $J_d(x)$ 都应该近似为零，因此透射率应该表示为

$$t_d(x) = 1 - \min_{H}(\min_{x \in \Omega(y)}(\frac{I_H(x)}{A_H})) \tag{8-6}$$

式中：$t_d(x)$ 为暗通道先验算法求得的每点初始透射率。然而在亮区域，式(8-5)中的 $J_d(x)$ 并非接近于零，相反具有很高的值，因此式(8-5)中的分母 $1 - \frac{J_d(x)}{A}$ 不应接近于 1，而应该为一个非零的较小值，也就是说在亮区域，暗通道先验算法对透射率的估值过低。被低估的透射率值会导致去雾结果的过饱和现象。

尽管在非亮区域 $J_d(x)$ 符合暗通道假设，但式(8-6)中对于 $\frac{I_H(x)}{A_H}$ 采用块操作的最小值化滤波会导致对透射率的过高估计。例如，当具有最小值的像素与块中心点属于深度相差较大的不同目标时，$\min_{H}(\min_{x \in \Omega(y)}(\frac{I_H(x)}{A_H}))$ 将小于其真实值，因此透射率值与其真实值相比将会过高。从雾图像成像模型中可以看出，被高估的透射率值会导致去雾结果的像素值低于该点真实的表面辐射强度，使得恢复结果过暗。

通过上述分析我们得出结论，暗通道先验由于其不可改变的统计缺陷，会导致在亮区域低估透射率值，而在普通非亮区域高估透射率值，从而导致去雾结果过饱和或过暗。针对上述缺陷，我们提出了基于物理先验的隐区域分割透射率估计算法。该算法能够自然、准确地将雾图像分割为亮区域和非亮区域，从而对两区域的透射率估计进行具有针对性的改进。

我们知道透射率的范围为(0,1)，根据图像去雾模型式(8-1)可得

$$t_H(x) = \frac{|A - I_H(x)|}{|A - J_H(x)|} \tag{8-7}$$

事实上在天空、水面、玻璃及浓雾等亮区域，大部分像素的值略高于全局大

气光强度值,因此在亮区域 $I_H(x)$ 往往大于 A,我们可以得到

$$t_H(x) = \frac{I_H(x) - A}{|A - J_H(x)|} \tag{8-8}$$

为了避免透射率在亮区域被低估,我们不像在暗通道先验算法中那样将无雾图像辐射强度假设为零,根据亮区域中 $J_H(x)$ 具有较高值且 $J_H(x) \leqslant 255$ 的先验,我们可得

$$t_H(x) = \frac{I_H(x) - A}{|A - J_H(x)|} \geqslant \frac{I_H(x) - A}{|A - 255|} \tag{8-9}$$

假定 A 已知,我们将式(8-9)中 $t_H(x)$ 的最大值作为亮区域透射率的下边界,有

$$t_b(x) = \max_H(t_H(x)) = \frac{\max_H(I_H(x) - A)}{|A - 255|} \tag{8-10}$$

为了避免过高估计透射率,我们没有如暗通道先验算法那样进行块操作的最小化滤波处理。因为在非亮区域 $I_H(x)$ 小于 A,将分母放缩后可以得到

$$t_H(x) = \frac{A - I_H(x)}{|A - J_H(x)|} \geqslant \frac{A - I_H(x)}{|A - \min(J_H(x))|} \tag{8-11}$$

因为在非亮区域像素符合暗通道先验,因此 $\min(J_H(x))$ 应该接近于零,不等式(8-11)被改写为

$$t_H(x) \geqslant \frac{A - I_H(x)}{A} = 1 - \frac{I_H(x)}{A} \tag{8-12}$$

仍假定 A 已知,我们将不等式(8-12)中 $t_H(x)$ 的最大值作为非亮区域透射率的下边界,有

$$t_n(x) = \max_H(t_H(x)) = 1 - \frac{\min_H(I_H(x))}{A} \tag{8-13}$$

总结起来,整幅图像的初始透射率可描述为

$$t_o(x) = \min\left\{\max\left\{\frac{\max_H(I_H(x) - A)}{|A - 255|}, 1 - \frac{\min_H(I_H(x))}{A}\right\}, 1\right\} \tag{8-14}$$

式(8-14)能够将亮区域与非亮区域自然平滑地分离,保证无突兀、明显的分割边界,并且能够矫正暗通道先验在两类区域中对透射率的不准确估计。

图 8-1(b)和(f)分别显示了暗通道先验和我们的基于透射估计方法的隐区

域分割的去雾结果。我们可以观察到,在暗区域中,图(e)的去雾效果优于图(b),并且在亮区域中,我们的方法产生的光晕失真也比暗通道先验的更少。图8-1中的散点图旨在以像素级别显示暗通道先验和我们的方法在暗区域和亮区域中获得的粗糙透射率之间的差异。图(c)和(g)显示了两种方法处理后的图像非亮区域透射率的散点图。图(d)和(h)显示了两种方法处理后的图像亮区域透射率的散点图。我们可以看到,对大多数像素,我们的方法估计的像素级透射率与暗通道先验法估计的区块级透射率相比,在非亮区域中要小得多,而在亮区域中要大得多。散点图表明我们的基于透射估计的隐区域分割方法可以有效地克服整个图像中暗通道先验产生的高估和低估问题。

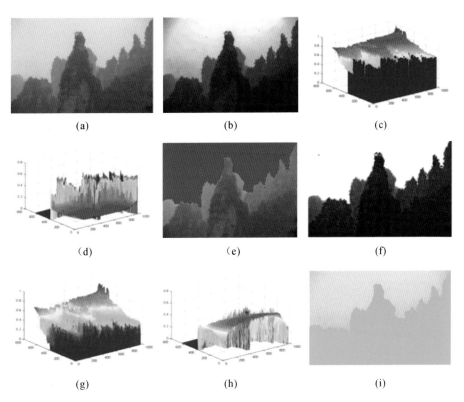

(a)   (b)   (c)

(d)   (e)   (f)

(g)   (h)   (i)

图 8-1　暗通道先验和我们的基于透射估计方法的隐区域分割方法的去雾结果比较

(a)原图;(b)暗通道去雾结果;(c)暗通道先验处理后的图像非亮区域透射率的三维散点图;

(d)暗通道先验处理后的图像亮区域透射率的三维散点图;(e)亮区域结果;

(f)我们的方法的去雾结果;(g)我们的方法处理后的图像非亮区域透射率的三维散点图;

(h)我们的方法处理后的图像亮区域透射率的三维散点图;(i)非亮区域结果

　　图 8-2 所示的是透射率统计直方图。在每一组中,第一条柱状图表示暗通道先验处理后亮区域中的透射率总和;第二条柱状图表示我们的方法处理后亮区域的透射率总和;第三条和第四条柱状图分别表示用暗通道先验和我们的方法处理后非亮区域中透射率的总和。该统计直方图进一步验证了我们的方法可以在亮区域中的透射率被低估时增大透射率,也能在非亮区域中的透射率被高估时减小透射率。

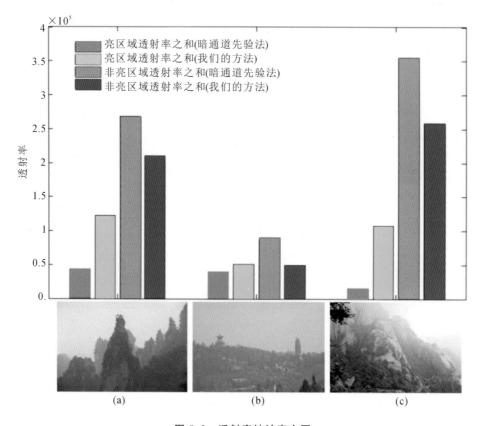

图 8-2　透射率统计直方图

　　如图 8-3 所示,我们可以观察到,相比于暗通道先验法,我们的方法不仅能够获得对比度、清晰度更高的无雾结果,还能产生质量更高的场景深度图,这就验证了我们的方法的有效性和优越性。

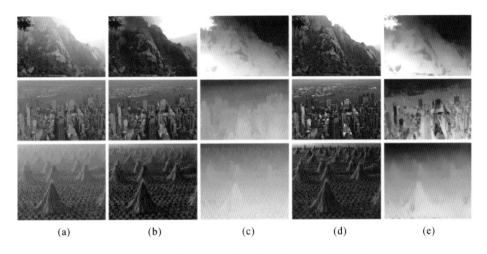

(a)　　　　　　(b)　　　　　　(c)　　　　　　(d)　　　　　　(e)

图 8-3　我们的方法与暗通道先验的去雾结果对比

(a)原图;(b)暗通道去雾结果;(c)暗通道透射率图;(d)我们的结果;(e)我们的透射率图

8.1.2　基于权重 L_1 范数正则化的透射率优化

在 8.1.1 节,我们已经利用隐区域分割的方法初步估计了透射率,尽管同一目标中的像素常拥有相似的透射率值,但在边界处目标的透射率(或深度值)会发生明显的变化,若处理不好透射率在边界处所产生的非连续性,将导致去雾结果产生光晕噪声或像油画般呈现出不均匀的块状目标,因此我们需要对透射率进行优化。如对于图 8-1 所示的天空区域,为了消除透射率在边界处的连续性,从而达到抑制光晕的作用,我们在初始透射率的梯度上限定了一个权重函数 $W(x)$。权重 $W(x)$ 在每个像素上起到开关的作用。当该点初始透射率较大的时候,$W(x)$ 会很小;当该点初始透射率较小的时候,$W(x)$ 会很大;当 $W(x)$ 为零时,对该点透射率的上下文限定将被取消。我们将这一过程描述为

$$W(x) \circ \nabla t(x) \approx 0 \qquad (8\text{-}15)$$

式中:$\nabla t(x) = (\nabla t_x(x), \nabla t_y(x))$ 表示初始透射率横向与纵向的梯度;$\circ$ 表示点乘。权重函数 $W(x)$ 被定义为

$$W(x) = \exp\left[-\sum_{y \in \omega(x)} \left(\sum_{H \in \{R,G,B\}} |I_{Hy} - I_{Hx}| / (1 - d_{xy})\right) / \sigma^2\right] \qquad (8\text{-}16)$$

式中:$\omega(x)$ 是一个局部窗口,我们定义 $\omega(x)$ 的中心点 x 在 $\omega(x)$ 中的局部坐标为 $(0,0)$;d_{xy} 表示 $\omega(x)$ 的中心点 x 与 $\omega(x)$ 中其他像素 y 的距离;σ 是一个尺度

因子。我们的权重函数同时考虑数值相似性（深度值）和空间相似性（距离）。与大多数研究者们相同，我们同样运用色差来代替无法直接获得的深度差。从式(8-15)和式(8-16)中我们可以发现，当色差 $\sum_{y\in\omega(x)}\left(\sum_{H\in\{R,G,B\}}|I_{Hy}-I_{Hx}|\right)$ 很大时，$\boldsymbol{W}(x)$ 很小且能保证透射率的梯度 $\nabla t(x)$ 足够大，这种情况下，所提出的权重函数 $\boldsymbol{W}(x)$ 能够消除边界处的非连续性，抑制光晕噪声；当色差 $\sum_{y\in\omega(x)}\left(\sum_{H\in\{R,G,B\}}|I_{Hy}-I_{Hx}|\right)$ 很小时，$\boldsymbol{W}(x)$ 很大且能保证透射率的梯度 $\nabla t(x)$ 足够小，在这种情况下，所提出的权重函数 $\boldsymbol{W}(x)$ 能够平滑透射率的纹理区域。

式(8-16)中的距离 d_{xy} 定义为

$$d_{xy}=1-e^{-(n_i^2+n_j^2)/(2\delta^2)} \tag{8-17}$$

式中：$d_{xy}\in[0,1)$；通常 $\delta=3$；n_i 和 n_j 分别指像素 y 在 $\omega(x)$ 中的横坐标和纵坐标，取 $\omega(x)$ 的大小为 11×11，自上而下 $n_i=\{-5,-4,-3,-2,-1,0,1,2,3,4,5\}$，从左到右 $n_j=\{-5,-4,-3,-2,-1,0,1,2,3,4,5\}$。从式(8-15)中可以看出，$d_{xy}$ 与权重 $\boldsymbol{W}(x)$ 成反比，当像素与中心点距离较大时，距离函数 d_{xy} 能够保证该像素对权重函数影响较小；反之亦然。图 8-4 所示为对式(8-17)的解释说明。

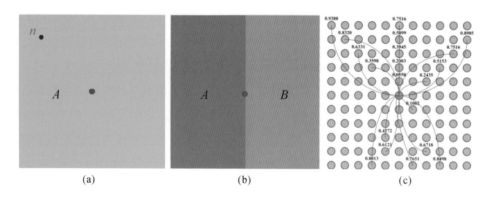

(a)　　　　　　　　(b)　　　　　　　　(c)

图 8-4　距离公式解析

在整幅图像中，我们简化地描述 ∇t 上限定的离散正则化项为 $\|\boldsymbol{W}\circ\nabla t\|_1$。为了获得最优的透射率，我们定义了一个包含上述 L_1 范数正则化项的优化方程：

$$t=\underset{t}{\mathrm{argmin}}\left\{\frac{\lambda}{2}\|\boldsymbol{t}-\boldsymbol{t}_\circ\|_2^2+\|\boldsymbol{W}\circ\nabla t\|_1\right\} \tag{8-18}$$

式中：括号内的 $\|\boldsymbol{t}-\boldsymbol{t}_\circ\|_2^2$ 为数据项，用于测试优化后的透射率与初始透射率的相似性；括号内的 $\|\boldsymbol{W}\circ\nabla t\|_1$ 为所提出的权重 L_1 范数正则项；λ 为两项间的平

衡参数。我们利用半二次分离最小化方法(Xu et al.,2010)对式(8-18)进行迭代求解。我们首先引入辅助变量 u:

$$(t,u) = \arg\min_t \left\{ \frac{\lambda}{2} \left\| t - t_\mathrm{o} \right\|_2^2 + \left\| \boldsymbol{W} \circ \nabla t \right\|_1 + \frac{\beta}{2} \left\| \boldsymbol{u} - \nabla t \right\|_2^2 \right\} \quad (8\text{-}19)$$

然后通过以下方程迭代求解 u 和 t:

$$u = \arg\min_u \left\{ \left\| \boldsymbol{W} \circ \nabla t \right\|_1 + \frac{\beta}{2} \left\| \boldsymbol{u} - \nabla t \right\|_2^2 \right\} \quad (8\text{-}20)$$

$$t = \arg\min_t \left\{ \frac{\lambda}{2} \left\| t - t_\mathrm{o} \right\|_2^2 + \frac{\beta}{2} \left\| \boldsymbol{u} - \nabla t \right\|_2^2 \right\} \quad (8\text{-}21)$$

最后利用快速傅里叶算法得出最终的优化透射率结果 t_f:

$$t_\mathrm{f} = \mathscr{F}^{-1} \left(\frac{\frac{\lambda}{\beta}\mathscr{F}(t_\mathrm{o}) + \overline{\mathscr{F}(\nabla_x)} \circ \mathscr{F}(u_\mathrm{h}) + \overline{\mathscr{F}(\nabla_y)} \circ \mathscr{F}(u_\mathrm{v})}{\frac{\lambda}{\beta} + \left(1 + \frac{\gamma}{\beta}\right)\left(\overline{\mathscr{F}(\nabla_x)} \circ \mathscr{F}(\nabla_x) + \overline{\mathscr{F}(\nabla_y)} \circ \mathscr{F}(\nabla_y)\right)} \right) \quad (8\text{-}22)$$

图 8-5 所示为我们的方法与 He 等人(2010)提出的导向滤波方法的结果对比。从图 8-5(b)和(c)中可以看出我们的方法得到的透射率图在纹理区域更加平滑且保留了更丰富的显著边界。从图 8-5(d)和(e)中能够发现,我们的方法恢复出的去雾结果对比度更强,色彩更加自然,对天空、玻璃等亮区域去雾效果更加明显。图 8-5(e)中绿色矩形框中为我们的方法与导向滤波方法的结果相比优势较明显的区域,图 8-5(d)中红色矩形框中为与之对应的区域。

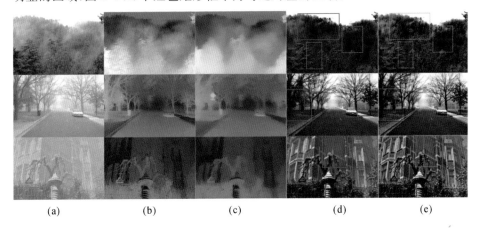

(a)   (b)   (c)   (d)   (e)

图 8-5　我们的方法与导向滤波方法的结果对比

(a)原图;(b)导向滤波方法优化的透射率图;(c)我们的方法优化的透射率图;

(d)导向滤波方法的去雾结果;(e)我们的方法的去雾结果

8.1.3　场景辐射强度恢复

在进行场景辐射强度恢复前,我们还需要先对大气光强度进行准确估计。为了提高大气光强度的估计精度,我们提出了一个基于物理先验的大气光强度估计算法。该算法通过研究大气光贡献区域的物理特征,得出大气光主要出现在图像中对比度和纹理密度均较低的高亮度区域。基于以上先验,我们定义了一个评分函数用以估计大气光强度:

$$E_A(x) = con(x) \cdot ds(x), x \in P_d \tag{8-23}$$

式中:P_d 是暗通道中最亮的 0.1% 像素的集合;$con(x)$ 是 x 处的对比度;$ds(x)$ 是局部窗口 $\omega(x)$ 中的纹理密度。这里,$\omega(x)$ 的大小通常为 11×11,$ds(x)$ 被定义为

$$ds(x) = \frac{1}{|\omega(x)|} \sum_{y \in \omega(x)} I_e(y) \tag{8-24}$$

式中:$|\omega(x)|$ 表示 $\omega(x)$ 中的像素个数;$I_e(y)$ 表示输入图像的 Sobel 边界检测结果。我们利用 $\omega(x)$ 内 I_e 的 L_0 范数作为该窗口中的边界密度。

在我们的算法中,$E_A(x)$ 值最小的像素被选为大气光候选区域 $\omega_A(x)$ 的中心点。然后我们在 $\omega_A(x)$ 中取每个像素的最大通道值,将这些最大通道值的均值作为算法最终的大气光强度值。如图 8-6 所示,第一行为输入图像,其中红色矩形框中的区域表示算法所求出的大气光贡献区域;第二行为去雾结果;第三行为优化后得到的深度图,深度排序自左向右为黑、红、黄、白,逐渐变深。可以看出,我们所得的透射率图在纹理区域更加平滑且保留了显著边界。

将优化后的透射率 t_f 和所求得的大气光的 A 值代入大气散射成像模型,有

$$I(x) = t_f(x)J(x) + (1 - t_f(x))A \tag{8-25}$$

$$J(x) = \frac{I(x) - A}{\max(t_f(x), \varepsilon)} + A \tag{8-26}$$

式中:$J(x)$ 为我们最终求得的无雾信息图像;ε 为形式参数,防止分母为零,在实验中被设置为 0.01。图 8-7 所示是我们所提出的图像去雾算法的流程。

图 8-8 所示为我们的方法与其他三个主流方法的结果对比。与 He 等人

图 8-6　我们所提出的权重 L_1 范数正则化算法优化后得到的去雾结果及深度图

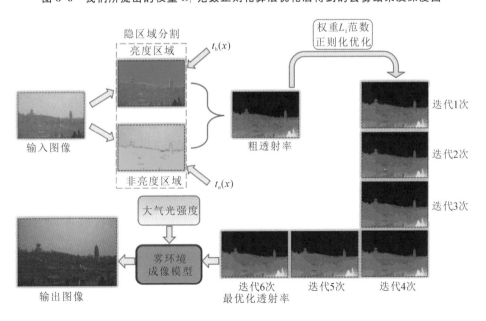

图 8-7　我们所提出的图像去雾算法流程

(2010)的方法相比,特别是对于高亮区域,我们的方法去雾结果效果更佳。从图 8-8(c)中我们能够看出,Meng 等人(2013)的方法能够获得高质量且边界清晰的无雾图像,但由于该方法在整幅图像中引入了弱限定条件且采用不稳定的三通道大气光值估计算法,因此结果常会产生过饱和或色偏现象。从图 8-8(d)和(e)中可以看出,与 Kim 等人(2013)的方法相比,我们的方法的去雾效果更明显。

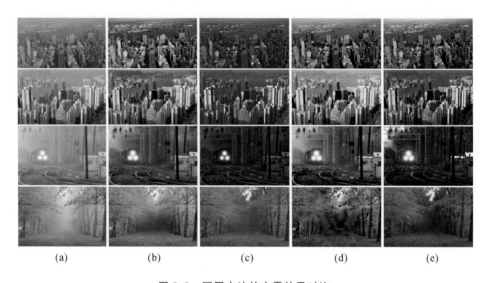

| (a) | (b) | (c) | (d) | (e) |

图 8-8 不同方法的去雾结果对比

(a)原图;(b)He 等人的方法;(c)Meng 等人的方法;(d)Kim 等人的方法;(e)我们的方法

8.2 基于吸收透射率补偿及时空导向滤波的实时视频去雾

目前,国内外学者已在单幅图像去雾领域取得较大进展,无论是去雾效果还是处理速度都得到了显著提升。随着单幅去雾及视频处理技术的日渐成熟,以及人们对高质量的室外高层智能视频算法日趋迫切的需求,视频去雾算法应运而生。实时的视频去雾算法能够无障碍地嵌入各类高层视频算法中,提高算法输入数据质量,提升算法精度及鲁棒性。视频去雾技术可应用于无人驾驶汽车、飞机起降辅助及视频监控等众多领域,其难点主要在于如何保证视频数据的时空一致性。初期研究者们仅将单幅图像去雾算法移植到视频处理中,工作重心主要是如何加快单幅图像去雾算法的处理速度,尝试对透射率优化算法进行改进,或使用 GPU(图像处理单元)、DSP(数字信号处理器)及 FPGA(现场可编程门阵列)等硬件设备加快处理速度。但这类仅对视频中每帧图像分别进行简单去雾处理的算法没有考虑到帧与帧之间的信息关联,破坏了视频的时序相关性,产生了大量严重的闪烁噪声。针对此问题,我们在本节提出时空导向滤波优化算法。时空导向滤波优化算法考虑了视频的帧间信息在空间和时间维度的一致性因素,在平滑透射率纹理并保护显著边界的同时,能够克服视频中的闪烁噪声,保证视频去雾结果的流畅性。经典散射去雾模型仅考虑散射透射率对雾生成的影响,导致大多数基于该模型的去雾算法在近景处容易产生过饱和噪声。为了解决这个问题,结合 8.1 节中我们所提出的隐分割散射透射率估计方法,在本节中我们提出了一个包含吸收透射率补偿的融合透射率估计方法。该方法充分考虑了大气散射和大气吸收衰减对图像质量的影响,弥补了经典模型忽略大气吸收衰减的缺陷,能够显著提高透射率估计精度,有效地抑制近景处过饱和噪声的产生。

8.2.1 包含大气光吸收衰减的去雾模型

大气中的大多组成成分都具有吸收特性,例如水蒸气和二氧化碳等都属于吸收气体。吸收气体常常引起光的衰减。随着大气浓度的增加,雾天气时光的吸收衰减远大于晴朗天气时的吸收衰减。然而经典去雾模型仅考虑了大气光的散射衰减,忽略了大气光的吸收衰减,因此常常获得比真实值更强的无雾场景辐射强度。这一内在的模型缺陷正是许多基于经典散射模型去雾算法常产生大量过饱和噪声的重要原因。为了解决以上问题,受水下图像恢复算法的启发,我们在经典散射成像模型的基础上增加了大气吸收透射率补偿项。

在大气环境中,光源为大气光,相机感光元件的响应由大气光的辐射强度和场景目标的反射强度共同决定。因此我们进一步假设大气吸收衰减同样发生在大气光到镜头的传播过程中。基于以上假设,我们将经典的雾成像模型式(8-1)改进为

$$I(x) = t_{sa}(x)J(x) + (1 - t_{sa}(x))A \qquad (8\text{-}27)$$

式中:t_{sa} 为补偿后的总透射率,包含吸收透射率 t_a 和散射透射率 t_s。

图 8-9 描述了包含大气光吸收衰减的雾图像成像过程。

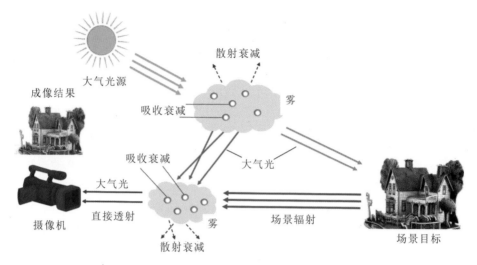

图 8-9　包含大气光吸收衰减的雾图像成像过程

8.2.2　亮度饱和度比先验

Zhu 等人(2014)通过实验发现雾图像的亮度和饱和度之差与雾的浓度之间存在线性关系,称之为色彩衰减先验(color attenuation prior,CAP)。他们利用最大化似然估计方法解此线性方程的线性系数,但仅用 500 张图像来训练求解一组通用的常量线性系数,因此色彩衰减先验方法的鲁棒性及普适性一般,且亮度与饱和度的权重差会破坏场景深度的连续性。因此,这一方法不能很好地处理目标边界,特别在场景深度跳跃较大的区域。受色彩衰减先验方法的启发,同时也为了改进色彩衰减先验方法的上述缺陷,我们首先收集 2000 张图像构建统计数据库,然后利用雾成像模型将数据库中所有图像合成为有雾图像,并对这些图像进行统计分析,得到了亮度饱和度比(luminance-saturation ratio,LSR)先验。亮度饱和度比先验基于以下观察得出:当雾浓度升高时,有雾图像的亮度会随之逐渐增长,而饱和度则逐渐下降。实例如图 8-10(a)和(b)所示。因此有雾图像亮度与饱和度的比值与雾的浓度成正比,即亮度饱和度比先验能够有效地表达图像中雾的浓度。我们将亮度饱和度比先验表示为

$$c_{\mathrm{h}}(x) \propto r(x) = I_{\mathrm{v}}(x)/I_{\mathrm{s}}(x)$$

式中:$I_{\mathrm{v}}(x)$ 和 $I_{\mathrm{s}}(x)$ 表示有雾图像 I 的亮度和饱和度通道值;∝为正比例符号;亮度饱和度比值 $r(x)$ 与雾浓度 $c_{\mathrm{h}}(x)$ 成正比。简单的亮度饱和度比先验可以避免色

彩衰减先验中复杂的离线学习,还可避免固定的线性系数带来的不稳定性。图 8-10 中,图(a)表示由原始清晰图像(见图(c))和真实深度图像(见图(h))合成的有雾图像;图(b)为亮度饱和度比先验;图(d)为由 CAP 散射透射率图像(见图(i))恢复的无雾结果;图 (e)为由 LSR 图像(见图(j))恢复的去雾结果;图(f)是由 LSR 吸收透射率图像(见图(k))恢复的去雾结果;图(g)为由我们的方法得到的融合透射率图像(见图(l))恢复的去雾结果;图(m)展示了从图(h)到图(l)对应的透射率图像的曲线分布,图(h)到图(l)中由白到黑表示深度的增长。图(m)中横轴表示图(h)到图(l)中每行的平均透射率,纵轴表示图像的高度(用分辨率表示)。

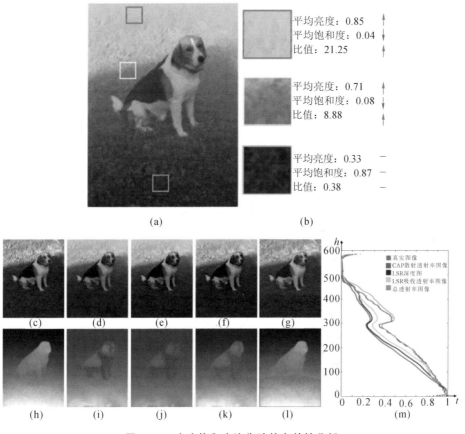

图 8-10　亮度饱和度比先验的有效性分析

在统计实验中,我们经计算作出了数据集中图像的亮度饱和度比先验曲线和色彩衰减先验曲线,并与真实深度曲线进行了对比。实验发现,相比于色彩衰减先验曲线,亮度饱和度比先验曲线更加接近真实深度曲线。因此,亮度饱和度比先验比色彩衰减先验能够更精确地表达有雾图像的深度。与大多数研究者相同,我们同样假设雾的浓度与场景深度成正比。因此可以推论得出,亮度饱和度比先验比色彩衰减先验能够更有效地表达雾的浓度。图 8-11 所示为补充的亮度饱和度比先验统计实验例子,可以观察到亮度饱和度比先验深度曲线在趋势和数值上均比色彩衰减先验深度曲线更近似于真实深度曲线,验证了亮度饱和度比先验在雾的浓度表达上的有效性、优越性和普适性。此外,亮度饱和度比先验的计算更为简单,不需要色彩衰减先验中复杂的离线学习过程;而且色彩衰减先验中固定的线性系数会导致算法泛化性较差,亮度饱和度比先验的普适性更强。

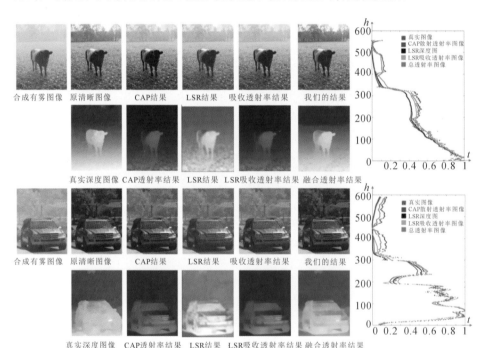

图 8-11　亮度饱和度比先验统计实验例子

8.2.3　基于亮度饱和度比先验的吸收透射率估计

由于亮度饱和度比能够近似地表达雾的浓度,且大气吸收衰减随着雾的浓度增大而增强,因此我们基于亮度饱和度比先验建立吸收透射率模型。尽管从图 8-11 中我们可以看出亮度饱和度比先验可以获得较好的去雾结果,但是为了更为精确地建立吸收透射率的物理模型,我们没有直接利用亮度饱和度比先

验来表达吸收透射率。我们定义吸收透射率为

$$t_a(x) = \exp\left[-\frac{1}{\ln \max_{y \in \Omega(x)} I_v(y)}(\ln I_v(x) - \ln I_s(x))\right] \qquad (8\text{-}28)$$

式中：$\Omega(x)$ 是最大化滤波的搜索窗口，大小为 11×11，可以保证吸收透射率的局部一致性；x 是 $\Omega(x)$ 的中心点；y 为 $\Omega(x)$ 中的其他点。我们假设亮度饱和度比与吸收透射率模型满足指数关系。为了保护 I_v 和 I_s 之间的相关性，我们将亮度饱和度比变换到对数域为 $\ln I_v(x) - \ln I_s(x)$。这个对数域的亮度饱和度比用来表达雾的浓度，可以保证在浓雾区域吸收透射率较小，在薄雾区域吸收透射率较大。我们用局部最大的亮度值 $\max_{y \in \Omega(x)} I_v(y)$ 代替像素级的入射光强度，$\max_{y \in \Omega(x)} I_v(y)$ 可以将吸收透射率与图像的纹理紧密关联。为了使吸收透射率更加平滑，我们同样将 $\max_{y \in \Omega(x)} I_v(y)$ 转换到对数域。

图 8-11 表明，与直接使用色彩衰减先验和亮度饱和度比先验方法相比，基于亮度饱和度比先验的吸收透射率模型能够获得更准确的场景深度且去雾效果更佳。然而在远处浓雾区域，我们所提出的吸收透射率模型并不能获得很好的去雾效果，这主要是因为我们忽略了大气散射衰减的影响。大气散射是由各个方向的入射光同时在相同像素响应而引起的，常常会提升拍摄图像的亮度，且大气散射同样随雾的浓度增大而增长。如果我们仅使用吸收透射率算法进行去雾，那么，在浅雾区域散射的影响较小，能够达到一定的去雾的效果；但在浓雾区域，散射的影响较大时，若忽略散射透射率，则会造成图像亮度增强，直观上如同有雾，参见图 8-11 中远处草坪和树的效果。因此我们还需要准确地估计散射透射率，与吸收透射率共同构成最终的总透射率。

8.2.4 包含吸收补偿的融合透射率

实验表明，如果我们仅使用吸收透射率算法进行去雾，由于吸收作用在浓雾区域相对散射衰减较弱，因此浓雾处的吸收透射率较大，常恢复出较亮的、如有雾般的结果，从而降低算法去除浓雾的能力，如图 8-10(f) 所示。如果我们仅利用散射透射率算法进行去雾，则常产生大量过饱和像素及严重的色偏，特别是在近景区域，如图 8-12(d) 所示。综上所述，无论是吸收透射率算法还是散射透射率算法都无法独立地恢复出同时具有高对比度和高色彩保真度的无雾结果。为了获得更为精确的透射率和高质量的去雾效果，我们需要全面考虑大气

的散射衰减和吸收衰减。因此我们提出了包含吸收补偿的融合透射率：

$$t_{sa}(x) = \text{norm}(t_s(x) \cdot t_a(x)) \tag{8-29}$$

式中：norm 表示归一化算子。我们的散射透射率 t_s 由 8.1 节中所提出的隐区域分割边界限定算法求得：

$$t_s(x) = \min\left\{\max\left\{\frac{\max\limits_H(I_H(x) - A)}{|A - 255|}, 1 - \frac{\min\limits_H(I_H(x))}{A}\right\}, 1\right\} \tag{8-30}$$

(a)　　(b)　　(c)　　(d)　　(e)　　(f)　　(g)

图 8-12　包含吸收补偿的融合透射率与散射透射率算法的结果比较

如图 8-10(m)和(g)所示，我们的融合透射率算法的结果最接近真实深度曲线，我们的去雾结果具有高对比度且几乎不产生过饱和噪声。这说明我们的融合透射率算法优于独立的吸收透射率或散射透射率算法。我们在 200 张合成图像组成的数据集上，通过计算色彩衰减先验、亮度饱和度比先验、亮度饱和度比先验吸收透射率及所提出的融合透射率的曲线对真实深度曲线的平均平方误差，对各算法在描述场景深度下的表现进行了量化的评价。该评价指标越小，表明算法结果越接近真实场景深度。色彩衰减先验、亮度饱和度比先验、亮度饱和度比先验吸收透射率及所提出的融合透射率的平均平方误差分别为 7.62、5.42、3.85 和 1.37。量化评价结果表明，我们所提出的融合透射率算法相比于其他单独算法，在表达场景深度方面优势明显。

8.2.5　时空导向滤波

式(8-29)中像素级的初始透射率不满足局部一致性条件，所获得的去雾图像中各目标间边界过于分明，如同油画的效果。因此需要对初始透射率进行优化，使其纹理得到平滑，显著边界得以保留。考虑到视频的帧间信息相关性对提高算法效率及提升去雾效果有着极为重要的意义，为使透射率满足局部一致性，并高效利用帧间相关性优化透射率，抑制闪烁噪声，我们提出了基于时空导向滤波(ST-GIF)的优化方法，对视频序列的透射率进行优化。

时空导向滤波方法假定导引图像与滤波输出在一个二维窗口内满足局部线性模型：

$$q(k) = a(k)I_g(i) + b(k), \forall i \in \omega_k \tag{8-31}$$

式中：$I_g(i)$ 表示引导图像在 i 点的响应；$q(k)$ 为滤波输出；ω_k 为中心点在像素 k 处的滤波窗口；$a(k)$ 和 $b(k)$ 为线性系数，在 ω_k 内均为常量。这一局部线性模型可以保证仅在 I_g 的边界位置 q 才存在边界点，该结论可由 $\nabla q = a \nabla I_g$ 证明。因此导向滤波能够在平滑纹理区域的同时保护显著边界，在空间域中满足透射率优化的需求。

单幅图像导向滤波能量表达式为

$$\underset{a(x),b(x)}{\arg\min} \sum_{y \in \omega(x)} \left[a(x)I_g(y) + b(x) - t_{sa}(y) \right]^2 + \varepsilon a(x)^2 \tag{8-32}$$

式中：ω 窗口大小为 11×11；在我们的任务中 $I_g(y)$ 为有雾图像灰度图，滤波输出为由式(8-29)得到的融合透射率。

时空导向滤波流程图如图 8-13 所示。

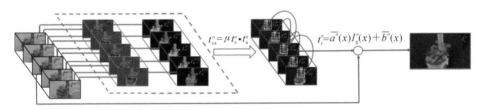

$$t_{sa}^n = \mu t_s^n \cdot t_a^n \qquad t_r^n = \overline{a^n}(x)I_g^n(x) + \overline{b^n}(x)$$

图 8-13　时空导向滤波流程图

现有的一些视频去雾算法仅将单幅图像去雾算法直接简单地应用于视频数据，没有考虑时间相关性信息，因此在场景发生变化或相机运动时，常产生大量闪烁噪声。为了充分利用视频中前后帧的相关性，抑制闪烁噪声，我们将导向滤波扩展到时域空间。当前时刻 t 下时空导向滤波的能量表达式为

$$\underset{a(x),b(x)}{\arg\min} \sum_{\tau \in [-f,f]} \sum_{y \in \omega(x)} \left[a^n(x)I_g^n(y) + b^n(x) - t_{sa}^{n+\tau}(y) \right]^2 + \varepsilon a^n(x)^2 \tag{8-33}$$

式中：n 为当前帧数；f 为参与计算的相邻帧数。用简单的求偏导的方法，我们可以将线性系数 a 和 b 表达如下：

$$\begin{cases} \overline{a^n}(x) = \dfrac{\sum\limits_{\tau \in [-f,f]} \underset{\omega}{\mathrm{mean}}[I_g^n(y)t_{sa}^{n+\tau}(y)] - \underset{\omega}{\mathrm{mean}}[I_g^n(y)]\underset{\omega}{\mathrm{mean}}[t_{sa}^{n+\tau}(y)]}{\underset{\omega}{\mathrm{mean}}[I_g^n(y)^2] - \underset{\omega}{\mathrm{mean}}[t_{sa}^{n+\tau}(y)]^2 + \varepsilon} \\[4mm] \overline{b^n}(x) = \sum\limits_{\tau \in [-f,f]} \underset{\omega}{\mathrm{mean}}[t_{sa}^{n+\tau}(y)] - a^n(x)\underset{\omega}{\mathrm{mean}}[I_g^n(y)] \end{cases} \tag{8-34}$$

式中:mean表示ω内的均值滤波,可以避免在不同窗口中得到不同的滤波输出,也使线性系数a、b能够得到更加平稳的分布。尽管均值滤波破坏了∇t_{sa}随∇I_g的放缩性质,但作为均值滤波器的输出,在强边缘处$\overline{a}$、$\overline{b}$的梯度应远小于导向图像的梯度。这种情况下,根据式(8-31)求导有$\nabla t_{sa} = \overline{a} \nabla I_g$,这表明$I_g$在边缘处的剧烈变化大多数都保留在$t_{sa}$中。因此优化后的总透射率具有平滑纹理及保护显著边界的作用,最终当前帧的总透射率优化结果t_r可由下式求得:

$$t_r^n(x) = \overline{a^n}(x)I_g^n(x) + \overline{b^n}(x) \tag{8-35}$$

8.2.6　场景辐射强度恢复

大气光估值的精度对去雾结果的质量及散射透射率的精度都有着至关重要的影响,因此在恢复无雾场景辐射强度之前,我们需要获得精确的全局大气光强度。8.1节中的大气光估计算法对单幅图像去雾有着很好的效果,然而对于视频,仅简单地在单帧中使用上述方法估计大气光值,在相邻帧光照变化较大的情况下,会产生剧烈的闪烁现象。为了保证光照不变性,消除由光照变化产生的闪烁,我们对8.1节中的大气光估计算法进行改进,在计算当前帧大气光值时加入了帧间的大气光变化趋势信息。改进的雾视频大气光强度定义为

$$A^n = (1-\lambda)A'^n + \lambda A^{n-1} \tag{8-36}$$

式中:A'^n为用8.1节中的方法求出的当前帧大气光强度;A^n表示最终求得的当前帧大气光强度;$\lambda = A^{n-1}/A^{n-2}$,用于预测前一帧大气光强度对当前帧大气光强度的影响。我们将式(8-34)、式(8-35)代入所提出的去雾模型式(8-28)中,可由下式求得各帧的无雾场景辐射强度结果:

$$J^n = \left[(1-t_r^n)A^n - I^n\right]/t_r^n \tag{8-37}$$

8.2.7　实验结果分析

我们将所提出的方法与经典的暗通道单幅图像方法(He et al.,2011)及三个先进的视频去雾方法(Kim et al.,2013;Li et al.,2018;Cai et al.,2016),分别从主观恢复效果及量化评价指标方面进行了对比实验。该包含天空的真实视频去雾实验结果如图8-14所示,图中第一行为输入图像,第二至五行分别为He等人的方法、Kim等人的方法、Li等人的方法和Cai等人的方法的去雾结

果,最后一行为我们的方法的去雾结果。从图中可以看出,He 等人的方法产生了一些闪烁噪声,其他方法并未出现闪烁噪声。

对于无雾的车内方向盘及中控台区域,He 等人的方法、Kim 等人的方法、Li 等人的方法和 Cai 等人的方法均产生了大量的过饱和像素点,而我们的方法与原始图像基本保持一致,对比度的恢复较为恰当。在公路、树林等区域,Kim 等人的方法过度拉伸了像素的对比度,产生了大量过饱和噪声;Li 等人的方法和 Cai 等人的方法结果比较接近,虽然达到了一定的去雾效果,过饱和噪声较少,但色彩偏差现象严重,树木和公路的颜色相对于有雾图像保真度较低;而我们的方法所得的去雾结果在对比度明显提升的情况下颜色更为自然,色彩还原度也相对较高。

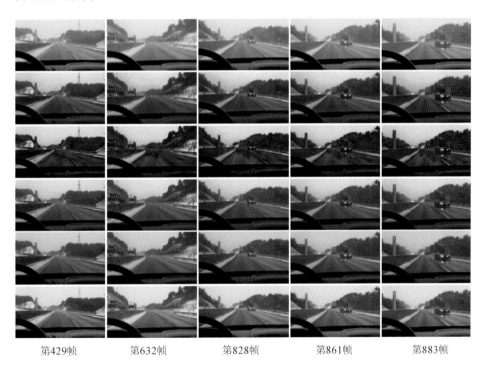

第429帧　　　第632帧　　　第828帧　　　第861帧　　　第883帧

图 8-14　包含天空的真实视频去雾实验结果对比

表 8-1 给出了图 8-14 中各去雾结果的可见边界恢复指标评价结果。可见边界恢复指标能够客观地评价各方法对图像高频信息的恢复能力,该指标结果值越大,表明该方法恢复清晰纹理信息的能力越强。从表 8-1 中可以看出,我们的方法的评价结果好于其他方法,平均值高于排名第二的方法(Cai 等人的方

法)18 个百分点。

综上所述,我们的方法的去雾结果在对比度得到明显提升的情况下,保留了更加真实的色彩。

表 8-1 图 8-14 中各去雾结果的可见边界恢复指标评价结果

方法 \ 帧 e	第 429 帧	第 632 帧	第 828 帧	第 861 帧	第 883 帧	平均值
He 等人的方法	0.9121	0.9173	0.9257	0.9286	0.9196	0.92066
Kim 等人的方法	1.0654	1.0569	1.0742	1.0696	1.0716	1.0645
Li 等人的方法	1.1263	1.0839	1.1602	0.9446	1.0013	1.0841
Cai 等人的方法	1.1904	1.2013	1.1972	1.2012	1.2003	1.2221
我们的方法	1.4103	1.4305	1.4437	1.3886	1.3698	1.4419

本章参考文献

CAI B, XU X M, TAO D C. 2016. Real-time video dehazing based on spatio-temporal MRF [C] // Pacific Rim Conference on Multimedia. Switzerland:Springer:315-325.

HE K M, SUN J, TANG X O. 2010. Guided image filtering [J]. IEEE Transactions on Pattern Analysis and Machine Intelligence,35(6):1397-1409.

HE K M,SUN J,TANG X O. 2011. Single image haze removal using dark channel prior [J]. IEEE Transactions on Pattern Analysis and Machine Intelligence,33(12):2341-2353.

HIDE R. 1976. Optics of the atmosphere:Scattering by molecules and particles[J]. Physics Bulletin,28.

KIM J H, JANG W D, SIM J Y, et al. 2013. Optimized contrast enhancement for real-time image and video dehazing[J]. Journal of Visual Communication and Image Representation,24(3):410-425.

LI B Y, PENG X L, WANG Z Y, et al. 2018. End-to-end united video dehazing and detection[C] // Proceedings of Thirty-Second AAAI Conference on Artificial Intelligence. New Orleans.

MCCARTNEY E J. 1976. Optics of the atmosphere: scattering by molecules and particles[M]. New York: John Wiley and Sons, Inc.

MENG G F, WANG Y, DUAN J Y, et al. 2013. Efficient image dehazing with boundary constraint and contextual regularization[C] // IEEE International Conference on Computer Vision. Washington D. C. : 617-624.

NARASIMHAN S G, NAYAR S K. 2003. Contrast restoration of weather degraded images[J]. IEEE Transactions on Pattern Analysis and Machine Intelligence, 25(6): 713-724.

XU L, JIA J. 2010. Two-phase kernel estimation for robust motion deblurring[C] // Proceedings of the 11th European Conference on Computer Vision, Part Ⅰ. Berlin: Springer-Verlag: 157-170.

ZHU Q S, MAI J M, SHAO L. 2014. Single image dehazing using color attenuation prior[C] // In Proceedings of BMVC. Citeseer.

第 9 章
水下散射建模与处理

高分辨率的视觉数据采集设备具备传统声呐、激光雷达等设备所无法比拟的高可见度、轻便性及低能耗等优势,但也受困于水质密度或悬浮颗粒所引起的光线散射的影响,常获得模糊、偏色或光照不均匀的降质图像。水下图像恢复算法能够有效消除散射的不利影响,还原出高对比度的清晰图像,为水下科考、侦查、打捞等活动提供清晰、可靠的观测数据,具有重要的实际应用价值和广泛的应用前景。

水下图像恢复技术目前的研究仍处于初步阶段,尚未建立统一有效的水下成像模型。水下环境复杂、光照条件较差、对拍摄设备要求较高等因素使数据采集相对困难。相对于大气散射环境,水下散射成像的建模难度更大,需要考虑的因素也更多。在本章,我们将介绍一种基于光场成像的强散射水下图像恢复算法和一种基于双透射率水下成像模型的图像颜色校正算法。

9.1 基于光场成像的强散射水下图像恢复

现有算法大多针对散射介质浓度较低的水下环境,但对于强散射环境(如浑浊水下环境)所产生的更大的挑战,如低可见度、光照不均、低对比度及失焦等严重问题,现有算法常常失去其作用。在本节,我们提出一个强散射水下图像成像模型,考虑了目标的直接反射和光源的后向散射对水下成像的影响,并结合光场成像技术进行强散射环境水下图像恢复。光场相机能够记录同一场景在不同视点角度下的图像信息,所拍摄的图像间具有一定的视差,能够帮助我们估计场景深度。我们利用光场相机切片数据获取强散射水下环境的透射率,将此透射率深度信息与散焦、匹配信息相融合,对透射率进行优化。

9.1.1 水下散射建模

我们以相机镜头中心为原点,令图像坐标系(x,y)平行于世界坐标系(X,Y),Z轴与相机光轴重合,(X,Y,Z)为目标坐标点,(x,y)为相应的图像坐标点,有

$$\boldsymbol{x} = \left[f\dfrac{X}{Z} \quad f\dfrac{Y}{Z} \right]^{\mathrm{T}}; \boldsymbol{X} = \left[\dfrac{Z}{f}x \quad \dfrac{Z}{f}y \quad Z \right]^{\mathrm{T}} \tag{9-1}$$

令(X_s,Y_s,Z_s)为光源点$\boldsymbol{S}$的世界坐标,并定义$\boldsymbol{D}(\boldsymbol{X})=\boldsymbol{S}-\boldsymbol{X}$为从目标到光源的矢量。图 9-1 所示为水下散射环境下图像成像及光传播示意图,光从大气中射入水下场景点(X,Y,Z),经场景反射后又经传输距离$\|\boldsymbol{X}\|$传入相机,相机所感知到的辐射强度为后向散射与场景反射光的直接辐射的总和:

$$I(\boldsymbol{x}) = I_{\mathrm{d}}(\boldsymbol{x}) + I_{\mathrm{b}}(\boldsymbol{x}) \tag{9-2}$$

式中:$I_{\mathrm{d}}(\boldsymbol{x})$为目标的直接辐射;$I_{\mathrm{b}}(\boldsymbol{x})$为光源射出的光线在到达目标表面前被散射到目标点$\boldsymbol{X}$视线方向的部分,称为后向散射。

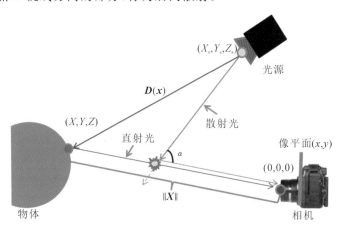

图 9-1 水下散射环境下图像成像及光传播示意图

1. 直射分量

如图 9-1 所示,假设一个辐照度为E的各向同性点光源,它发出的光经过距离$\|\boldsymbol{D}(\boldsymbol{X})\|$后到达物体,然后光线经过反射率为$\rho(\boldsymbol{X})$的物体表面反射后,又传播距离$\|\boldsymbol{X}\|$到达相机,则直接辐射可描述为

$$I_{\mathrm{d}}(\boldsymbol{x}) = \frac{E}{\left\|\boldsymbol{D}(\boldsymbol{X})\right\|^2} \mathrm{e}^{-\sigma\|\boldsymbol{D}(\boldsymbol{X})\|} \rho(\boldsymbol{X}) \mathrm{e}^{-\sigma\|\boldsymbol{X}\|} \tag{9-3}$$

式中:$\left\|\boldsymbol{D}(\boldsymbol{X})\right\|^2$体现光的平方反比定律,即光源距目标的距离为$D$,那么目标

处的照度是光源辐射强度的 $\dfrac{1}{D^2}$；ρ 为朗伯体表面反射率；σ 表示介质的消光系数。定义 $J(\boldsymbol{x}) = \dfrac{E}{\|\boldsymbol{D}(\boldsymbol{X})\|^2} \rho(\boldsymbol{X})$ 为要恢复的清晰图像信息，则有

$$I_{\mathrm{d}}(\boldsymbol{x}) = J(\boldsymbol{x})\mathrm{e}^{-\sigma(\|\boldsymbol{D}(\boldsymbol{X})\| + \|\boldsymbol{X}\|)} \tag{9-4}$$

2. 散射分量

光被介质直接散射到相机而没有达到目标的部分称为后向散射。光散射到每个方向上的强度由散射因子 β 和相函数 $P(g, \alpha)$ 决定，其中 α 为原始光与散射光的夹角。这里我们采用常用的 Henyey-Greenstein 相函数，表达式如下：

$$P(g, \alpha) = \frac{1}{4\pi} \frac{1 - g^2}{[1 + g^2 - 2g\cos\alpha]^{3/2}} \tag{9-5}$$

式中：散射角 α 由 $\cos(\alpha) = \hat{\boldsymbol{D}} \cdot \hat{\boldsymbol{X}}$（$\hat{\boldsymbol{D}}$、$\hat{\boldsymbol{X}}$ 均表示归一化向量）确定，$\alpha \in [0, \pi]$；参数 $g \in (-1, 1)$，表示前向散射在散射中的占比。根据文献（Narasimhan et al.，2006；Sun et al. 2005），后向散射由下式给出：

$$I_{\mathrm{b}}(\boldsymbol{x}) = FL_{\mathrm{b}}(\boldsymbol{x})$$

式中

$$L_{\mathrm{b}}(\boldsymbol{x}) = \int_0^{\|\boldsymbol{X}\|} \frac{\mathrm{e}^{-\sigma\|\boldsymbol{D}(r\hat{\boldsymbol{X}})\|}}{\|\boldsymbol{D}(r\hat{\boldsymbol{X}})\|^2} P(\alpha)\mathrm{e}^{-\sigma r} \mathrm{d}r \tag{9-6}$$

且 $F = E\beta$。

3. 扩展到光源在介质外的情况

现在我们要把散射模型扩展到近场光源在介质外的情况。根据图 9-2 所示的几何结构，光线从光源出发，未经任何散射，在点 $\boldsymbol{X}_{\mathrm{w}}(X_{\mathrm{w}}, Y_{\mathrm{w}}, Z_{\mathrm{w}})$ 处进入散射介质，然后光继续在散射介质中传播并进入相机。

那么，直接辐射变为

$$I_{\mathrm{d}}(\boldsymbol{x}) = J(\boldsymbol{x})\mathrm{e}^{-\sigma(\|\tau\boldsymbol{D}(\boldsymbol{X})\| + \|\boldsymbol{X}\|)} \tag{9-7}$$

后向散射变为

$$L_{\mathrm{b}}(\boldsymbol{x}) = \int_0^{\infty} \frac{\mathrm{e}^{-\sigma\|\tau\boldsymbol{D}(r\hat{\boldsymbol{X}})\|}}{\|\boldsymbol{D}(r\hat{\boldsymbol{X}})\|^2} P(\alpha)\mathrm{e}^{-\sigma r} \mathrm{d}r \tag{9-8}$$

式（9-8）与式（9-6）的唯一不同在于光源的衰减被 $\tau \in (0, 1]$ 按尺度放缩。值得注意的是，当 $\tau = 1$ 时，模型简化为光源在水中的情形。

我们定义 τ 为

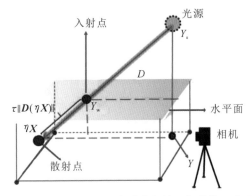

图 9-2　近场光源处于介质外部的几何结构示意图

$$\tau(\boldsymbol{X}) = \frac{Y_{\mathrm{w}} - Y}{Y_{\mathrm{s}} - Y} \tag{9-9}$$

式中：Y_{w}、Y_{s} 和 Y 分别表示入射点位置、光源位置和散射点位置。值得注意的是，τ 是关于 $\boldsymbol{X}$ 的方程，因此我们没有像 Narasimhan 等人（2005）那样假设光源到所有散射点是等距的。

9.1.2　水下图像散射消除算法

将式（9-4）代入式（9-2），我们可以得出

$$I(\boldsymbol{x}) = J(\boldsymbol{x}) \mathrm{e}^{-\sigma(\|\boldsymbol{D}(\boldsymbol{X})\| + \|\boldsymbol{X}\|)} + I_{\mathrm{b}}(\boldsymbol{x}) \tag{9-10}$$

为了恢复清晰图像，我们需要求解式（9-10）中的 $J(\boldsymbol{x})$，这需要估计未知的介质参数 F、σ、g 及每个像素的深度。为了简化求解过程，我们首先检测只包含后向散射的像素，用来估计介质参数。一旦估计出介质参数，假设一个固定的深度值 Z_{ref}，结合式（9-3）～式（9-10），我们就能得到一个初始的恢复解。

$$J(\boldsymbol{x}) = \frac{I(\boldsymbol{x}) - I_{\mathrm{b}}(\boldsymbol{x})}{\mathrm{e}^{-\sigma(\|\boldsymbol{D}(\boldsymbol{X})\| + \|\boldsymbol{X}\|)}} \tag{9-11}$$

随后我们将描述如何利用初始恢复的图像来估计像素深度，而后利用像素深度来得到最后的恢复图像。

1. 估计介质参数

对于只包含后向散射的像素，$J(\boldsymbol{x}) = 0$，式（9-10）简化为

$$I(\boldsymbol{x}) = I_{\mathrm{b}}(\boldsymbol{x}) \tag{9-12}$$

设 V 是一个只包含后向散射的像素点的集合，我们通过下式估计 F、σ 和 g：

$$\min_{g} \min_{\sigma, F} \sum_{\boldsymbol{x} \in V} \left\| I(\boldsymbol{x}) - I_b(\boldsymbol{x}) \right\| \tag{9-13}$$

内部的优化使用的是单纯形法(Lagarias et al.,1998),外部的优化是根据 g 在水中的限定范围 $g \in [0.7, 1.0]$(Narasimhan et al.,2006),把 g 按照步长 0.01 进行穷举搜索。一般来说,介质参数和光源强度依赖于波长,尽管我们可以在每个独立的色彩通道求解式(9-12),但我们发现,假设 σ 和 g 与波长无关,而光源强度 E_H 和散射系数 $\beta_H(H \in \{R,G,B\})$ 与波长相关,则能够增加算法的鲁棒性。注意到 $F_H = E_H \beta_H$ 在任一通道上将两项集成到一项,我们只需在蓝色通道计算式(9-12)的最优解,然后通过下式计算 F_R 和 F_G:

$$F_H = \frac{1}{|V|} \sum_{\boldsymbol{x} \in V} \left(\frac{I_H(\boldsymbol{x})}{I_B(\boldsymbol{x})} \right) F_B, \quad H \in \{R,G\}$$

式中:$|V|$ 表示集合 V 中的像素个数。

为了找到一个只包含后向散射的像素集合 V,我们改进了由 He 等人提出的暗通道先验(dark channel prior,DCP)方法。暗通道先验表明在大多数的自然图像块中,至少有一个颜色通道有一些亮度非常低的像素。为了使我们的方法鲁棒性更好,我们首先将输入图像转换至 HSV 颜色空间,然后提取饱和度和亮度通道,之后我们使用 Otsu(1979)的方法提取亮度和饱和度都非常低的区域。在这些区域里,我们在 X 和 Y 方向上每间隔 20 个像素采样一个点,然后在这些采样点周围 5 个像素范围的区域内取最小值来生成集合 V。需要注意的是,我们不像原始暗通道先验方法那样在颜色通道上提取最小值,因为我们的模型允许光源强度和散射系数是波长相关的。

我们将所求得的光源辐射强度 F、散射介质参数 σ 和 g,以及式(9-6)和式(9-8)代入式(9-11)中,便可求得初始恢复结果。

2. 基于光场图像的深度估计

如前所述,假设一个固定的深度值 Z_{ref},我们就能得到一个初步的恢复图像。下面我们将描述如何利用这个初步恢复的图像来估计像素级的图像深度。我们首先利用 Ng 等人(2005)提出的公式将光场数据切片为多个深度:

$$J_k(\boldsymbol{x}, \boldsymbol{u}) = J\left(\boldsymbol{x} + \boldsymbol{u}\left(1 - \frac{1}{k}\right), \boldsymbol{u}\right) \tag{9-14}$$

式中:J 为初始的去雾后的二维光场输入图像信息;$J_k(\boldsymbol{x}, \boldsymbol{u})$ 为四维切片后深度为 k 的光场图像信息;$\boldsymbol{x}$ 表示空间坐标 (x, y);$\boldsymbol{u}$ 表示角度坐标 (u, v)。对于每个

像素,重对焦图像信息$\overline{J_k}(\boldsymbol{x})$由下式计算:

$$\overline{J_k}(\boldsymbol{x}) = \frac{1}{N}\sum_{\boldsymbol{u}}J_k(\boldsymbol{x},\boldsymbol{u}) \tag{9-15}$$

式中:N 是角度像素的数量。在实际执行过程中,我们将 k 从 $0.2 \sim 2$ 做 255 步切分。因此我们可获得 256 个重对焦的 $\overline{J_k}(\boldsymbol{x})$。

散焦 DE(defocus)和对应 CO(correspondence)信息由式(9-16)、式(9-17)给出(Tao et al.,2015)。

$$\mathrm{DE}_k(\boldsymbol{x}) = \frac{1}{|W|}\sum_{\boldsymbol{x}'\in W}|\overline{J_k}(\boldsymbol{x}') - J(\boldsymbol{x}',0)| \tag{9-16}$$

$$\mathrm{CO}_k(\boldsymbol{x}) = \frac{1}{N}\sum_{\boldsymbol{u}}|J_k(\boldsymbol{x}',\boldsymbol{u}) - J(\boldsymbol{x}',0)| \tag{9-17}$$

当不同角度的光线组合被剪切到正确的深度时,它将显示出很小的变化和散焦。因此,我们通过下式选择相应的深度:

$$\begin{cases} Z_{D(\boldsymbol{x})} = \underset{k}{\mathrm{argmin}}\mathrm{DE}_k(\boldsymbol{x}) \\ Z_{C(\boldsymbol{x})} = \underset{k}{\mathrm{argmin}}\mathrm{CO}_k(\boldsymbol{x}) \end{cases} \tag{9-18}$$

3. 基于透射率的深度估计

我们的透射深度信息来源于依赖深度的后向散射,该后向散射是经暗通道先验方法消除目标的反射影响后获得的。对式(9-10)取其最小的颜色通道和空间邻域得

$$\min_{H}\min_{\boldsymbol{y}\in\Omega(\boldsymbol{x})}(I_H(\boldsymbol{y})) = \min_{H}\min_{\boldsymbol{y}\in\Omega(\boldsymbol{x})}(J_H(\boldsymbol{y})\cdot\mathrm{e}^{-\sigma(\|\boldsymbol{D}(\boldsymbol{X})\|+\|\boldsymbol{X}\|)} + I_{Hb}(\boldsymbol{y}))$$

$$\tag{9-19}$$

根据暗通道先验,$\min\limits_{H}\min\limits_{\boldsymbol{y}\in\Omega(\boldsymbol{x})}(J_H(\boldsymbol{y})) = 0$。令 $I^+(\boldsymbol{x}) = \min\limits_{H}\min\limits_{\boldsymbol{y}\in\Omega(\boldsymbol{x})}(I_H(\boldsymbol{y}))$,式(9-19)可化简为

$$I^+(\boldsymbol{x}) = F_H\int_0^{\|\boldsymbol{X}\|}\frac{\mathrm{e}^{-\sigma\|\boldsymbol{D}(r\hat{\boldsymbol{X}})\|}}{\|\boldsymbol{D}(r\hat{\boldsymbol{X}})\|^2}P(\alpha)\mathrm{e}^{-\sigma r}\mathrm{d}r \tag{9-20}$$

式(9-20)是一个关于深度 $\|\boldsymbol{X}\|$ 的非线性方程,且可以由非线性优化方法求解。然而,我们发现这样做非常耗时且常常无法获得最优解。为了解决以上两个问题,我们做了以下线性近似处理。首先由 $\mathrm{d}r = \|\boldsymbol{X}\|\mathrm{d}s$ 转化式(9-20)中的积分变量,可得

$$I^+(\boldsymbol{x}) = \|\boldsymbol{X}\|F_H\int_0^1\frac{\mathrm{e}^{-\sigma\|\boldsymbol{D}(\|\boldsymbol{X}\|s\hat{\boldsymbol{X}})\|}}{\|\boldsymbol{D}(\|\boldsymbol{X}\|s\hat{\boldsymbol{X}})\|^2}P(\alpha')\mathrm{e}^{-\sigma\|\boldsymbol{X}\|s}\mathrm{d}s \tag{9-21}$$

这里 α' 是关于 s 的方程。接着我们定义 $I_b^\dagger$ 为式(9-21)中的积分部分,并且用归一化的方式移除全局参数 F_H,得

$$I^\dagger(\boldsymbol{x}) = \|\boldsymbol{X}\| I_b^\dagger(\boldsymbol{x}) \tag{9-22}$$

最终,我们对 $\|\boldsymbol{X}\|$ 求解式(9-22),求解过程中我们用固定深度 Z_{ref} 代替位置深度 Z 来获得 $I_b^\dagger(\boldsymbol{x})$ 的近似值。令 $Z_s(\boldsymbol{x}) = \|\boldsymbol{X}\|$ 为我们的透射率深度信息。

空间变化而深度独立的 $I_b^\dagger(\boldsymbol{x})$ 可以看作标准的暗通道深度估计算法的一个非均匀校正因子。虽然这种修正在轻度散射条件下可以忽略,但在重度散射环境中,后向散射随空间变化不能被忽略,如图 9-3 所示。请注意:图 9-3(e)中从上到下、从里到外的不正确高度变化,是由后向散射的非均匀性引起的。我们的方法对透射深度可以取得比传统暗通道先验方法和改进的水下暗通道先验(UDCP)方法(Drews et al.,2013)更好的结果。

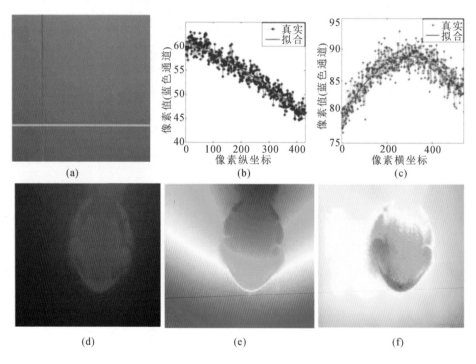

图 9-3　非均匀散射现象对深度的影响

(a)无目标的后向散射场景;(b)(c)后向散射的空间非均匀性示意图;

(d)玩具龙虾在重度散射介质中的图像;(e)UDCP方法获得的深度图;

(f)由我们的新的非均匀校正透射深度信息获得的深度图

4. 深度融合

如图 9-4 所示,任何一个单独的深度线索都无法完成一个可靠的深度估计,但是我们如果结合前面所示的三个互补的线索,就可以很好地恢复深度。为了结合散焦、对应和传输深度,我们需要确定每一个组成部分的置信度 $\Gamma(\boldsymbol{x})$。$\Gamma_D(\boldsymbol{x})$ 和 $\Gamma_V(\boldsymbol{x})$ 采用 Tao 等人(2015)给出的结果,这里将传输深度置信度定义为

$$\Gamma_S(\boldsymbol{x}) = \sum_{\substack{H_1=\{R,G,B\}\\H_2=\{G,B,B\}}} \left| J_{H_1}(\boldsymbol{x},0) - J_{H_2}(\boldsymbol{x},0) \right| \tag{9-23}$$

该设计的出发点是正确恢复的图像不会像后向散射图像那样发白,因此,如果三个颜色通道非常相似,那么很可能仍然存在后向散射。

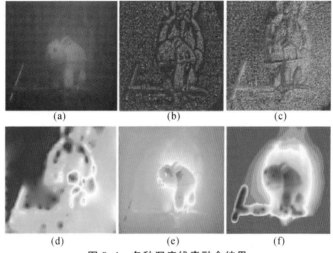

图 9-4 多种深度线索融合结果

(a)输入图像;(b)散焦深度图像;(c)对应深度图像;(d)散焦深度和对应深度融合图像;

(e)透射率深度图像;(f)融合深度图像

我们的目标是融合不同的深度线索,然后向置信度低的区域传播信息,最后的深度通过下式得出:

$$\min_{\boldsymbol{Z}} \left(\lambda_1 \sum_{j=D,V,S} \Gamma_j \left\| \boldsymbol{Z} - \boldsymbol{Z}_j \right\|^2 + \lambda_2 \left\| \boldsymbol{Z} \otimes \Delta \right\|^2 \right) \tag{9-24}$$

式中:$\otimes$ 表示卷积操作;Δ 是离散的拉普拉斯算子。在实现过程中我们令 $\lambda_1 = \lambda_2 = 1$,利用信赖域反射算法(Coleman et al.,1996)求解式(9-24)。现在我们就可以使用估计好的深度获得改进的复原结果。

5. 将光场图像剪切和重聚焦得到高质量图像

尽管通过恢复消除了反向散射和衰减,但是得到的图像通常是有噪声的(见图 9-5 和图 9-6(b)),特别是对于密集的散射介质。这是因为后向散射占据了成像的大部分动态范围,并且来自场景的信号很微弱。为了恢复单个高质量图像,我们提出对光场的多个视图进行剪切和平均化处理。

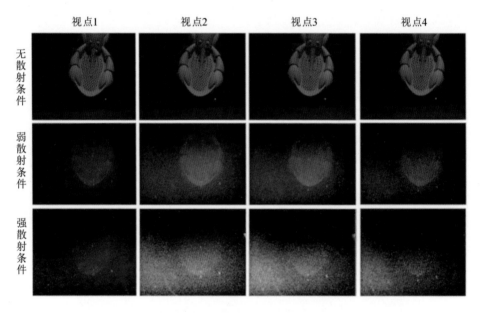

图 9-5　不同散射程度下各视点图像

注:在没有散射的情况下,各个角度的图像非常接近且图像质量很高;在有散射的情况下,

不同角度的图像开始有差别和噪声,并且这种现象随着散射强度的增加而加重。

一方面,在没有散射的情况下,从焦点清晰的光场图像的不同角度看,朗伯漫射面上的点是相同的。另一方面,在散射介质中,这些不同的视角将具有略微不同的散射路径,因此某点从各个方向上看起来可能不同。在密集的散射介质中,经过散射去除后的不同方向图像差别非常明显,如图 9-5 所示。我们的恢复算法并未明确处理相对于光场视图的散射变化,而是通过综合来自多个视图的不同信息来获取更高质量的图像。一个简单的想法是对这些图像取均值来获取恢复结果。如图 9-6(c)所示,我们可以看到将不同的视图平均到单个2D 图像中可以减少噪声,但是会增加模糊度,这是因为光场的不同角度光线没有被正确对齐,结构相似性(SSIM)评价结果仅为 0.5285。图 9-6(b)展示了仅利用中心视点对焦的散射图像所恢复的结果,其质量一般,噪声较大,结构相似

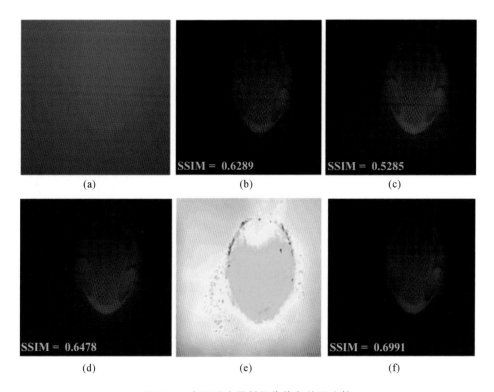

图 9-6　水下重度散射图像恢复结果比较

(a)输入图像;(b)中心视点恢复结果;(c)各视点取平均的恢复结果;(d)初始恢复结果;(e)深度图;(f)最终结果

注:将最初去雾后的光场数据进行剪切和重聚焦得到的复原图(见图(d))比仅使用中心视图恢复结果
(见图(b))和简单计算不同方向视图的平均值结果(见图(c))要好。通过重复相同的剪切和重聚焦步骤
并结合估计的深度图(见图(e))得到的最终恢复结果(见图(f))更为清晰。

性评价结果为 0.6289。图 9-6(d)所示为利用固定的深度值 Z_{ref} 进行初始恢复
后再经过剪切及重聚焦后的结果,可以看出图像纹理信息有所提高,但细节仍
比较模糊,结构相似性评价结果为 0.6478。以上方法均无法产生理想的结果,
而通过利用光场数据获得的精确的场景深度结果(见图 9-6(e)),可以得到更高
质量的恢复结果(见图 9-6(f)),其结构相似性评价结果为 0.6991。

9.1.3　实验结果

图 9-7 所示为我们的实验平台环境,其中水箱的长、宽、高分别为 50 cm、
25 cm 和 30 cm,光源坐标为 $(X_s, Y_s, Z_s) = (5 \text{ cm}, 6.5 \text{ cm}, 10 \text{ cm})$。Lytro illum
Ⅱ光场相机镜头距水箱 1 cm。除了临近相机的透光面,水箱的其他面均涂成黑

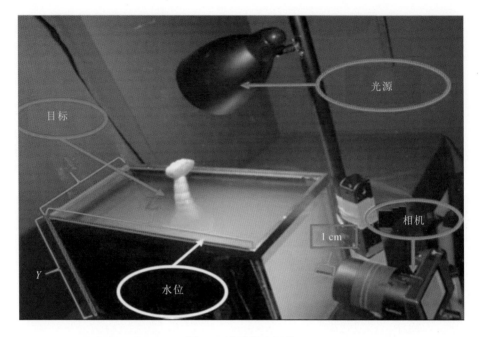

图 9-7　实验平台环境

色。水的不同散射浓度通过倒入牛奶（强散射介质）进行调节。

　　图 9-8 所示为我们的方法与其他几种方法的实验结果对比。实验结果表明，在水下环境中，与其他四种方法（He et al.，2011；Drews et al.，2013；Meng et al.，2013；Tsiotsios et al.，2014）相比，我们的方法能够恢复出更高对比度和更清晰的去散射结果，能够恢复出黑色背景，并且我们的结果色彩更加自然。其他方法在散射程度较弱的环境中也能够在一定程度上恢复出水下目标的结构，但当散射程度逐渐加大时，这些方法表现越来越差，甚至失效。可以发现，水越浑浊，我们的方法的结果与其他方法的结果相比优势越明显。从图 9-9 展示的深度图中可以发现，He 等人的方法及 UDCP 方法（Drews et al.，2013）所获得的深度图存在明显的非连续性；Wang 等人（2015）的方法和 Tao 等人（2015）的方法的深度图结果存在着更严重的非连续性，且一些部分的深度明显错误。在我们的实验环境中，场景的深度特别在非目标区域具有一致性。因此这些实验图像准确的深度图应该具有以下特点：在非目标区域深度非常相似，目标区域的深度不同于非目标区域的深度，但差值并不大。我们的方法的深度图结果符合这些特征且表现出良好的深度连续性。

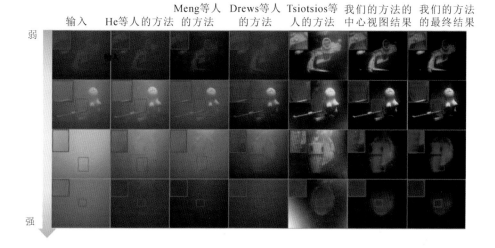

图 9-8 我们的方法与其他几种方法的实验结果对比

注:除了我们的方法的最终结果,其他所有方法的结果都只由光场中心视图计算获得。可以看到,

我们的中心视图结果比其他方法的结果要好,其他方法都无法恢复均匀的黑色背景。

我们的最终结果比我们的中心视图结果更好一些,它们包含更少的噪声。

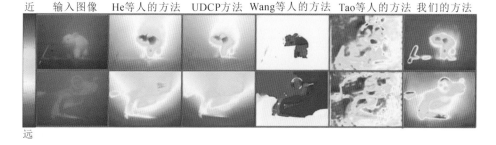

图 9-9 深度估计结果对比

注:我们的方法在细节和背景均匀性方面都取得了更好的结果。

图 9-10 所示为各种恢复方法在不同浑浊度下的恢复图像质量。我们选择的测量指标是结构相似性,它是一种广泛使用的指标,比均方误差(MSE)和峰值信噪比(PSNR)等指标更符合人眼的感知。我们使用在清澈的水中获取的图像作为基准(ground truth)。可以看到在不同浑浊度下,我们仅利用光场中心视图就获得了比其他方法更好的恢复结果,通过剪切和重聚焦多个视图,我们可以获得更好的结果。

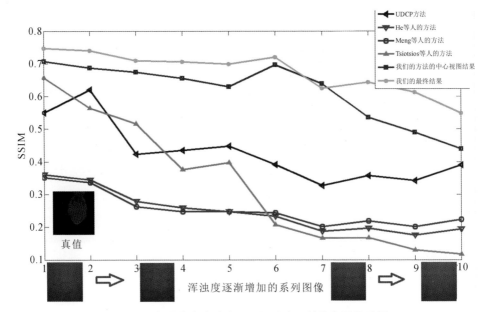

图 9-10   各种恢复方法在不同浑浊度下的恢复图像质量

注:缩略图给出了浑浊度为 0(真值)、1、3、7 和 9 的样本输入图像。很明显,总体上
我们的方法在较宽的浊度范围内取得的结果都比其他方法更好。

9.2   基于双透射率水下成像模型的图像颜色校正

针对水下图像的颜色失真问题,我们提出了基于双透射率水下成像模型的
图像颜色校正算法。该算法首先在水下成像模型的基础上,将透射率定义为直
接分量透射率和后向散射分量透射率;然后通过红色暗通道先验获得后向散射
分量透射率,并精确估计背景光,利用无退化像素获得三通道的直接分量透射
率;最后将两个透射率代入成像模型获得复原图像。实验结果表明,该算法仅
依靠物理模型便能有效地去除水下图像的色偏。

水下成像模型(Akkaynak et al.,2017)考虑水体对光的选择性吸收导致的
RGB 三通道衰减系数的差异,在大气散射模型基础上改进为

$$I_H = J_H t_H + A_H(1 - t_H) \qquad (9\text{-}25)$$

式中:H 表示颜色通道,为 R、B、G;$J_H t_H$ 表示直接分量;$A_H(1 - t_H)$ 表示后向散
射分量;I_H 表示水下拍摄的图像;J_H 表示复原后的无色偏清晰水下图像信息;
A_H 表示背景光信息(无穷远测得的后向散射分量)。

9.2.1　双透射率水下成像模型

在最新的水下辐射传递方程的研究中,Akkaynak 等人(2018)利用实验,证明了直接分量的衰减系数和后向散射分量的衰减系数不一致。我们基于式(9-25),利用 Akkaynak 等人的结论,定义了双透射率水下成像模型,即

$$I_H = J_H(x)t_H^{(D)}(x) + A_H(1 - t_H^{(B)}(x)) \tag{9-26}$$

式中:$J_H(x)t_H^{(D)}(x)$ 表示直接分量;$A_H(1 - t_H^{(B)}(x))$ 表示后向散射分量。由于 $t_H^{(D)}(x) \neq t_H^{(B)}(x)$,因此 $t_H^{(D)}(x)$ 和 $t_H^{(B)}(x)$ 不能统称为透射率。考虑到 $t_H^{(D)}(x)$ 控制着直接分量在成像模型中所占的比例,$t_H^{(B)}(x)$ 控制着后向散射分量在成像模型中占的比例,同时两项参数均属于透射率范畴,因此我们将 $t_H^{(D)}(x)$ 命名为直接分量透射率,将 $t_H^{(B)}(x)$ 命名为后向散射分量透射率。

假设传输介质为均匀介质,根据比尔-朗伯(Beer-Lambert)定律,水中光的传输透射率表达式为

$$t_H(x) = \exp[-\sigma_H z(x)] \tag{9-27}$$

式中:$t_H(x)$ 表示像素 x 对应的透射率;$z(x)$ 表示像素 x 到相机的光线传输距离;σ_H 表示衰减系数。

双透射率模型的直接分量透射率的表达式为

$$t_H^{(D)}(x) = \exp[-\sigma_H^{(D)} z(x)] \tag{9-28}$$

式中:$\sigma_H^{(D)}$ 表示直接分量的衰减系数,该系数和光线传输距离、光线波长相关。但从我们所用的简化模型和已知信息分析,考虑 $\sigma_H^{(D)}$ 随 $z(x)$ 的变化将导致参数无法求解,且水下拍摄时,物体与相机距离较小,$z(x)$ 较小,因此 $z(x)$ 的变化对 $\sigma_H^{(D)}$ 的影响较小,所以我们忽略 $z(x)$ 对 $\sigma_H^{(D)}$ 的影响,仅考虑 $\sigma_H^{(D)}$ 随着光线波长的变化在 R、G、B 三通道的变化。

双透射率模型的后向散射分量透射率的表达式为

$$t_H^{(B)}(x) = \exp[-\sigma_H^{(B)} z(x)] \tag{9-29}$$

式中:$\sigma_H^{(B)}$ 表示后向散射分量的衰减系数,该系数和光线波长弱相关(Akkaynak et al.,2018)。为了满足实际求解的需要,在不利用其他先验信息复原单幅水下图像的情况下,我们忽略此处的弱相关,得到的最终关系式为

$$t_H^{(B)}(x) = t_R^{(B)}(x) = t_G^{(B)}(x) = t_B^{(B)}(x) \tag{9-30}$$

9.2.2 模型求解

将双透射率成像模型和原模型相比可以看出，模型增加了一个变量，该变量能有效地提升水下图像复原算法中成像模型的完整性。然而，变量的增加直接导致模型鲁棒性下降、计算量增大，且原透射率求解方法不再适用。因此我们基于原暗通道先验透射率估计算法，提出了新的双透射率估计算法。

1. 红色暗通道先验

在自然无雾状态下，非天空的局部区域内至少存在一个像素在 R、G、B 三通道中有一个通道的值较低，该规律即为暗通道先验，其数学定义为

$$J^{(\text{dark})}(x) = \min_{H \in \{R,G,B\}} \left(\min_{y \in \Omega(x)} (J_H(y)) \right) \approx 0 \tag{9-31}$$

式中：$J^{(\text{dark})}(x)$ 表示暗通道先验值；$\Omega(x)$ 表示中心像素为 x 的像素区域；$J_H(y)$ 表示 y 点的无雾清晰图像在 R、G、B 三通道的值。暗通道先验方法中，在自然无雾非天空区域下 $J^{(\text{dark})}(x) \to 0$。

和雾的散射相比，水下退化图像除了存在介质对光的散射外，还存在着介质对光的吸收，吸收作用直接导致了不同波长的光在水下经过相同距离时衰减不同，造成水下图像严重的色偏问题。暗通道先验方法的核心思想为暗通道先验，色偏的出现导致了 R、G、B 三通道的 R 通道值过小，求得的透射率过大，导致暗通道先验方法无法正常使用。为了应对水下图像复原的需要，Galdran 等人（2015）提出了改进的暗通道先验（RDCP）方法：

$$J^{(\text{RDCP})}(x) = \min\{ \min_{y \in \Omega(x)} (1 - J_R(y)), \min_{y \in \Omega(x)} (J_G(y)), \min_{y \in \Omega(x)} (J_B(y)) \} \approx 0$$

$$\tag{9-32}$$

式中：$J^{(\text{RDCP})}(x)$ 表示红色暗通道先验值。式（9-32）利用 $1 - J_R(y)$ 代替原 $J_R(y)$，避免了水对光的选择性吸收导致的红通道值较低的问题，有效地解决了暗通道先验方法在水下图像存在严重色偏时失效的问题，完成透射率求解。

2. 背景光

水体和水中悬浮物对光线的选择性吸收导致了水下图像存在着严重的色偏现象。水中悬浮物对环境光的后向散射，导致了图像的雾化现象。色偏现象和雾化现象统称为水下图像的退化现象。随着传输距离的增加，退化现象程度呈指数趋势增加，传输距离与透射率存在着指数关系。如式（9-26）所示，在无

穷远处 $1-t_H^{(B)}(x)=1$，后向散射分量等于背景光，可以看出背景光像素即为拍摄场景中的最远像素。

水下图像的背景光选取往往会受到人造光照环境和白色物体的干扰，使得图像中亮度最大的区域不再为背景光区域，因此背景光选取需要从两方面考虑：一方面，背景光对应的背景区域具有局部亮度变化缓慢的特点，因此该区域在三通道的像素的标准差均较小；另一方面，背景区域的色偏最为严重，因此该区域的色偏最大的通道的像素均值较大。为了获得具有鲁棒性的背景区域，同时避免人造光照环境和白色物体对背景光估计的影响，我们首先对图像进行四叉树分级搜索，找到上述标准差较小且均值较大的图像块作为目标区域。然后，为了避免背景光估计值过大造成的过度恢复现象，选取目标区域内与纯黑色像素欧氏距离最小的点的像素值作为图像的背景光信息。

3. 后向散射分量透射率

根据暗通道先验透射率求解方法和李黎等人（2017）在其文章中的推导过程，首先将式(9-26)所示双透射率水下成像模型变形为

$$\frac{I_H}{A_H}=\frac{J_H(x)}{A_H}t_H^{(D)}(x)+\left[1-t_H^{(B)}(x)\right] \tag{9-33}$$

将式(9-32)代入式(9-33)，得到简化项

$$\frac{J^{(RDCP)}(x)}{A_H}t_H^{(D)}(x)\approx 0 \tag{9-34}$$

对式(9-33)两边同时进行红色通道变化并求取最小值，利用式(9-34)将未知量 $t_H^{(D)}(x)$ 消去，最终结果为

$$t_H^{(B)}(x)=1-\min\left\{\frac{\min\limits_{y\in\Omega(x)}(1-I_R(y))}{1-A_R},\frac{\min\limits_{y\in\Omega(x)}I_G(y)}{A_G},\frac{\min\limits_{y\in\Omega(x)}I_B(y)}{A_B}\right\}$$

$$\tag{9-35}$$

为了观测背景光在图像中的占比，需要分析后向散射分量透射率。图 9-11(b)所示为后向散射分量透射率图像，图中像素的值越小，表明该区域的色偏越严重，复原后图像的颜色变化越明显。我们的方法在获取后向散射分量透射率图像后，为了避免透射率求解过程中采用局部最小值方法所引起的块效应，提高图像复原的精度，同时为了降低图像处理中的时间成本，最终选用了导向滤波算法作为透射率的后处理算法。

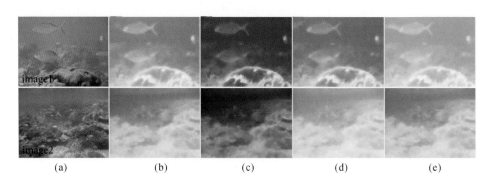

图 9-11　不同透射率图像

(a)原始图像;(b)后向散射分量透射率图像;(c)R 通道直接分量透射率图像;

(d)G 通道直接分量透射率图像;(e)B 通道直接分量透射率图像

4. 直接分量透射率

由式(9-26)可知,为了从单幅图像中获取 $t_H^{(D)}(x)$,完成水下图像色偏的校正,需要知道 $J_H(x)$,即找到图像中无退化像素或像素区域。然而在色偏比较严重的水下图像中无法直接得到无退化像素。为解决该问题,我们利用符合无雾大气环境的空中透视现象(He et al.,2011)和灰度世界假设(Foster,2011)指导背景光恢复。

自然环境中,人眼通过符合无雾大气环境的空中透视现象判断距离的远近以还原三维立体世界。灰度世界假设是指假设一幅色彩变化很大的图像的 R、G、B 元素的平均值的合成是一种普通的灰色。为了修正水体吸收带来的色偏影响,还原真实色彩图像,需要将图像背景还原为水体固有颜色或水体对光造成均匀衰减时呈现的黑色。然而,水体的远距离无色偏观测和无色水体的无穷远观测在真实世界无法实现,这里引入空中透视现象和灰度世界假设,对无色水体的无穷远观测图像取薄雾色,并且根据光照环境的不同做出不同的处理:当原图背景光相对于其他区域亮度值较大时,表明该图像拍摄于自然光照环境,为了不破坏原图光照环境,采用三通道亮度值的平均值作为背景光校正的结果;当原图背景光亮度值小于或等于其他区域的亮度值时,表明该图像拍摄于人造光照环境,为了避免图像整体亮度不够,影响图像复原效果,将三通道亮度值的平均值提高后作为背景光校正的结果。这里给出的参考值为原亮度值的 1.4 倍。

前面我们得到了背景光亮度值和其所在图像位置。为了避免背景光红通道值为 0 造成的恢复图像的红通道过度增强,设背景光红通道最小值为 25,这里定义背景光像素为 x_0。x_0 像素受到水体的吸收作用最强,色偏最大,因此更易于用来校正水下图像的颜色。将校正的背景光值代入像素 x_0,得到无退化像素的值 $J_H(x_0)$。将 $J_H(x_0)$ 代入式(9-26),求得直接分量透射率为

$$t_H^{(D)}(x_0) = \frac{I_H(x_0) - A_H(1 - t^{(B)}(x_0))}{J_H(x_0)} \qquad (9\text{-}36)$$

考虑到后向散射分量透射率和直接分量透射率在参数 $z(x)$ 上具有相关性,为了获得图像中的所有像素的直接分量透射率,将式(9-28)代入式(9-29),可得

$$\frac{\sigma_H^{(D)}}{\sigma_H^{(B)}} = \frac{\ln t_H^{(D)}(x_0)}{\ln t_H^{(B)}(x_0)} \qquad (9\text{-}37)$$

$$t_H^{(D)}(x) = \exp[-\sigma_H^{(D)}z(x)] = \{\exp[-\sigma_H^{(B)}z(x)]\}^{\frac{\sigma_H^{(D)}}{\sigma_H^{(B)}}} \qquad (9\text{-}38)$$

图 9-11(c)(d)和(e)分别反映了波长在 620 nm 附近的红光、波长在 540 nm 附近的绿光和波长在 450 nm 附近的蓝光在传输过程中的衰减情况,可以看出三组图均满足距离越远衰减程度越剧烈的特点。将三组图进行比较,可以看出红光的衰减最快,蓝光和绿光在不同水域衰减程度不同。以上现象符合水中光线传播的规律,表明我们利用空中透视现象和灰度世界假设作为背景光恢复的指导切实可行。虽然该方法能够较好地实现直接分量透射率的获取,但在图像中无背景区域时,图像的恢复结果失去了原有的稳定性,此时利用图像的三通道均值代替背景光能有效解决该问题。

5. 图像复原

将式(9-26)变形,得

$$J_H(x) = \frac{I_H(x) - A_H(1 - t_H^{(B)}(x))}{\max(t_H^{(D)}(x), t_0)} \qquad (9\text{-}39)$$

式中:t_0 表示为避免 $t_H^{(D)}(x)$ 过小而设置的临界值,该值能有效地防止恢复图像出现过亮像素或像素区域。将前面得到的背景光分量、式(9-35)得到的后向散射分量透射率和式(9-38)得到的直接分量透射率代入式(9-39),得到最终复原的水下图像。

9.2.3 实验结果

将我们的方法与 Ancuti 等人(2012)提出的图像融合增强(Fusion)算法和

Galdran 等人(2015)提出的 RDCP 算法进行对比,实验结果如图 9-12、图 9-13 所示。图 9-12所示岩石图像和图 9-13 所示鱼图像存在着严重的绿色色偏,由图 9-12(b)和图 9-13(b)可以看出 Fusion 算法处理后图像比较清晰,且色偏现象得到了很大的改善,但图像色彩过于鲜艳,呈现校正暖色色偏。由图 9-12(c)和图 9-13(c)可以看出,经 RDCP 算法恢复后图像边缘细节得到了改善,但该算法恢复的效果有限,恢复后的图像仍然存在着较大程度的绿色色偏。由图 9-12(d)和图 9-13(d)看出,经我们的方法恢复后光照环境更加自然,图像整体色偏得到了较好的校正。图 9-14 展示了更多我们的方法的水下图像颜色校正的结果,结果表明我们的方法恢复的图像颜色较为自然,水体的蓝色色偏或绿色色偏都得到了有效的校正。

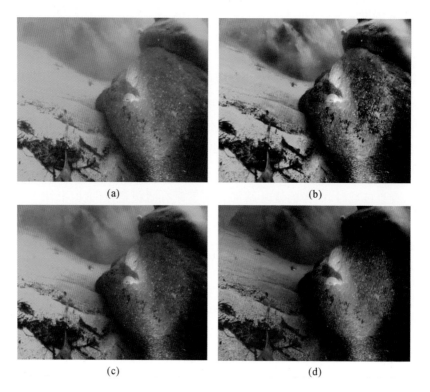

(a)   (b)

(c)   (d)

图 9-12　岩石颜色校正结果对比

(a)原始图像;(b)Fusion 算法;(c)RDCP 算法;(d)我们的方法

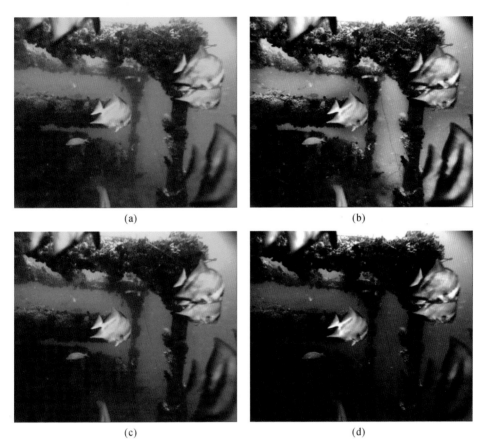

图 9-13　鱼颜色校正结果对比

（a）原始图像；（b）Fusion 算法；（c）RDCP 算法；（d）我们的方法

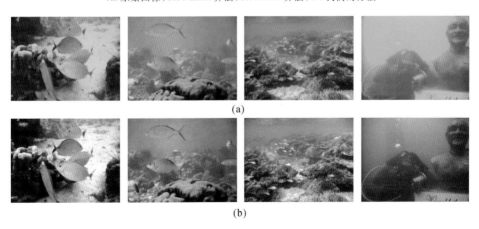

图 9-14　我们的方法的水下图像颜色校正结果

本章参考文献

李黎,王惠刚,刘星.2017.基于改进暗原色先验和颜色校正的水下图像增强[J].光学学报,37(12):168-176.

AKKAYNAK D,TREIBITZ T.2018. A revised underwater image formation model[C]// IEEE Conference on Computer Vision and Pattern Recognition. Salt Lake City,UT:6723-6732.

AKKAYNAK D,TREIBITZ T,SHLESINGER T,et al. 2017. What is the space of attenuation coefficients in underwater computer vision?[C]// IEEE Conference on Computer Vision and Pattern Recognition. Hawaii:4931-4940.

ANCUTI C,ANCUTI C O,HABER T,et al. 2012. Enhancing underwater images and videos by fusion[C]// IEEE Conference on Computer Vision and Pattern Recognition. Providence:81-88.

COLEMAN T F,LI Y Y. 1996. A reflective Newton method for minimizing a quadratic function subject to bounds on some of the variables[J]. SIAM Journal on Optimization,6(4):1040-1058.

DREWS P,NASCIMENTO E,MORAES F,et al. 2013. Transmission estimation in underwater single image[C]// International Conference on Computer Vision Workshops. Sydney:825-830.

FOSTER D H. 2011. Color constancy[J]. Vision Research,51(7):674-700.

GALDRAN A,PARDO D,PICON A,et al. 2015. Automatic red-channel underwater image restoration[J]. Journal of Visual Communication and Image Representation,26:132-145.

HE K M,SUN J,TANG X O. 2011. Single image haze removal using dark channel prior[J]. IEEE Transactions on Pattern Analysis and Machine Intelligence,33(12):2341-2353.

LAGARIAS J C,REEDS J A,WRIGHT M H,et al. 1998. Convergence properties of the Nelder-Mead simplex method in low dimensions[J]. SIAM

Journal on Optimization,9(1):112-147.

MENG G F,WANG Y,DUAN J Y,et al. 2013. Efficient image dehazing with boundary constraint and contextual regularization［C］// IEEE International Conference on Computer Vision. Sydney:617-624.

NARASIMHAN S G,GUPTA M,DONNER C,et al. 2006. Acquiring scattering properties of participating media by dilution[J]. ACM Transactions on Graphics,25(3):1003-1012.

NARASIMHAN S G,NAYAR S K,SUN B,et al. 2005. Structured light in scattering media[C]// IEEE International Conference on Computer Vision. Beijing:420-427.

NG R,LEVOY M,BREDIF M,et al. 2005. Light field photography with a handheld plenoptic camera[J]. Stanford Tech. Report CSTR,2(11):1-11.

OTSU N. 1979. A threshold selection method from gray-level histograms [J]. IEEE Transactions on Systems Man and Cybernetics,9(1):62-66.

SUN B, RAMAMOORTHI R, NARASIMHAN S G, et al. 2005. A practical analytic single scattering model for real time rendering[J]. ACM Transactions on Graphics,24(3):1040-1049.

TAO M W,SRINIVASAN P P,MALIK J,et al. 2015. Depth from shading,defocus,and correspondence using light-field angular coherence[C]// IEEE Conference on Computer Vision and Pattern Recognition. Boston: 1940-1948.

TSIOTSIOS C,ANGELOPOULOU M E,KIM T K,et al. 2014. Backscatter compensated photometric stereo with 3 sources[C]// IEEE Conference on Computer Vision and Pattern Recognition. Columbus:2259-2266.

WANG T C,EFROS A A,RAMAMOORTHI R. 2015. Occlusion-aware depth estimation using light-field cameras[C]// IEEE International Conference on Computer Vision. Santiago:3487-3495.

第 10 章
应用实例与研究展望

在本章,我们将展示一些前面章节介绍的光照处理方法在机器人视觉中的应用,包括复杂光照条件下的无人机目标跟踪、机器人道路识别及可通过区域识别。应用结果表明了我们提出的模型和算法的有效性和应用价值。最后,我们对该领域的后续研究进行了展望。

10.1 全天候机器人视觉的应用实例

10.1.1 复杂光照下的无人机目标跟踪

目标跟踪方法的本质是根据目标的特征建立目标在序列图像中的联系。在室外环境下,如果目标在运动过程中进入或离开阴影等复杂光照区域,目标的亮度、纹理和边缘等特征会发生剧烈的变化,而这些特征变化很容易导致跟踪失败。针对这一问题,本节给出一种基于第 5 章中本征图像的室外目标跟踪方法。首先,将经过阴影的目标所在区域变换到本征值生成的本征图像中;然后,利用 Mean Shift 跟踪方法在本征图像中进行目标精确定位。

由式(5-12)可知

$$\log(F_R + 14) + \log(F_G + 14) - \beta \cdot \log(F_B + 14) = \log(f_R + 14)$$
$$+ \log(f_G + 14) - \beta \cdot \log(f_B + 14) = I_l = I_r \tag{10-1}$$

式中

$$\beta = \frac{\log(K_R) + \log(K_G)}{\log(K_B)} \tag{10-2}$$

也就是说,定义算子 $\boldsymbol{\psi} = \begin{bmatrix} 1 & 1 & -\beta \end{bmatrix}$,对 R、G、B 三个通道的值分别加 14

后取对数,然后进行 ψ 运算可以使得阴影内外的像素具有相同的值,通过这种方式可以得到一种对阴影不敏感的图像本征值。按式(10-1)对整幅图像进行计算,可以得到每个像素的本征值。我们把这种本征值组成的图像称为本征图像。本征图像中的像素取值与该点是否处在阴影中无关,可以保持同一物体在阴影区域内外的一致性,所以我们可以将图像本征值方法应用到无人机室外目标的跟踪中。

由式(10-1)可知,本征图像的计算关键在于变换参数 β 的计算,而 β 的取值取决于图像拍摄时天顶角的大小,该角度在一天的不同时刻有较大的变化。在有室外监控的情况下,系统的时间和地点信息完全可以获取,这样可以获得精确的天顶角角度,从而推算出比例参数 K_R、K_G、K_B 和变换参数 β。此时算法可以得到很好的结果。如果未知当时的时间信息,则可以通过阴影检测的方式得到图像中的阴影区域,通过阴影区域与非阴影区域的比较估算出当时的比例参数。这里就是利用估算的方法来计算变换参数的,计算方法如下。

为了确定当前序列图像中的变换参数,我们对序列图像的初始帧进行阴影检测,利用检测的结果估算当前光照条件下的比例系数。首先,利用 Tian 等人(2012)提出的阴影检测方法得到图像的阴影区域,计算阴影区域与非阴影区域的 R、G、B 三通道的亮度均值,分别记为 $\overline{R_s}$、$\overline{G_s}$、$\overline{B_s}$ 与 $\overline{R_{ns}}$、$\overline{G_{ns}}$、$\overline{B_{ns}}$,按下式计算各个通道的比例参数:

$$K_R = \left(\frac{\overline{R_{ns}} + 14}{\overline{R_s} + 14}\right)^{2.4}, K_G = \left(\frac{\overline{G_{ns}} + 14}{\overline{G_s} + 14}\right)^{2.4}, K_B = \left(\frac{\overline{B_{ns}} + 14}{\overline{B_s} + 14}\right)^{2.4}$$

由于同一序列中的图像拍摄时间相近,因此我们可以认为在跟踪过程中光照条件是一致的,在序列图像中可以使用同一组比例参数。在得到当前光照下的比例参数后,根据式(10-2)计算变换参数。按式(10-1)可将图像变换到一个阴影不变空间,变换后的结果为本征图像 I_{r0}。

另外需要提出的是,本征图像 I_{r0} 是类似灰度图的一维图像,在应用中发现,原始变换后 I_{r0} 中像素的取值通常为 $[-6,3]$ 内的小数。为了利于下一步的跟踪,我们对该图像进行如下的线性变换:

$$I_r = (I_{r0} + b) \cdot k \qquad (10\text{-}3)$$

这里,参数设置为 $b=6, k=30$。这样可以保证变换图像的对比度,使得绝大多数的像素取值在 0～255。最后使小于 0 的取值为 0,大于 255 的取值为 255。

利用我们提出的图像本征值计算方法,将序列中目标进入阴影前后的图像在同一参数下进行本征图像变换,然后分别在原始灰度图像和本征图像内比较同一个目标在阴影内和阴影外的直方图(见图 10-1 和图 10-2)。

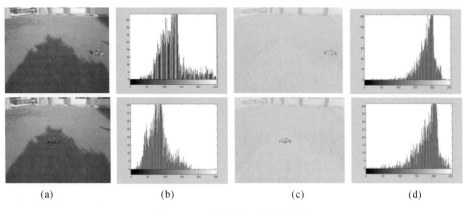

(a)　　　　(b)　　　　(c)　　　　(d)

图 10-1　小车目标直方图对比

(a)灰度图;(b)灰度值直方图;(c)本征图像;(d)本征值直方图

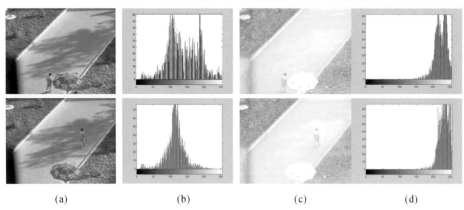

(a)　　　　(b)　　　　(c)　　　　(d)

图 10-2　行人目标直方图对比

(a)灰度图;(b)灰度值直方图;(c)本征图像;(d)本征值直方图

图 10-1 显示的是一辆红色小车进入阴影前后的对比结果,该图像是在上午拍摄的视频中截取的。其中本征图像的计算参数为:$K_R = 5.56$,$K_G = 5.26$,$K_B = 3.59$,$\beta = 2.64$。从图中可以看到,在灰度图中阴影区域与非阴影区域亮度差异很大。当目标从阴影外进入阴影区域后,其亮度值降低,其灰度值的直方图的变化也说明了这一点。而在本征图像中,阴影区域与非阴影

区域亮度差异很小,同时目标小车进入阴影区域前后的本征值的直方图也基本没有变化。

图 10-2 显示的是一位行人进入阴影区域前后的对比,该图像是在下午拍摄的视频中截取的。其中本征图像的计算参数为:$K_R = 3.52, K_G = 3.15, K_B = 2.27, \beta = 2.91$。从图中可见,目标在本征图中保持了外观一致,而且阴影区域经过变换也与周围区域没有差别。目标特征在灰度图中无法保持阴影内外的特征一致性。目标跟踪的原理是基于目标某种特征的一致性来建立目标序列图像中的联系,而本征图像中的像素取值与该点是否处在阴影中无关,可以保持同一物体在阴影区域内外的一致性,以上的实验结果验证了这一点。

在得到本征图像之后,我们采用 Mean Shift 跟踪方法进行目标跟踪。Mean Shift 跟踪方法是 Comaniciu 等人(2003)提出的一种经典的基于核的高效跟踪方法,具有较高的跟踪精度和广泛的适用性。我们利用 Mean Shift 跟踪方法来验证所提出的本征图像变换在室外目标跟踪中的应用效果。对于包含阴影的序列图像,具体方法步骤如下。

(1)选取目标出现的第一帧图片,检测阴影、计算变换参数 $\boldsymbol{\psi}$ 并将整幅图像变换为本征图像,选取待跟踪目标,计算目标的模型-概率分布:

$$\hat{q}_u = C \sum_{i=1}^{n} k\left(\left\| \frac{\boldsymbol{x}_i - \boldsymbol{x}_0}{h} \right\|^2 \right) \delta[b(\boldsymbol{x}_i) - u] \tag{10-4}$$

式中:C 为正则化系数;k 为高斯核函数;h 为窗口宽度;$\boldsymbol{x}_0$ 为目标位置中心;$\boldsymbol{x}_i$ 为像素位置;δ 为 Kronecke 函数;$u = 1, 2, \cdots, m$,这里 $m = 52$;$b(\boldsymbol{x}_i) = \mathrm{ceil}(I_r(\boldsymbol{x}_i)/5)$。

(2)假设已知在第 $k-1$ 帧序列图像中的位置 $\boldsymbol{x}_{k-1}(k \geqslant 2)$,并且目标在图像中的位置没有突变,则对于第 k 帧图像,根据在第 1 帧图像中计算得到的变换参数 $\boldsymbol{\psi}$ 计算 $\boldsymbol{x}_{k-1}$ 周围的本征图像 $I_r(x)$,$\|\boldsymbol{x} - \boldsymbol{x}_{k-1}\| \leqslant 2h$。

(3)计算候选目标的特征概率分布:

$$\hat{p}_u(y) = C_h \sum_{i=1}^{n_k} k\left(\left\| \frac{\boldsymbol{x}_i - \boldsymbol{y}}{h} \right\|^2 \right) \delta[b(\boldsymbol{x}_i) - u] \tag{10-5}$$

式中:$\boldsymbol{y}$ 为候选目标的中心,其初始值 $\boldsymbol{y}_0$ 设置为 $\boldsymbol{x}_{k-1}$。

计算下次的候选目标中心位置:

$$\hat{\boldsymbol{y}}_{j+1} = \frac{\sum_{i=1}^{n} \boldsymbol{x}_i w_i g\left(\frac{\parallel \hat{\boldsymbol{y}}_j - \boldsymbol{x}_i \parallel^2}{h^2}\right)}{\sum_{i=1}^{n} w_i g\left(\frac{\parallel \hat{\boldsymbol{y}}_j - \boldsymbol{x}_i \parallel^2}{h^2}\right)} \tag{10-6}$$

式中: $w_i = \sum_{u=1}^{m} \delta[b(\boldsymbol{x}_i) - u] \sqrt{\dfrac{q_u}{p_u(\boldsymbol{y}_i)}}$; $g(x) = -k'(x)$。利用式(10-6)进行迭代计算,直到 $\parallel \hat{\boldsymbol{y}}_{j+1} - \hat{\boldsymbol{y}}_j \parallel \leqslant \varepsilon$,确定 $\hat{\boldsymbol{y}}_{j+1}$ 为当前的目标中心 $\boldsymbol{x}_k$。

(4)为了适应目标在跟踪过程中的尺度变换,在确定目标中心 $\boldsymbol{x}$ 后,令 h_{can} 分别取 $0.95h$、h、$1.05h$,计算当前的目标概率分布 $\hat{p}_u$ 及其与目标模型 $\hat{q}_u$ 的相似度系数 $\rho[\hat{p}, \hat{q}]$:

$$\rho[\hat{p}, \hat{q}] = \sum_{u=1}^{m} \sqrt{\hat{p}_u(y), \hat{q}_u}$$

取其中最大值所对应的尺度 h_{can} 作为新的目标尺度,如果该尺度下的相似度系数 $\rho[\hat{p}, \hat{q}] > th$,则更新目标模型 $\hat{q}_u = \hat{p}_u$。

为了验证我们提出的目标跟踪方法的有效性,我们对一些阴影场景下的目标进行了跟踪实验。除了给出我们提出的基于图像本征值的方法的跟踪结果外,我们同时还给出了 Mean Shift 跟踪方法在原始阴影图像中的跟踪结果和 L1 跟踪方法的结果。结果分别如图 10-3、图 10-4、图 10-5 所示。

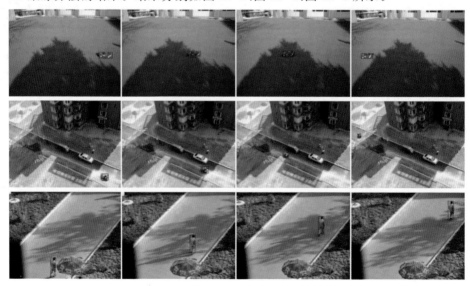

图 10-3 我们的方法的目标跟踪结果

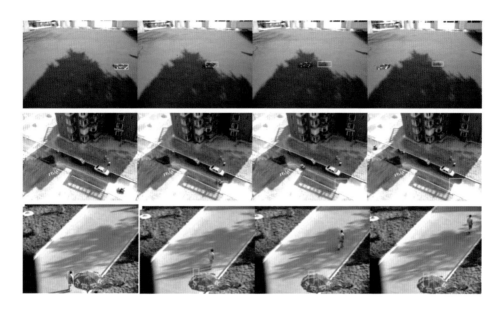

图 10-4　Mean Shift 跟踪方法的目标跟踪结果

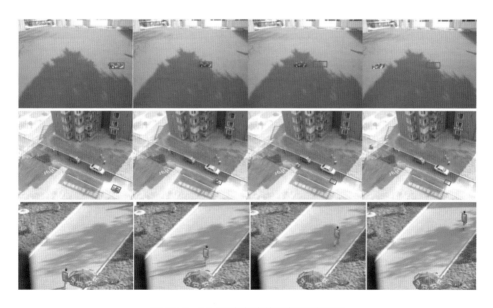

图 10-5　L1 跟踪方法的目标跟踪结果

图 10-3、图 10-4、图 10-5 所示的实验结果表明,在目标从阴影外部进入阴影区域,到目标离开阴影区域的过程中,我们的方法均可以实现正确的跟踪。

在同样初始值下,如果不对图像进行本征值计算,用 Mean Shift 跟踪方法在原始阴影图像中对目标进行跟踪,在目标进入阴影前可以对目标进行正确跟踪,但是一旦目标进入阴影区域,该跟踪方法就丢失了目标,定位结果停止在阴影边界。

在三组序列图像中,L1 跟踪方法可以对行人序列中的目标进行正确的跟踪,因为该图像序列中阴影带来的亮度衰减相对其他序列来说并不强烈,带来的干扰较小。但是该方法对光照变化剧烈的摩托车和小车进行跟踪时,也在目标进入阴影区域后丢失目标。

通过三组对比实验可以看出,在室外有阴影的情况下,由于图像本征值对阴影不敏感,因此利用阴影图像的本征值作为特征,使用 Mean Shift 跟踪方法可以使得跟踪过程正确展开;而如果只利用 Mean Shift 跟踪方法则会丢失目标;L1 跟踪方法有一定的阴影抵抗力,但是当阴影带来的光照变化相对剧烈时会失败。实验结果表明,与其他方法相比,我们的方法可以在室外有阴影的情况对下对目标进行正确而快速的跟踪。

10.1.2 复杂光照环境下道路检测算法

基于视觉的车辆、机器人及农机具的自动导航系统已成为国内外智能交通、农业机械等领域的研究热点,而道路检测是视觉导航系统的关键步骤。道路场景经常存在阴影及光照变化情况,在实际的环境中,植物和车辆自身及树木等会产生阴影及光照变化,对道路的提取造成较大的干扰。因此,本小节针对有阴影的乡村或城郊道路图像描述了一种道路提取算法,算法首先通过对基于正交分解获取的彩色光照不变图像进行分割,实现对阴影及光照变化道路图像的有效分割;然后基于投票函数的方法对大津法和 K-means 聚类分割结果进行感兴趣区域(ROI)提取,进而利用子区域分析的方法提取道路区域。

图 10-6 所示为算法流程,本小节所描述的阴影道路图像的道路及导航线提取算法主要包括以下步骤:

(1)利用第 5 章中的基于正交分解的方法对阴影道路图像提取彩色光照不变图像;

(2)基于大津法和 K-means 方法对彩色光照不变图像进行分割及形态学处理；

(3)结合 K-means 方法与大津法的分割结果，利用投票函数获取感兴趣区域；

(4)通过对感兴趣区域的子区域进行分析提取道路区域；

(5)基于扫描的方式获取导航线定位点；

(6)利用最小二乘拟合对定位点提取视觉导航线。

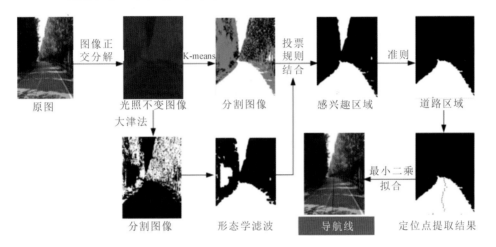

图 10-6　算法流程

图像经过正交分解，得到的特解 u_p 为彩色光照不变图像，记为 I_p。如图 10-7 所示，第一行给出了几种不同的阴影道路图像，经过正交分解，得到第二行所示的彩色光照不变图像。由图可知，彩色光照不变图像已经滤除了大部分阴影区域并具有光照一致性，更有利于后续的道路分割。

图 10-7　彩色光照不变图像提取

由图 10-7 所示的彩色光照不变图像可知，道路区域与其他区域具有一定的区分,因此,我们首先采用大津法对光照不变图像进行阈值分割。具体步骤为:对于彩色光照不变图像 I_p(见图 10-8(a)),先将其变换为灰度图像 I_{pg},然后利用大津法对 I_{pg} 进行分割,得到分割的二值图像 I_{pb}(见图 10-8(b))。大津法是基于像素进行分割的,分割后会产生一些孤立点,且分割后的道路区域为黑色区域。为了使道路区域分割得更加完整,通过形态学的方法滤除孤立点,并利用3×3的矩形模板进行腐蚀操作,再对图像取反,得到分割结果 I_{ps}(见图 10-8(c))。

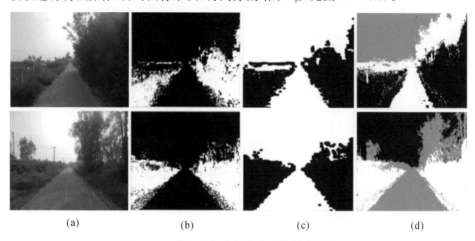

$$(a) \qquad (b) \qquad (c) \qquad (d)$$

图 10-8　基于彩色光照不变图像的分割结果

(a)彩色光照不变图像;(b)利用大津法分割的二值图像;

(c)对二值图像进行处理后的分割结果;(d)聚类分割结果

通过大津法分割后的图像,有时候并不能将道路区域单独分割出来,会存在图 10-8(c)所示的道路区域并不是独立的封闭区域的情况。因此,采用 K-means 方法对光照不变图像进行聚类分割,并与大津法分割的结果相结合,辅助进行道路区域的提取。我们基于 K-means 聚类方法(MacQueen,1967)将光照不变图像 I_p 聚为 3 类,得到如图 10-8(d)所示的聚类分割结果。由于 K-means 聚类分割后的各个区域并不容易区分,并且道路聚类的区域中存在大量非道路区域,因此,通过将其与大津法分割的结果相结合,有利于更加准确地提取道路区域。

根据 K-means 聚类的结果,并结合大津法分割的结果,提出道路区域估计的投票函数,针对聚类的每个区域 $R_i(i=1,2,3)$,按如下两个规则设置投票函数。

(1)面积最大投票规则。大津法分割结果与聚类分割的三个区域重合面积较大的区域一般为道路区域,根据面积最大的规则设置投票函数,为

$$V_{si} = \mathrm{sum}(\mathrm{sum}(I_{pg} \bigcap R_i)), i = 1,2,3 \qquad (10\text{-}7)$$

式中：sum 为求和函数。

（2）底部采样投票规则。道路区域一般会在图像的底部，因此，通过对聚类后的三个区域的底部进行采样，设置投票函数，为

$$V_{bi} = \mathrm{sum}(\mathrm{sum}(I_{pb} \bigcap R_i \bigcap S)), i = 1, 2, 3 \qquad (10\text{-}8)$$

式中：S 表示底部采样的区域，设置为图像高度 $T_1 \sim T_2$ 内的区域。

为了使两个投票函数具有相同的权重，我们对投票函数进行了归一化处理。综上，道路区域估计的投票函数为

$$V_i = V_{si}/\max(V_{si}) + V_{bi}/\max(V_{bi}), i = 1, 2, 3 \qquad (10\text{-}9)$$

根据投票函数，选出道路估计的感兴趣区域为

$$I_{ROI} = R_n \bigcap I_{pb}, n = \mathrm{argmax}(V_i), i = 1, 2, 3 \qquad (10\text{-}10)$$

根据投票的方法，可以得到如图 10-6 所示的感兴趣区域，但是该区域中存在一定的干扰小区域，并不全是道路区域，因此，还需要进一步选取。

对于感兴趣区域的每个封闭区域 L_i，计算其面积 S_{Li} 和重心 C_{Li}，其中 $I_{ROI} = \sum_{i=1}^{m} L_i$，$m$ 为封闭区域的个数。道路选取的规则为

$$S_{Li} \geqslant \max(S_{Li}) * T_s \bigcap C_{Li} \geqslant T_c \qquad (10\text{-}11)$$

式中：T_s 和 T_c 分别为区域面积和重心的经验阈值。当感兴趣区域中的每个封闭区域满足式（10-11）时，则定义该感兴趣区域为道路区域。通过对面积较大的前 5 个区域进行判别，得到最终的道路区域，如图 10-6 中的道路区域所示。

通常情况下，车辆行驶时摄像头拍摄视野的正前方为车辆行驶的方向。在智能导航中，车辆根据道路的导航线实时调整行驶方向来实现自主导航。对获取的道路区域提取中心线，并将其定义为导航线。

首先，选取道路导航定位点。为了提高算法效率，对道路区域按照固定步长 S_T 进行扫描，获取每个扫描的道路左右边界点坐标，并根据左右边界点坐标计算中点，得到整个道路区域的导航线定位点集 $Q(x, y)$，如图 10-6 所示的定位点图像中的蓝色点集。

然后，对导航线定位点集进行最小二乘拟合，得到如图 10-6 所示的红色导航线，该直线的方程为

$$y = ax + b \qquad (10\text{-}12)$$

式中：a、b 分别为最小二乘拟合所获得的拟合系数。

由于该算法中的道路提取和导航线提取的参数值在一定范围内时,参数值的变化对算法的精度影响较小,而且用于道路区域判别的参数均在根据先验知识所限定的阈值范围内,因此,该算法具有普遍的适用性,对于大多数道路图像具有较好的稳定性。为了使图像大小变化不影响检测结果,动态调整其他受图像大小影响的参数,提高算法的稳健性,将算法的参数选择规则描述为:图像归一化后的大小为 $M \times N$,则图像采样区域参数 $T_1 = M/2$ 和 $T_2 = M/2 + d$,d 取 $5 \sim 20$ 均可,参数重心的位置 $T_c = (0.75 \sim 0.85)M$,面积比例阈值(不受图像大小变化的影响)$T_s = 0.25 \sim 0.45$,扫描步长参数 $S_T = (0.02 \sim 0.06)M$。

为了验证我们所提出的道路提取算法的性能,我们将其与 Kong 等人(2010)和 Wang 等人(2015)提出算法在道路图像数据集上进行实验比较。图 10-9 给出了三种算法在不同道路场景中的道路提取结果。

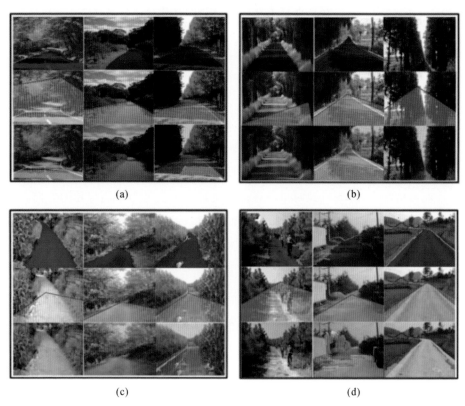

(a)   (b)

(c)   (d)

图 10-9 三种算法在不同道路场景中的道路提取结果

(a)弯道阴影道路;(b)复杂阴影直道;(c)无阴影复杂道路;(d)特殊情况阴影道路

图 10-9(a)～(d)中的第一行为我们的算法的道路提取结果;第二行和第三行分别为 Kong 等人的算法和 Wang 等人的算法的结果。通过对比可知,我们的算法可以精确地提取道路区域,尤其对有阴影的弯道和直道提取效果较好;而 Kong 等人的算法虽然受阴影影响较小,但存在过检或漏检严重的情况;Wang 等人的算法受阴影影响最严重,无法进行阴影道路的有效提取,且该算法提取出的道路区域存在大量漏检和少量过检情况,尤其对于阴影较为复杂或者路面区域复杂的情况,该算法几乎无法提取出道路区域。通过综合对比可知,我们的算法对于有阴影、有干扰等情况的复杂道路,提取效果优于其他两种算法。

为了体现我们的算法的效果,提取测试数据集中道路图像的视觉导航线,图 10-10 给出了不同情况下的导航线提取结果。由图 10-10 可知,我们的算法可以准确地提取导航线。

图 10-10　不同情况下视觉导航线提取结果

(a)阴影弯道;(b)复杂阴影弯道;(c)复杂阴影直道;
(d)无阴影乡村道路;(e)行人干扰的乡村道路;(f)不同背景乡村公路

10.1.3　复杂光照条件下单幅图像机器人可通过区域识别

在非结构环境下,视觉引导的机器人自主避障与导航是个重要的研究课题。我们根据场景成像的特性分析场景的相对深度与图像特征的关系,进而从单幅图像中识别可通过区域。在该方法中,阴影对算法的性能影响很大,它常常被误识别为障碍物。我们利用本征图像对测试图像做预处理后,明显提高了识别算法对阴影的鲁棒性。

深度(距离)信息对避障来说很重要,深度信息包含绝对深度信息和相对深度信息。绝对深度是指物体相对于相机的绝对距离。在相机成像过程中,三维世界成像为二维平面图像,深度信息随之丢失,要想重新获得绝对距离信息,一般需要利用至少两个相机才能重建出三维信息。相对深度是指物体之间相对于相机的距离,比如 A 物体比 B 物体距离相机更远。相机成像的几何特性使得在成像过程中,虽然绝对深度消失,但是相对深度信息却得以保留。在单幅图像上,常见的可以推断相对深度信息的图像特征包括远小近大、纹理清晰度、遮挡、边缘方向、像素位置等。如图 10-11 所示,一些图像的边缘信息尤其是斜向边缘信息能够显示深度增长方向。如图 10-12 所示,近处物体比远处物体具有更好的纹理清晰度。镜头透视投影的性质使得深度和像素的位置之间具有很大关系,如果地面是平的且没有障碍物,那么越远的物体成像的位置就越靠近图像顶部,如图 10-13 所示。

图 10-11　红色边缘能够显示深度增长方向

我们将利用边缘信息在单幅图像上获取深度递增方向,进而获得可通过区域。首先提取边缘信息,我们利用 Canny 边缘检测算子检测边缘,得到边缘图像 I_1。其次,对于图像 f 上的像素 (x,y),我们利用下式来计算图像清晰度:

$$D(x,y) = f(x+1,y) + f(x-1,y) + f(x,y+1) + f(x,y-1) - 4f(x,y)$$

$$(10-13)$$

对 $D(x,y)$ 进行二值化得到清晰度图像 I_2,二值化阈值由下式计算:

图 10-12 近的场景细节比远的场景细节更清晰

(a)　　　　　　　　　　　　　　(b)

图 10-13 像素和深度的关系

(a)真实图像;(b)小孔成像模型

$$T = \frac{1}{M \times N}\iint D(x,y)\mathrm{d}x\mathrm{d}y \qquad (10\text{-}14)$$

式中:$M \times N$ 为图像大小。

　　颜色相近的区域往往具有相似的深度或深度延续性(可通过性)。为了衡量相似程度,我们需要提供一个初始区域作为比较基准。这个初始区域由 I_1 和 I_2 计算得出。在边缘图像 I_1 中,对于每一列像素,我们选取线段 L_j:从图像的最低端出发直到它碰到一个边缘。通过这种方法,我们在边缘图像中获得如下初始区域:

$$R_1 = \{(x,y) \mid (x,y) \in \bigcup L_j (1 \leqslant j \leqslant c)\} \tag{10-15}$$

式中：c 是图像的列数。在清晰度图像 I_2 中，我们用下式获得初始区域：

$$R_2 = \{(x,y) \mid D(x,y) < \delta T\} \tag{10-16}$$

式中：δ 是值为 0.8 的尺度因子；T 是与式(10-14)中相同的阈值。最后的初始区域选为 $R_1 \bigcap R_2$。在图像的某一通道 k 内，初始区域的平均值为

$$M(k) = \frac{1}{\text{Area}(R_1 \bigcap R_2)} \iint\limits_{R_1 \bigcap R_2} f(x,y,k)\mathrm{d}x\mathrm{d}y \tag{10-17}$$

式中：f 是原始图像；$\text{Area}(R_1 \bigcap R_2)$ 表示 $R_1 \bigcap R_2$ 的面积。然后相似性图像可以由下式获得：

$$f(x,y) = \begin{cases} 1, & f(x,y,k) \in \{T_1 M(k), T_2 M(k)\} \\ 0, & \text{其他} \end{cases} \tag{10-18}$$

式中：参数 T_1 和 T_2 用来衡量颜色相似的程度，分别设置为 0.9 和 1.1。至此，我们获得了一个关于初始区域的相似性图像 I_3。这三个特征图像将作为识别可通过区域的依据。

以上三个特征图像均对光照变化敏感。我们将采用两种光照处理方法进行比较，一种是计算机视觉领域常用的归一化 RGB 方法，见式(10-19)，另一种是第 5 章中的基于三色衰减模型的本征图像获取方法。

$$\begin{bmatrix} r \\ g \\ b \end{bmatrix} = \begin{bmatrix} R/(R+G+B) \\ G/(R+G+B) \\ B/(R+G+B) \end{bmatrix} \tag{10-19}$$

图 10-14 给出的是无明显阴影时利用归一化 RGB 方法做光照预处理的可通过区域识别结果。该方法在光照比较均匀或光照变化比较小(见图 10-14(c))时均能够得到较好的可通过区域识别结果。但在图 10-15 所示的含有浓重阴影的图像中，依靠归一化 RGB 的光照处理方法，不能有效识别可通过区域，阴影区域被识别为障碍物。与之相比，我们的本征图像光照处理方法可以不受阴影的影响，正确识别可通过区域。这说明在强阴影条件下，利用我们的光照处理方法比利用归一化 RGB 光照处理方法能够取得更好的可通过区域识别结果。

(a)

(b)

(c)

(d)

图 10-14　无明显阴影时的可通过区域识别结果

图 10-15　对含有浓重阴影的图像进行光照预处理后可通过区域识别的结果比较

注:第一列为原图像;第二列为归一化 RGB 光照处理方法的结果;
第三列是我们的光照处理方法的结果。

10.2　研究展望

目前机器人视觉中面向具体任务的上层算法(如导航、识别算法等)的研究虽然取得了长足的进步,但是在复杂光照与恶劣气象条件下,如何提高视觉任务的可靠性仍是一个亟需解决的关键技术问题,有效的方法仍然匮乏。虽然学术界已认识到天气变化对视觉算法稳定性的重要影响并进行了广泛的研究,但研究成果到实际大范围应用还有一些距离。

目前,针对全天候机器人视觉的图像预处理算法有两个主要问题。第一个是算法鲁棒性不够,以去雾为例,目前的算法只对轻雾霾有效,对浓雾基本无效,因此在工程上一般还需要配置昂贵的透雾相机来解决雾的问题。第二个是算法实时性不够,以去雨雪为例,目前的算法处理一帧图像都需要几十秒甚至数分钟。这两个缺点导致目前算法的研究结果尚无法满足机器人视觉的应用需求。其原因主要包括:首先,自然环境过于复杂,精确建模非常困难;其次,模型参数众多,图像信息缺失,此种条件下的图像恢复是一个病态问题;最后,缺乏针对阴影、反光、雨雪雾去除的图像数据库,一个视觉算法往往需要包含有大量原图像及相应预期理想图像的数据库,用来进行训练、检测、恢复或对算法进行评价。在某些领域如人脸识别领域,已经存在成熟和公认的数据库,但在雨雪雾去除领域,尚缺少这样的数据库。建立这样的数据库是一项工作量巨大、很艰难的任务,需要针对不同的场景采集照度一致的图像,其中尤以雪的预期理想图像采集最为困难,需要避免地面、树枝及车辆等物体上积雪的影响。

在实际应用层面,还需要机器人能够对不同光照与气象条件进行自动判定。以往的算法对于不同光照与气象条件是由人工来判定的,比如场景是否有反光、阴影,是否有雾、雨雪,进而选择相应的处理算法。但随着技术的发展,需要机器人更加智能地理解环境,即需要机器人自动判定光照与气象条件,并自动选择相应的处理算法。

另外,机器人视觉系统研究人员在开发具体视觉任务时,往往并没有考虑光照与天气变化问题带来的影响,待到测试或实际执行任务时,才发现光照和天气处理的必要性,此时加载光照处理算法,需要在数据接口、资源分配上重新考虑设计,不是十分便利。

我们认为,单纯依靠算法的改进已经难以彻底解决这些问题。机器人视觉不等同于计算机视觉,机器人视觉的移动性和嵌入性决定了它难以利用类似计算机视觉那样的大数据、大能耗处理方式,并且机器人需要快速地对外界动态环境进行响应。我们认为在将来,以算法的稳定性和实时性为出发点,采用软硬件结合、多模信号融合的方式去解决问题会是一个很有前途的方案。鉴于此,我们拟采取软硬件相结合的方式,研制一款全天候新型相机来从根本上解决这些问题。新型相机可以采集更多的信息,为机器人与外界环境建立关联,主动感知所处的环境,自动判定光照与气象条件,并选择相应的处理算法,将复杂光照和恶劣天气统一屏蔽在相机前端,输出不受光照和天气影响的图像。这会给行业带来很大便利,算法开发及机器人作业时就不必再考虑处理光照和天气的难题。

目前,深度学习技术已经可以极大地提升大部分视觉任务的性能,但是国际上已有的研究表明,该技术并不能显著提升视觉系统在复杂光照与恶劣气象条件下的作业能力,这或许也可以说明单靠图像数据(甚至大数据)不足以解决这些问题。我们认为机器人视觉并没有必要拘泥于现有相机提供的图像数据。因此,我们将采用软硬件结合的方式,充分利用机器人本体与外界的交互获取尽可能多的信息,将物理光照环境与图像数据进行有效关联。我们将以本书前9章内容为理论指导,结合先进成像技术,将 RGB-NIR(近红外)CCD、新的光学器件(阵列式偏振片)、ISP(图像信号处理)电路板、镜头及图像处理算法进行一体化集成研究,研制出"全天候相机"。该相机将能够自动消除反光和阴影,具有应对整体光照变化的能力及自动去除雨雪雾的功能。我们提出的方案充分利用了外界信息和硬件架构,对应用于机器人视觉更有针对性,为突破视觉系统在动态光照和气象条件下的稳定性和实时性的瓶颈问题提供了一种有效的技术途径。作为机器人视觉中一种新的感知方式,我们提出的方案可以大幅度提高机器人视觉及其他户外视觉系统(如用于监控、自动驾驶、军事等领域的视觉系统)对不同光照和气象条件的适应能力,使其能够全天候作业,具有重要的科学意义和应用价值。

在深化理论研究方面,我们也将致力于建立统一的雨雪雾处理模型,这是因为它们在物理成像机理上有相似之处,都是场景反射加入一部分杂散光,在数学上都是二者加和的形式。在视觉表现上,雨雪天气下近处呈现的是雨雪,远处看起来是雾,也有统一处理的必要。在复杂光照处理方面,我们也将尝试建立统一的光照处理模型,将阴影、反光的检测与去除统一在一个理论框架之下。

本章参考文献

COMANICIU D,RAMESH V,MEER P. 2003. Kernel-based object tracking[J]. IEEE Transactions on Pattern Analysis and Machine Intelligence,25(5):564-577.

KONG H,AUDIBERT J Y,PONCE J. 2010. General road detection from a single image[J]. IEEE Transactions on Image Processing,19(8):2211-2220.

MACQUEEN J B. 1967. Some methods for classification and analysis of multivariate observations[C]//Proceedings of the 5th Berkeley Symposium on Mathematical Statistics and Probability. California:University of California Press,1:281-297.

MEI X,LING H B. 2011. Robust visual tracking and vehicle classification via sparse representation[J]. IEEE Transactions on Pattern Analysis and Machine Intelligence,33(11):2259-2272.

TIAN J D,ZHU L L,TANG Y D. 2012. Outdoor shadow detection by combining tricolor attenuation and intensity[J]. Journal on Advances in Signal Processing,(1):1-8.

WANG W F,DING W L,LI Y,et al. 2015. An efficient road detection algorithm based on parallel edges[J]. Acta Optica Sinica,35(7):0715001.